智能制造与装备制造业转型升级丛书

永磁电动机机理、设计及应用

第 2 版

苏绍禹 著

机 械 工 业 出 版 社

永磁体磁极对外做功不消耗其自身的磁能，因而被广泛应用在永磁发电机和永磁电动机中做转子或定子磁极。永磁发电机和永磁电动机与常规电励磁发电机和电动机相比，具有结构简单、体积小、重量轻、效率高、温升低、噪声小、维护方便等特点，从而被广泛地应用在航天、航空、汽车、舰船、工业自动化、医疗器械、家电等诸多领域。

本书在理论和实践的基础上，给出了永磁体磁极极面和两极面之间的距离与永磁体磁感应强度之间的数学关系，进而给出了永磁电动机的永磁体磁极径向布置和切向布置时的气隙磁感应强度和磁路计算的数学表达式。同时也给出了永磁体磁极的轴向拼接和径向并联、径向串联的特点及磁感应强度计算。

本书分别给出了永磁有刷、无刷靴式直流电动机，永磁有刷、无刷有槽直流电动机，永磁有刷、无刷盘式直流电动机，永磁交流电动机等的结构、转动机理、主要参数、主要尺寸设计及计算和损耗、功率及效率等。此外，本书也给出了永磁电动机输入功率的效率，提出了永磁电动机输出功率与输入功率的比值，进一步证明了从某种意义上来说永磁体的磁能不遵守能量守恒。并给出了永磁电动机与常规电励磁电动机在相同功率的前提下，永磁电动机比常规电励磁电动机节能 10% ~20% 的举例。

本书以永磁体磁极特性理论为基础，以实践经验为参考，给出了永磁无刷靴式直流电动机的设计举例和永磁交流电动机的设计举例。

本书可供永磁电动机设计、研究和永磁电机制造企业用作学习资料，也可作为高等院校电机设计及制造专业教学参考书或教材。

图书在版编目（CIP）数据

永磁电动机机理、设计及应用/苏绍禹著. —2 版 . —北京：机械工业出版社，2019.10
（智能制造与装备制造业转型升级丛书）
ISBN 978-7-111-63727-1

Ⅰ.①永… Ⅱ.①苏… Ⅲ.①永磁电动机 – 理论②永磁电动机 – 设计
Ⅳ.①TM351

中国版本图书馆 CIP 数据核字（2019）第 208477 号

机械工业出版社（北京市百万庄大街 22 号　邮政编码 100037）
策划编辑：江婧婧　责任编辑：江婧婧
责任校对：杜雨霏　封面设计：陈　沛
责任印制：郜　敏
北京圣夫亚美印刷有限公司印刷
2019 年 11 月第 2 版第 1 次印刷
184mm×260mm ·17.5 印张 ·2 插页·435 千字
0 001—3 000 册
标准书号：ISBN 978-7-111-63727-1
定价：75.00 元

电话服务　　　　　　　网络服务
客服电话：010 – 88361066　　机 工 官 网：www.cmpbook.com
　　　　　010 – 88379833　　机 工 官 博：weibo.com/cmp1952
　　　　　010 – 68326294　　金 书 网：www.golden – book.com
封底无防伪标均为盗版　机工教育服务网：www.cmpedu.com

第 2 版前言

本书第 1 版出版以来，受到了广大读者的欢迎。不时有全国各地的读者来电话咨询、探讨。作者对这些读者朋友的热心探讨及对本书的青睐表示衷心的感谢。

某市"纳米研究所"的一位教授来电话与作者探讨：当某些金属被切削到比"纳米"级尺寸更薄时会出现磁性是什么原因。作者认为金属晶粒或分子团在未被切割到比"纳米"级尺寸更薄之前，这些金属晶粒或分子团的电子是在金属晶粒或分子团外的空间轨道上绕着金属晶粒或分子团运动。当金属晶粒或分子团被切割到比"纳米"级尺寸更薄时，电子不得不离开空间轨道变成绕着金属晶粒或分子团在平面轨道上做同方向的圆周运动，电子在平面轨道上做同方向的圆周运动就形成了磁场。

这种现象也充分地证明了电子绕金属晶粒或分子团在平面轨道上做同方向的圆周运动是形成磁场的原因。

加拿大多伦多的一所大学的教授来电话及在微信中与作者探讨用"特斯拉"电路证明永磁体的磁能是从空间吸取的，使"特斯拉"电路的效率达到100%。为此，我们共同制作了"特斯拉"电路，当把永磁体磁极置入变压器的磁路后，变压器的输出电流不但没有增加，还比未放入永磁体磁极前的电流小了许多，变压器输入绕组发热严重并伴随着冒烟，试验失败。

这个"特斯拉"电路试验失败，充分证明了永磁体磁能不是从空间吸取的。

还有很多读者朋友来电话咨询、探讨有关永磁体和永磁电动机及永磁发电机的各种问题，他们几乎都认同"永磁体对外做功不消耗其自身磁能，在某种意义上说，永磁体磁能不遵守能量守恒"这一新理论。

为了让读者更深入地研究、设计永磁电动机，第 2 版除对第 1 版中的错字改正和丢字添补外，又在第四章中增加一节，即"第十节　永磁无刷靴式三相电动机定子靴数、转子磁极数的选择及对起动的影响"。在这节中，作者给出了便于永磁无刷靴式三相电动机起动的转子永磁体磁极数多于定子永磁体极靴数的一种新的布置方式，这种方式也适用于将直流电逆变成二相、三相、四相的矩形波电流或正弦波电流驱动永磁无刷盘式电动机和永磁无刷有槽电动机，也适用于永磁交流发电机。

前人提出的理论、假说，被后人利用、充实、完善之后，科学理论、技术才得以提高和发展，为社会发展提供理论和完善的实践结论，使其更好地为社会服务，造福于人类。

科学技术发展到今天，不断地涌现出各种发明和创新，也不断地揭示出新的理论。我们是站在前人肩膀上不断创新的。人们不应因循守旧，不能抱有天亦不变道亦不变的固有思维，我们要敢于创新。比如磁场是物质，这种物质来自何处？是电子结构的组成部分吗？是粒子吗？正像引力是物质，美国人只是利用干扰才发现了引力波，而引力波是粒子波吗？美国人并未给出答案。

在作者所著的《永磁发电机机理、设计及应用》和《永磁电动机机理、设计及应用》，这两本书都是在理论和实践的基础上，帮助永磁电机的爱好者、设计者及研究者能设计出体积更小、功率更大、效率更高、更节能、噪声更小、温升更小、寿命更长的永磁电动机和永磁发电机，也期待在作者这两本书的影响下提出关于永磁体、永磁电机的更新的理论，这些理论能够得到实践的证明，愿作者的这两部书能起到抛砖引玉的作用。

在此再次感谢读者朋友对本书的厚爱。由于作者水平有限，书中难免挂一漏万，欢迎读者批评指正，也更欢迎新老读者与作者交流、沟通和探讨。

感谢机械工业出版社电工电子分社及江婧婧编辑对作者的支持和帮助！

作者　苏绍禹

2019 年 8 月于长春

第1版前言

创新，就是抛开旧的，创造新的。创造新的，就是提出新方法、建立新理论、做出新成就、制造新产品。

创新是发展的动力，没有创新，社会就不会发展。

创新就是解决矛盾。旧的矛盾解决了，新的矛盾又产生了，再解决新矛盾……事物在不断出现矛盾、解决矛盾中得到发展。

在科学技术领域中，创新是科学技术发展的动力，没有创新，科学技术就不能发展。

改革开放以来，人民生活不断地得到改善和提高。一些经济条件较好的农民开始发明创造。中央电视台第十套节目中有一个栏目是《我爱发明》，从中可以看到普普通通的农民，他们不辞辛劳，为了实现自己的发明梦想，坚持几年，甚至十几年，孜孜不倦地追求、制造、试验，最后终于梦想成真。如"老沈"的喷洒农药的4旋翼直升机，它比人工喷洒农药在效率上提高了几十倍，且比人工喷洒得更均匀。这架直升机易于操作，且操作灵活，可在农田的任何空地起飞和降落。再如竹笋去皮机、松子开口机、小麦收割机及卸粮机等。这些发明创造使劳动效率提高了几倍、十几倍，甚至几十倍。这就是创新。

人类有记载的文明史已经有几千年，人类社会就是在不断创新中得到发展的。前人提出的假说和理论，后人给予了证明、完善、发展和应用。科学技术的发展就是后人站在前人肩膀上的创新。

永磁体磁极对外做功不消耗其自身磁能。人们利用永磁体磁极的这一特性制造了永磁发电机和永磁电动机。永磁发电机和永磁电动机与同功率电励磁的发电机和电动机相比，体积小、重量轻、效率高、温升小、噪声小、节能10%~20%。永磁电动机的外径达到了5mm，这是电励磁电动机无法达到的。这就是创新。

永磁电动机被广泛地应用在航天、航空、舰船、汽车、电动汽车、电动自行车、工业自动控制、医药及医疗器械、家电等领域。

《永磁发电机机理、设计及应用》出版后，受到很多读者的欢迎。应机械工业出版社的江婧婧编辑之邀，根据读者的需求，又写了本书。本书中包括永磁体磁极的基本理论，永磁电动机永磁体磁极的径向、切向布置，以及永磁体磁极的轴向拼接，径向并联、串联的气隙磁感应强度的计算和磁路计算。本书给出了永磁有刷、无刷靴式直流电动机，永磁有刷、无刷有槽直流电动机，永磁有刷、无刷盘式直流电动机及永磁交流电动机等的转动机理、主要参数的设计计算等。由于永磁电动机有别于传统电励磁电动机的机理，作者将其自1973年至现在这40余年以来对永磁体和永磁电动机研究的理论和实践所得到的成果奉献给读者。

作者在书中几次提到"永磁体对外做功不消耗其自身磁能，在某种意义上说，永磁体磁能不遵守能量守恒"，这是指永磁体磁能在外动力作用下对外做功而不消耗其自身磁能。对于永磁发电机，外动力使镶嵌永磁体磁极的转子转动，在定子绕组中输出电能；对于永磁电动机，当定子绕组通电时，励磁就会使镶嵌永磁体磁极的转子转动。对外输出转矩的过程中，永磁体对外做功不消耗其自身磁能，并且与电励磁发电机和电动机相比节能 10% ~ 20%，节省下来的能量是永磁体磁能在外动力作用下贡献的，这已被作者的实验和样机所证明。

　　永磁体的磁能是保守能，当外动力停止时，永磁体磁能也停止做功，永磁体磁能不会在外动力停止时自动对外做功。因此，不能凭想象利用"永磁体对外做功不消耗其自身磁能，在某种意义上说，永磁体磁能不遵守能量守恒"去创造永磁体磁能永动机。

　　由于作者水平有限，可能在本书中有这样或那样的错误，欢迎读者批评指正，作者不胜感谢。

　　在此向机械工业出版社的江婧婧编辑及出版社给予作者的支持表示衷心的感谢。

　　在此，也再次向《永磁发电机机理、设计及应用》的读者表示衷心的感谢。

作者

2016 年 3 月 16 日于长春

目　录

主要符号

A——永磁电动机线负荷，单位为 A/cm

A——电流单位，安培

A_j——发热系数，单位为 A/cm · A/mm²

a——绕组并联支路数

a——绕组通电支路对数

a'_p——极弧系数

a_m——永磁体磁极短边长，单位为 m 或 mm

B_m——永磁体磁极的磁感应强度，单位为 J[⊖]

B_δ——气隙磁感应强度，单位为 T

B_t——定子齿或转子齿磁感应强度，单位为 T

B_j——定子轭或转子轭磁感应强度，单位为 T

B_r——永磁体剩余磁感应强度，单位为 T

b_a——槽口宽，单位为 mm

b_p——极弧长度，单位为 m 或 mm

b_m——永磁体矩形极面的长边长，单位为 m 或 mm

b_1——定子内径 D_{i1} 的定子槽弧长，单位为 m 或 mm

c——永磁电动机的利用系数

C_m——直流电动机系数，$C_m = \dfrac{PN}{2\pi a}$

C_e——直流电动机系数，$C_e = \dfrac{PN}{60a}$

D——转子轴轴径，单位为 m 或 mm

D_{i2}——定子外径，单位为 m 或 mm

D_{i1}——定子内径，单位为 m 或 mm

D_2——转子外径，单位为 m 或 mm

d——转子轴为空心轴时的轴内径，单位为 m 或 mm

d——轴承的滚动中心直径，单位为 m 或 mm

d——导线直径，单位为 mm

⊖ 在实际工作中，有时也采用 Gs（高斯）作为单位，Gs 为非法定计量单位，$1\text{Gs} = 10^{-4}\text{T}$，后同。

主要符号

E——相电势，单位为 V

E——反电动势，单位为 V

E——弹性模量，单位为 N/m^2

e_o——转子偏心距，单位为 m 或 mm

F——力，单位为 N

F——轴承载荷，单位为 N

F_m——永磁体磁极的磁引力，单位为 N

F_T——永磁体磁极在圆周上的分力，即切向力，单位为 N

f——频率，单位为 Hz

f——轴挠度，单位为°/m

G——重量，单位为 kg

G——剪切弹性模量，单位为 N/m^2

G_{Fe}——定子铁心重，单位为 kg

G_{Fet}——定子齿重，单位为 kg

G_{Fej}——定子轭重，单位为 kg

g——钢的比重，单位为 kg/cm^3 或 kg/m^3

g——重力加速度，单位为 m/s^2

H——电感，单位为 H

Hz——频率单位，赫兹

h——定子槽深，单位为 m 或 mm

h_j——定子轭高，单位为 m 或 mm

h_o——槽口高，单位为 m 或 mm

h_m——永磁体磁极两极面之间的距离，单位为 m 或 mm

I——电流，单位为 A

I_N——额定电流，单位为 A

J_a——电流密度，单位为 A/mm^2

J_p——转子轴的极惯性矩，单位为 m^4 或 mm^4

K——安全系数

K_j——应力集中系数

K_b——材料不均匀系数

K_d——定子轭铁损经验系数

K_d'——定子齿铁损经验系数

K_{dp}——基波绕组系数

K_p——绕组短距系数

K_d——绕组分布系数

K_n——永磁体端面系数

K_{Nm}——气隙磁场波形系数

L_{ef}——定子有效长度，单位为 m 或 mm

L_a——转子铁心长度，单位为 m 或 mm

L_t——定子铁心实际长度，单位为 m 或 mm

M_n——电动机转矩，单位为 N·m 或 N·mm

M_T——永磁电动机起动转矩，单位为 N·m 或 N·mm

M_W——轴的弯矩，单位为 N·m 或 N·mm

m——相数

N——定子绕组每相串联导体数

N——永磁直流电动机转子绕组总导体数

n_N——永磁电动机的额定转速，单位为 r/min

P——载荷，单位为 kg 或 N

P_N——永磁电动机的额定功率，单位为 W 或 kW

P_{Cu}——永磁电动机的铜损耗，单位为 W 或 kW

P_{Fe}——永磁电动机的铁损耗，单位为 W 或 kW

P_{Fet}——永磁电动机定子齿的铁损耗，单位为 W 或 kW

P_{Fej}——永磁电动机定子轭的铁损耗，单位为 W 或 kW

P_f——机械损耗，单位为 W 或 kW

P_w——轴承摩擦损耗，单位为 W 或 kW

P_{fw}——机械和风冷损耗，单位为 W 或 kW

p——永磁电动机的极对数

$\sum P$——永磁电动机的损耗之和，单位为 W 或 kW

Q——剪力，单位为 N

q——每极每相槽数

q_v——风冷流量，单位为 m³/s

R——电阻，单位为 Ω

R_{20}——铜导体在20℃时直流电阻，单位为 Ω/km

R_{75}——铜导体在75℃时的直流电阻，单位为 Ω/km

S——面积，单位为 m² 或 mm²

S_m——永磁体磁极面积，单位为 m² 或 mm²

S_δ——气隙面积，单位为 m² 或 mm²

S_f——槽满率，单位为%

S_t——定子齿面积，单位为 m² 或 mm²

S_j——定子轭面积，单位为 m² 或 mm²

t——定子齿距，单位为 m 或 mm

t_1——定子齿宽，单位为 m 或 mm

U_N——永磁电动机的额定电压，单位为 V

V——体积，单位为 m^3 或 mm^3

V——电压单位，伏特

v——速度、线速度，单位为 m/s

W——磁能，单位为 W 或 J

W_n——抗扭截面模量，单位为 m^3 或 mm^3

W_W——抗弯截面模量，单位为 m^3 或 mm^3

W——功率单位，瓦特

y——绕组节距

z——定子或转子槽数

α——角度，单位为（°）

β——角度，单位为（°）

β——绕组节距比，$\beta = y/mg$

β——转子单边磁拉力系数，$\beta = 0.3 \sim 0.5$

δ——气隙长度，单位为 m 或 mm

θ——扭转角，单位为（°）

$[\theta]/m$——许用扭转角，单位为°/m

λ——永磁电动机的尺寸比，$\lambda = L_{ef}/\tau$

μ_0——真空绝对磁导率，$\mu_0 = 4\pi \times 10^{-7} H/m$

σ——拉应力，单位为 N/mm^2

σ_W——弯曲应力，单位为 N/mm^2

$\sigma_{0.2}$——钢材线应变 $\varepsilon_s = 0.2\%$ 时的应力，单位为 N/mm^2

$[\sigma]$——钢材的许用应力，单位为 N/mm^2

τ_n——转子的扭转应力，单位为 N/mm^2

τ——剪应力，单位为 N/mm^2

τ——极距，单位为 m 或 mm

$[\tau]$——许用剪应力，单位为 N/mm^2

$[\tau_n]$——许用扭转应力，单位为 N/mm^2

Φ——每极磁通，单位为 Wb

η——效率

η_N——额定效率

σ——漏磁系数

ω——角速度，单位为 rad/s

ρ——物质密度，电阻率

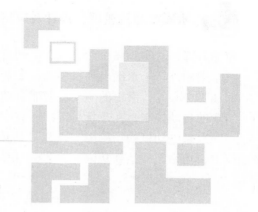

第一章

绪　论

第一节　永磁体的发展历史与永磁电机

关于磁石吸铁的记载，最早可追溯到春秋时期（公元前770—前476年），管仲所著《管子》中，对静磁现象做了描述；战国末期，秦相吕不韦所著《吕氏春秋》中，已有"慈石召铁"（即铁石吸铁的意思）的说法；西汉时期，刘安所著《淮南子》中，更有磁石"引针"、"召铁"现象的生动记载；同一时期，中国利用磁石制成了世界上最早的指南针，当时称作"司南"；到了公元11世纪的宋朝，沈括在《梦溪笔谈》中，记录了指南针"常微偏东，不全南也"的科学现象，即地磁偏角的存在。我国医药学家李时珍在他的《本草纲目》中把磁石作为治疗某些疾病的良药。

1900年，出现第一个人造钨钢永磁体，它揭开了人造永磁体的序幕。

20世纪30年代后先后研发出铝镍钴（AlNiCo）、铁铬钴（FeCrCo）、铂钴（PtCo）、铁氧体（$BaO \cdot 6Fe_2O_3$、$SrO \cdot 6Fe_2O_3$）等，20世纪60年代后又研发出稀土钴（RCo_5、R_2Co_{17}），80年代又研发出磁综合更好的钕铁硼永磁体。这些磁综合性能很好的永磁体的问世为永磁电机的发展奠定了基础、提供了条件，使永磁电机得到了快速发展。

1973年，世界爆发了石油危机，能源短缺使得世界上很多国家开始开发无污染可再生的能源——风能，利用风能发电可以节省煤炭、石油等化石类能源，又能减少燃烧煤炭、石油等化石类能源所放出的CO_2、SO_2对地球环境的破坏和污染。由于永磁体对外做功不消耗其自身磁能，用永磁体磁极作发电机的转子磁极，使永磁发电机的体积小、重量轻、效率高、温升小、噪声小、结构简单，又能做到多极低转速，特别适合风力发电机用发电机。永磁发电机由于风力发电而得到快速发展，现在永磁发电机的功率已达到MW级，效率达到95%，功率因数达到0.9。

由于永磁体对外做功不消耗其自身的磁能，永磁体被广泛地用作电动机的转子或定子磁极，从而使永磁电动机的体积小、重量轻、效率高、温升低、功率因数高，因此，永磁电动机得到了长足的发展。

永磁电动机被广泛地应用在航天、航空、舰船、汽车、电动汽车、电动自行车、工业自动控制、无人机、机器人、家电、医疗器械、儿童玩具等诸多领域。如20世纪50~60年代的收录机中，驱动磁带的是永磁有刷直流电动机；进入21世纪，永磁无刷直流电动机被广泛地应用在数码照相机和数码摄像机及计算机的冷却风扇的驱动上；轿车座位的调整、玻璃窗的升降，汽车和飞机的空调，电动自行车采用了外转子式永磁电动机驱动后轮转动；电动汽车采用外转子永磁电动机驱动；工业自动化中的自动控制、机器人的各种动作、PLC 控制的加工中心等，潜艇的驱动、舰船自动控制，飞船太阳电池板的跟踪调整，无人机的升降、转弯的自动控制，儿童玩具等的所有电动机都采用了永磁电动机。

永磁电动机的功率由零点几瓦到几百千瓦，现在已达到 MW 级以上。其效率达到 95% 以上，功率因数达 0.9 以上，节电 10% ~20%。

第二节　磁性机理

1820 年，奥斯特发现放在载流导体周围的磁针会受到力的作用而偏转。同年，安培又发现磁体附近的载流导体或线圈会受到力的作用而移动。之后，法拉第又发现永磁体在线圈中移动时，线圈会产生电流。当线圈通以电流时，在线圈中的永磁体会移动。后人根据法拉第的发现发明并制造出了发电机和电动机。有了发电机和电动机，改变了人们的生产和生活方式，使世界发生了革命性的变化。

磁生电，电生磁，电和磁被联系到一起了。

磁性机理是什么？

1822 年，安培提出了有关物质磁性本质的假说，他认为一切磁现象的根源是电流。磁性物质的分子中，存在着回路电流，称作分子电流。分子电流相当于基元磁体，物质的磁性就取决于物质中分子电流对外界的磁效应的总和。安培的假说与现代对物质磁性的理解是相符合的。

作者曾于 1980 ~ 1990 年多次在各地对大地表面的大地电流进行测量，验证了地球的南北极是由地球由西向东的电流形成的。现列出 1980 年在四个地方测量的地球电流的数据，见表 1-1。

表 1-1　1980 年在四个地方测量的地球电流数据

实测大地 电流时间	实测大地电流的地点	实测大地东西 方向电流/μA	实测大地南 北方向电流/μA
1980 年 6 月 25 日	内蒙古巴林左旗兴隆地大队兴隆地小队	6 ~ 8	1 ~ 3
1980 年 6 月 29 日	内蒙古林东镇八一大队古城小队	5 ~ 8	1 ~ 2
1980 年 7 月 20 日	北京市永定门外	8 ~ 10	1 ~ 3
1980 年 9 月 8 日	吉林省公主岭市大榆树大队第 10 小队	6 ~ 8	1 ~ 3

以上的实测大地东西方向电流是南北方向电流的 3 ~ 6 倍，东西方向的电流形成了地球的南、北磁极。

作者用安培的关于物质磁性本质假说解释抗磁质、顺磁质、铁磁质和永磁体。

1. 抗磁质

物质在很强的均匀外磁场作用下，物质内分子或晶粒内的电子只有极少部分离开原来的运动轨道，在物质内形成电流环路，电流所形成的磁场与外磁场方向相同。当撤去外磁场后，这些电子立即回到分子或晶粒内原来的运动轨道上运动，物质没有磁性。这就是抗磁质。

2. 顺磁质

物质在很强的均匀外磁场作用下，物质内分子或晶粒内有相当多的电子离开原来的运动轨道在物质内形成电流环路，电流所形成的磁场方向与外磁场方向相同，电流所形成的磁场强度接近外磁场强度。当撤去外磁场后，这些形成环流的电子立即回到分子或晶粒中原来的轨道上运动，物质的磁性消失。这种物质就是顺磁质。它们是磁的良导体。

3. 铁磁质和永磁体

物质在很强的均匀外磁场作用下，物质内分子或晶粒内有相当多的电子离开原来的运动轨道在物质内形成电流环路，环路电流所形成的磁场方向与外磁场方向相同，环路电流所形成的磁场强度接近外磁场强度。当撤去外磁场后，这些形成环流的电子陆续回到分子和晶粒中原来的轨道上运动，物质的磁性逐渐消失。这种物质就是铁磁质。

当撤去外磁场后，这些形成环流的电子只有少数回到分子或晶粒中原来的轨道上运动，大部分电子仍然保持环流状态，物质具有了磁性，即剩磁，这种铁磁质就成了永磁体。

永磁体内必须存在电子环流，否则就不是永磁体。永磁体内的电子环流只有被加热到居里点以上，或在高频长时间的振动下，或在反向强磁场的作用下，形成环流的电子才会回到分子或晶粒中它们原来的运动轨道上运动，电子环流没有了，永磁体的磁场就会消失。

物质在外磁场的作用下，不论物质是抗磁质、顺磁质还是铁磁质和永磁体，其内部只是电子运动的轨道发生了变化，而物质的分子或晶粒没有变，因此，物质的结构、分子量、比重、硬度、强度等物质性质没有变化。

第三节 永磁体的磁能

对于永磁体本质的认识，作者认为"欲知松高洁，待到雪化时"。现在用所谓的最大磁能积 $(BH)_{max}$ 来描绘永磁体的磁能是欠妥的。这是因为，其一是到目前为止尚不能造出 $1m^3$ 的永磁体，只能是用小块永磁体所具有的磁能积推导出来，这不符合永磁体的性质；其二是永磁体的磁感应强度并不是永磁体体积的函数，也就是说，永磁体的磁能积不是永磁体体积的函数，用 $(BH)_{max}$（kJ/m^3）来表示是欠妥的。作者自 1973 年至今对永磁体及永磁电机进行了 40 余年的研究及实验，理论和实践证明，永磁体的磁感应强度在一定范围内是永磁体磁极面积与两极面之间距离的函数。当两极面面积确定之后，增加两极面之间的距离，当增加到一定数值后，永磁体的磁感应强度不再增加，也就是说，永磁体的磁能积不是永磁体的体积函数。

永磁体对外做功不消耗其自身的磁能，在某种意义上说，永磁体的磁能不遵守能量守恒。

现举例验证。

例证 1

某轿车自扇风冷并励爪式三相交流发电机，在 3000r/min 时经三相桥式整流输出直流 14V，电流为 86A，转子励磁电压为 DC 12V，励磁电流为 5A。作者将其改为永磁发电机，在 3000r/min 时经三相桥式整流输出 DC 14V，电流为 86A，实验时用电阻作负载，经 72h 连续运转发出电能为

$$1204W \times 72h = 86.688kWh$$

拆开发电机测永磁体的磁感应强度 $B_m = 0.52T$，与未发电前的磁感应强度相同。

这个实验证明：

1）永磁发电机的转子永磁体磁极取代原来的电励磁爪式转子对外做功发电

86.688kWh，其自身的磁能并未减少，证明永磁体对外做功不消耗其自身磁能。

2）永磁发电机的转子永磁体磁极取代原来的电励磁爪式转子，其取代的电励磁功率为 $P_f = I_f U_f = 5A \times 12V = 60W$。进行72h带负载运行节电4.32kWh，而转子永磁体磁极并未因做功4.32kWh而减少其磁感应强度，这证明永磁体磁极72h对外做功未消耗其自身磁能。

3）结论：永磁体对外做功不消耗其自身磁能，在某种意义上说，永磁体磁能不遵守能量守恒，永磁发电机实现了节能。

例证2

用极面积 $a_m \times b_m = 30mm \times 50mm$，两极面之间距离 $h_m = 20mm$ 的 N48 永磁体 20 块组成的永磁吊，一次吊起距永磁体极面20mm的1000kg的钢板。每次用非磁性材料5kg·m的功卸下1000kg钢板。当永磁吊进行1500次吊运后，对永磁体表面的磁感应进行测量，其测量值与吊运1500次之前相同，其平均值都是 $B_m = 0.51T$。

1）永磁吊吊运1500次做功为

$$W = 1500 \times (0.02 \times 1000 - 5)kg \cdot m \times 9.8J/(kg \cdot m)$$
$$= 220.5kJ$$

2）20块极面为 $a_m \times b_m = 30mm \times 50mm$，两极面之间的距离为20mm的N48永磁体体积为

$$V = (20 \times 0.03 \times 0.05 \times 0.02)m^3$$
$$= 6 \times 10^{-4}m^3$$

3）N48永磁体标定的 $(BH)_{max} = 390kJ/m^3$，其1m³的体积是20块N48永磁体体积的倍数为

$$k = 1m^3 \div (6 \times 10^{-4}m^3)$$
$$\approx 1666.67 倍$$

4）永磁吊吊运1500次所做功是N48永磁体标定的 $(BH)_{max} = 390kJ/m^3$ 的倍数 k_1 为

$$k_1 = 220.5 \times 1666.67 \div 390$$
$$\approx 942.3 倍$$

5）结论：①永磁体对外做功不消耗其自身磁能，在某种意义上说，永磁体磁能不遵守能量守恒，永磁吊实现了节能；②永磁体的磁能不是永磁体体积的函数，永磁体的磁能积用 $(BH)_{max}$（kJ/m^3）来描述是欠妥的。

第四节　永磁电动机的特点及其未来

由于永磁电动机具有重量轻、体积小、效率高、温升低、噪声小、结构简单、便于管理、节能、调速范围大等特点，被广泛地应用在航天、航空、舰船、汽车、电动汽车、电动自行车、工业生产的自动控制、无人机、机器人、医疗器械、家电、直流电动工具、儿童玩具等诸多领域。

1. 永磁电动机的特点

（1）永磁电动机体积小、重量轻

永磁电动机不论是有刷还是无刷，都是以永磁体磁极取代定子电励磁磁极，或是以永磁体磁极取代转子电励磁磁极，因此会使永磁电动机的体积减小。由于去掉了电励磁绕组，因此重量比电励磁的轻，永磁电动机的重量可以达到同容量电励磁电动机重量的20%～50%。

如玩具遥控直升机驱动尾桨的永磁电动机的直径只有 5mm，长度只有 8mm。再如大型飞机副翼调整的驱动永磁电动机功率为 10.5kW，其重量只有 7.5kg，是同容量交流异步电动机重量的 1/10。

（2）永磁电动机效率高、节电

永磁体对外做功不损失其自身磁能，因此永磁电动机效率高且节能。

我国已研制出 100kW 至 MW 级永磁电动机，效率在 95% 以上，功率因数达 0.9 以上。所有的永磁电动机，不论是有刷还是无刷的，节能都达到 10% ~ 20%。

（3）永磁电动机调速范围大

永磁无刷电动机的调速是靠调整逆变器输出矩形波或正弦波电流频率来实现的，其调速范围非常宽，甚至可以达到 1:10000。

（4）温升低、噪声小、结构简单、便于维护

由于永磁电动机用永磁体磁极，或取代定子电励磁绕组所形成的磁极，或取代转子电励磁绕组所形成的磁极，因而没有电励磁绕组的铜损耗所形成的热量，因此，永磁电动机的温升要比电励磁的电动机温升低，同时噪声也小。由于永磁电动机用永磁体磁极取代定子电励磁绕组磁极或取代转子电励磁绕组磁极，省去了绕组，因此，结构简单，特别是永磁无刷电动机结构更为简单，结构简单了，维护就更加容易。

（5）永磁交流同步电动机的特点

永磁交流同步电动机是电动机的永磁体转子磁极、定子绕组由三相交流电直接供电的同步电动机，其效率可达 95%，功率因数达 0.9 以上，节电 10% ~ 20%。

永磁交流同步电动机也可以通过逆变器调整电流频率来调速。

2. 永磁电动机的未来

永磁电动机可分为有刷和无刷两类，永磁无刷电动机又分为有位置传感器和无位置传感器两种。

永磁电动机又分为永磁有槽电动机、永磁靴式电动机、永磁盘式电动机、永磁罩极式电动机、永磁交流电动机等。

永磁电动机的供电电源，除永磁交流同步电动机直接由三相交流电供电外，大部分为直流供电。直流供电有由蓄电池供电的，也有由三相交流电经整流变成直流电供电的，还有由三相交流电经整流变成直流电再经逆变器逆变成矩形波或正弦波交流电供电的。

人们利用永磁体对外做功不消耗其自身磁能这一特性，制造出各种各样适合不同工况的永磁电动机。这些永磁电动机的共同特点是体积小、重量轻、效率高、功率因数高、节能、温升低、噪声小、结构简单、维护方便，调速范围宽等。因此，永磁电动机被广泛地应用在航天、航空、舰船、汽车、电动汽车、电动自行车、工业自动控制、机器人、无人机、医疗器械、家电、儿童玩具等诸多领域。永磁电动机的功率从零点几瓦到 MW 级。可以说，永磁电动机应用之广，用量之大，型号、品种之繁多，是其他任何电动机所不及的。

永磁发电机和永磁电动机的广泛应用，势必促进磁综合性能更好的永磁体的开发。现在市场上最好的永磁体的磁感应强度也只有 0.5T 左右，当磁综合性能更好的永磁体磁感应强度达到 0.6T、0.7T 或更高时，永磁电动机的体积会更小，重量会更轻，效率会更高，温升会更低，功率因数会更高，也会更节能。

永磁电动机的未来前景广阔，前途光明。

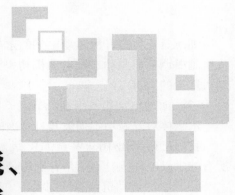

第二章

永磁体的特殊性能、
种类及其一般性能

　　20世纪初，人们制造出人造钨钢永磁体，在之后的一个多世纪里，有很多种类的人造永磁体相继问世，构成这些永磁体的材料各异，生产工艺不同，但却具有永磁体的共同性能，也不乏有各自的独特性质。在设计永磁电动机时，应对永磁体的共性及特殊性能有深入了解，才能科学合理地选择永磁体。

第一节　永磁体的磁和磁性能的概念

　　关于永磁体磁和磁性能的概念还是以经典理论给出的为主。

1. 顺磁质

　　导磁性很好的物质称作顺磁质。这类物质相对磁导率 $\mu_r > 1$，也就是永磁体的磁通通过这类物质时阻力很小。这类物质如锰（Mn）、铬（Cr）、铂（Pt）、空气等。

　　顺磁质还有铁及其合金材料，如工业纯铁、低碳钢、硅钢片等。

　　顺磁质在磁场中是磁的良导体，当撤去磁场后，它们本身通常没有剩磁。

2. 抗磁质

　　导磁性很差的物质称作抗磁质，磁通不易通过这类物质，只有少量磁通可以通过。这类物质的相对磁导率 $\mu_r < 1$。抗磁质虽然导磁性很差，但不能完全隔磁，即不能完全隔断磁通。到目前为止，世界上尚未发现绝对隔磁或将磁体的 N 极和 S 极分开的物质。抗磁质有金、银、铜、铝、锌、硫等物质。

3. 铁磁质

　　导磁性良好，相对磁导率 μ_r 很大的物质称作铁磁质。这类物质的相对磁导率 $\mu_r \gg 1$。铁磁质不仅导磁性良好，而且自身容易被磁化而具有磁性，铁磁质表现出来的这种性质称为铁磁性。铁磁质有铁及其合金，镍、钴、钆等及它们的合金。

4. 永磁体

　　某些铁磁质在均匀的很强的外磁场作用下（或被充磁）被磁化成磁体，当外磁场撤去后，仍保留很强的磁性，这种物质称作永磁体。永磁体是固相的。永磁体的材料基本上都是铁磁质的合金。如钡铁氧体（$BaO \cdot 6Fe_2O_3$）、锶铁氧体（$SrO.6Fe_2O_3$）、铝镍钴

（AlNiCo）、铂钴（PtCo）、稀土钴（RCo_5、R_2Co_{17}）、钕铁硼（NdFeB）等。

5. 剩磁

某些铁磁质在均匀的外磁场的作用下（或被充磁）被磁化成磁体，当撤去外磁场后，永磁体的磁通密度就会降低到某一数值，它叫作剩余磁通密度，通常称作永磁体的剩磁。永磁体的剩磁用符号 B_r 表示，单位为 T$^⊖$或 Wb/m^2。

6. 永磁体的矫顽力

永磁体抵抗外磁场对它的去磁能力称作永磁体的矫顽力。或者认为永磁体被完全去磁，即永磁体的剩余磁通密度 B_r 减少到零所需的反向磁场强度 H_{CB} 就称作永磁体的矫顽力。用符号 H_{CB} 表示，单位为 kA/m$^⊖$。

7. 永磁体的内禀矫顽力

永磁体抵抗外部交变磁场的去磁能力称作永磁体的内禀矫顽力。用符号 H_{CJ} 表示，其单位为 kA/m。

8. 永磁体的磁场强度和磁感应强度

在永磁体磁场中，与永磁体磁通相垂直的单位面积内所通过的磁通量称为永磁体的磁场强度。永磁体磁感应强度是在永磁体磁场中任何磁介质垂直于永磁体磁通的单位面积内所通过的永磁体的磁通量。

永磁体的磁场强度用符号 H 表示，单位为 T 或 Wb/m^2。永磁体的磁感应强度用符号 B 表示，单位为 T 或 Wb/m^2。

永磁体的磁场强度 H 与磁感应强度 B 之间的关系为

$$B = \mu H \tag{2-1}$$

式中 μ——磁介质的磁导率。

真空磁导率为 $\mu_0 = 4\pi \times 10^{-7}$ H/m。

磁介质的磁导率 μ 与真空磁导率的比值称为相对磁导率 μ_r。

$$\mu_r = \mu/\mu_0 \tag{2-2}$$

相对磁导率为一个无量纲的数。

9. 永磁体磁场中磁介质的磁通量

在永磁体磁场中的任何磁介质垂直于磁通的单位面积所通过的磁通量与其所通过的面积的乘积称为永磁体磁场中磁介质的磁通量。磁通量用符号 Φ 表示，其单位为 Wb。磁通量表达为

$$\Phi = \int_S B \mathrm{d}S \tag{2-3}$$

式中 B——永磁体的磁感应强度，单位为 T。

10. 永磁体磁场中磁介质的磁通密度，称为磁感应强度

在永磁体磁场中，垂直通过磁介质单位面积的磁通量称为永磁体磁场中磁介质的磁感应强度。用符号 B_δ 表示，单位为 T。磁感应强度表示为

$$B_\delta = \frac{\Phi}{S} \tag{2-4}$$

⊖ 在实际工作中，有时也采用 Gs（高斯）作为单位，Gs 为非法定计量单位，$1Gs = 10^{-4}T$，$1T = 10^4 Gs$，后同。

⊜ 在实际工作中，有时也采用 Oe（奥斯特）作为单位，Oe 为非法定计量单位，$1Oe = 79.5775A/m$，后同。

11. 永磁体的居里点

永磁体被加热到一定温度会完全失去磁性，永磁体失去磁性的温度点称为永磁体的居里点。不同材质、不同工艺制成的永磁体的居里点也不同。

12. 永磁体的温度系数

永磁体的剩磁、矫顽力、内禀矫顽力及磁能积会随着永磁体的温度升高而降低。永磁体在常温以上每升高1℃，上述性能参数下降的百分比称为永磁体的温度系数。永磁体的温度系数对永磁体的应用十分重要。在不同环境中应用的永磁体应选用适合该温度的以保证其发挥最大的磁性能，并确保永磁体安全可靠工作。

13. 永磁体磁极的磁路

永磁体磁极的磁通所通过的路径称为永磁体磁极的磁路。

14. 永磁体的磁能积及永磁体的磁能

由经典理论给出的永磁体磁能为永磁体单位体积能在永磁体体外空间存储的磁能量。单位为 J/m^3。由式（2-5）表达，即

$$W = \frac{BH}{2} \tag{2-5}$$

式中　B——永磁体的磁感应强度，单位为 T；

　　　H——永磁体的磁场强度，单位为 A/m；

　　　W——永磁体单位体积能在其体外空间存储的能量，单位为 J/m^3。

BH 的乘积被称为永磁体的磁能积。永磁体的磁能积表达为

$$BH = 2W \tag{2-6}$$

永磁体的最大磁能积是指永磁体单位体积能在其体外空间存储的最大能量，用符号 $(BH)_{max}$ 表示，单位为 kJ/m^3。

永磁体的最小磁能积是指永磁体单位体积能在其体外空间存储的最小能量，用符号 $(BH)_{min}$ 表示，其单位为 kJ/m^3。

永磁体的磁能是永磁体所具有的磁能量，它与经典理论给出的永磁体磁能积是永磁体磁能的两种不同表达方式。永磁体磁能的计算来源于经典理论螺线管的自感能量计算。

经典理论假定理想螺线管无限长，管内磁介质的磁导率为 μ，螺线管单位长度匝数为 N，通过螺线管的电流为 I，则螺线管的自感能量即为磁能，由式（2-7）给出，即

$$W = \frac{1}{2}LI^2 \tag{2-7}$$

式中　W——螺线管的自感能量，即为磁能；

　　　L——螺线管的自感系数。

自感系数 L 由式（2-8）给出，即

$$L = \mu\frac{N^2 S}{l} \tag{2-8}$$

式中　N——螺线管单位长度的线圈匝数；

　　　S——螺线管内的截面积；

　　　l——螺线管的长度。

当螺线管通过电流 I 时，其磁感应强度 B 为

$$B = \mu \frac{NI}{l} \tag{2-9}$$

将式（2-8）和式（2-9）代入式（2-7），得

$$W = \frac{1}{2} \frac{B^2}{\mu} (Sl) \tag{2-10}$$

式（2-10）中的 Sl 正是螺线管内磁介质的体积，即 $V = Sl$。如果螺线管内的磁介质可以做永磁体的铁磁质，则铁磁质在通电螺线管内被磁化成永磁体，其磁能为

$$W = \frac{1}{2} \frac{B^2}{\mu} \cdot V \tag{2-11}$$

则永磁体的磁能密度 w 为

$$w = \frac{W}{V} = \frac{1}{2} \frac{B^2}{\mu} V \div V = \frac{1}{2} \cdot \frac{B^2}{\mu} \tag{2-12}$$

将式（2-1）代入式（2-12），得

$$w = \frac{1}{2} \frac{B^2}{\mu} \cdot \mu H = \frac{1}{2} BH \tag{2-13}$$

可以看到，永磁体的磁能和永磁体的磁能积只是永磁体磁能的两种不同表述。

对于螺线管自感能量，用 $W = \frac{1}{2} \cdot \frac{B^2}{\mu} V$ 来表达无可争议。但对于永磁体的磁能用 $W = \frac{1}{2} \cdot \frac{B^2}{\mu} V$ 来表达是不确切的，作者不敢苟同。作者对永磁体进行 40 余年的研究和实验和对永磁发电机、电动机的样机制造及实验证明，永磁体的磁能并不是其体积的函数。也就是说，永磁体的磁能不是永磁体体积的一次线性函数。作者经过对多种不同形状、不同材质的永磁体研究和实验证明，永磁体的磁能与永磁体极面的短边和两极面之间的距离有关。当永磁体极面确定后，增加两极面之间的距离，永磁体的磁感应强度有增加，但不是线性增加。当两极面距离增加到一定数值后，极面上的磁感应强度不再增加。这证明了永磁体的磁能不是关于永磁体体积的函数。

目前，描述永磁体磁能的参数是磁能积，用 $(BH)_m \mathrm{kJ/m^3}$ 来表示也欠妥。其一是全世界到目前为止尚做不出 $1\mathrm{m^3}$ 的永磁体，这个参数是用由小块永磁体测定后扩展到 $1\mathrm{m^3}$ 的结果，它不符合永磁体的性质；其二是永磁体的磁能不是永磁体体积的一次线性函数，永磁体的磁能在一定范围内是永磁体极面的短边和两极面之间的函数。经实际测定，永磁体的体积变化与其磁能的变化并不遵循 $W = \frac{1}{2} \frac{B^2}{\mu} \cdot V$ 这一数学模型。

永磁体的磁能在一定范围内是极面积短边和两极面距离的函数，并且永磁体的材质相同，制造工艺相同，但形状尺寸不同，它们的性能也不同。所以永磁体的相似性原理只能在某一特定范围内适用，并不像水泵类只要比转速相同就可以将水泵的尺寸按比例放大来提高流量的相似性原理那样令人满意。

第二节 永磁体的特殊性能

1. 永磁体的磁感应强度在一定范围内是永磁体极面的短边长度和两极面之间距离的函数

永磁体的剩磁、矫顽力、磁能积和磁极的磁感应强度除了与构成永磁体的材料、制造工

艺、充磁电流有关外，还与永磁体的几何形状及几何尺寸有关。永磁体的磁感应强度在一定范围内是永磁体极面的短边长和两极面之间距离的函数。

作者对同一材料、同一工艺制作的不同形状的永磁体矩形极面的短边长度和两极面之间的距离及其磁感应强度进行多次实测；还对不同材料、不同工艺制作的同一形状的永磁体极面短边长度和两极面之间的距离及其磁感应强度进行实测，以寻求永磁体矩形极面的短边长度和两极面之间的距离与其磁感应强度的函数关系。得到两极面之间的距离 h_m 与矩形极面短边长 a_m 之比所对应的矩形永磁体的端面系数 K_m，见表 2-1。

实验也证明了，当永磁体矩形极面确定后，增加两极面之间的距离，永磁体的磁感应强度也增加。当两极面之间的距离增加到与矩形极面短边长度相等之后，永磁体的磁感应强度增加缓慢。再增加两极面之间的距离，磁感应强度又回到两极面之间的距离与矩形极面短边长度相等时的磁感应强度。再继续增加两极面之间的距离，永磁体的磁感应强度不再变化。

表 2-1　极面为 $a_m \times b_m$（$a_m < b_m$）两极面距离为 h_m 的矩形永磁体的端面系数

h_m/a_m	0.1 ~ 0.2	0.2 ~ 0.4	0.4 ~ 0.6	0.6 ~ 0.8	0.8 ~ 0.9	1.0	1.1 ~ 1.2	1.2 ~ 1.4
K_m	0.5 ~ 0.6	0.6 ~ 0.7	0.7 ~ 0.8	0.8 ~ 0.9	0.9 ~ 0.95	1.0	1.10 ~ 1.06	1.06 ~ 1.02

下面是作者实验之一：用钕铁硼 N45 及相同工艺制造的直径 d 为 16mm，两极面相等且两极面之间的距离分别为 5mm、10mm、15mm、20mm、25mm、30mm、35mm、40mm、45mm、50mm、55mm、60mm 共 12 块永磁体，对它们的磁感应强度进行实测，结果见表 2-2。它们的磁感应强度与两极面距离 h_m 的变化曲线如图 2-1 所示。

从实验结果可以看到，两极面为 10mm 时的磁感应强度比两极面为 5mm 时增加了 0.123T，增加了 45.56%；两极面距离为 15mm 时，其磁感应强度比两极面之间距离为 5mm 增加了 0.176T，增加了 65.185%，达到 0.446T，即达到了 N45 永磁体的磁感应强度。

在两极面的距离为 15mm 与其直径 $d = 16$mm 相近时，永磁体的磁感应强度基本上达到 N45 永磁体的磁感应强度。

表 2-2　直径 $d = 16$mm N45 永磁体两极面距离 h_m 与其磁感应强度的实测数据

序号	两极面之间的距离 h_m/mm	一个极面的磁感应强度 B_{m1}/T	另一个极面的磁感应强度 B_{m2}/T	两极面的平均磁感应强度 B/T	与 $h_m = 15$ 相比磁感应强度增量 ΔB/T	与 $h_m = 15$ 相比 B 值增加的百分比（%）	与 $h_m = 15$ 相比体积增加的百分比（%）	与 $h_m = 5$ 相比磁感应强度增量 ΔB/T	与 $h_m = 5$ 相比磁感应强度增加的百分比（%）
1	5	0.273	0.267	0.27					
2	10	0.392	0.394	0.393				0.123	45.56
3	15	0.439	0.453	0.446				0.176	65.185
4	20	0.475	0.467	0.471	0.025	5.6	33.33		
5	25	0.485	0.483	0.484	0.038	8.52	66.67		
6	30	0.488	0.490	0.489	0.043	9.64	100.0		
7	35	0.492	0.496	0.494	0.048	10.76	133.33		
8	40	0.485	0.490	0.4875	0.0415	9.3	166.67		
9	45	0.483	0.484	0.4835	0.0375	8.4	200.00		
10	50	0.484	0.476	0.48	0.034	7.6	233.33		
11	55	0.475	0.473	0.474	0.028	6.28	266.67		
12	60	0.475	0.467	0.471	0.025	5.6	300.00		

而后，随着两极面距离的增加，永磁体的磁感应强度增加得越来越少，当两极面距离增加到 60mm 时，永磁体的磁感应强度又接近两极面距离为 15mm 时的磁感应强度。

实验证明了：

1）永磁体的磁能不是永磁体体积的函数。从表2-2和图2-1可以看到，永磁体的体积增加了4倍，而永磁体的磁感应强度只增了5.6%。

2）永磁体的磁感应强度在一定范围内是永磁体极面积和两极面之间距离的函数。对于矩形永磁体，永磁体的磁感应强度是矩形极面短边长和两极面距离的函数。

3）矩形永磁体矩形极面的短边长与两极面之间的距离相等是最科学合理且最经济的几何形状，此时永磁体的磁感应强度接近永磁体的标定值。

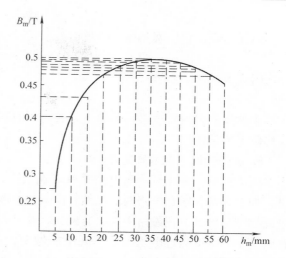

图2-1　直径 $d = 16$mm 的永磁体在极面不变的情况下，随着永磁体长度的增加磁感应强度的变化曲线

2. 永磁体磁通连续性规律

永磁体磁极的磁通从其 N 极出来，不论经过何种导磁物质，都会最终回到永磁体的 S 极，构成完整的永磁体磁路。永磁体磁通是连续的、不可中断的，也没有任何物质可以中断磁通，这就是永磁体磁通连续性规律。在永磁体磁路中任何一个截面上的磁通量均相等。

3. 永磁体磁极磁感应强度的趋肤效应

在永磁体的极面上，其磁感应强度并不相等。极面周边的磁感应强度大于其中心的磁感应强度，极面积越大，极面中心的磁感应强度越低于极面周边的磁感应强度。图2-2所示为永磁体极面上的磁感应强度与极面位置之间的关系曲线。

由于永磁体具有趋肤效应，所以做永磁电机的永磁体极面不宜太大。尤其对于矩形永磁体矩形极面的短边长 a_m 不能太长，否则磁感应强度会下降。这也是径向极弧太长的永磁体磁极要进行永磁体磁极径向拼接的原因。当永磁体磁极径向拼接时，不能彼此连在一起，否则起不到径向拼接的作用，应如图8-1c所示那样。

4. 永磁体的聚磁效应

一块两个极面不等的永磁体，其极面上的磁感应强度也不等。极面小的磁感应强度比极面大的磁感应强度大，这是永磁体磁通连续性规律的具体表现。图2-3所示为两个极面不等的永磁体，其两个极面的磁感应强度也不等。根据永磁体磁通连续性规律，流出 S_1 面的磁通为 Φ_1，流进 S_2 面的磁通为 Φ_2，则

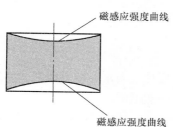

图2-2　永磁体极面上的磁感应强度与极面位置的关系曲线

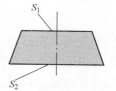

图2-3　两个极面不等的永磁体，其两个极面上的磁感应强度也不等

11

$$\varPhi_1 = \varPhi_2 \tag{2-14}$$

也就是说，它们遵循如下的数学关系式：

$$S_1 B_{m1} = S_2 B_{m2} \tag{2-15}$$

因为 $S_1 < S_2$，故

$$B_{m1} > B_{m2} \tag{2-16}$$

永磁体的聚磁效应这一数学关系式为我们利用永磁体的不同磁极面获得理想的磁感应强度提供了数学依据。

5. 关于磁路中的欧姆定律

应该指出，磁路虽然与电路具有对偶关系，但绝不意味两者的物理本质相同。在电路里，如果开路，则在电路两端虽然有电动势，但电路里没有电流；而在永磁体的磁路中，不论磁导体是什么，在磁路中都会有磁通，并且在永磁体的回路中也不存在磁路开路的问题。在电路中，电流通过电阻时要消耗电能做功，在电阻两端产生电压降；而在永磁体的磁路中，不论磁导体是什么物质，磁通通过磁导体时都不会消耗永磁体的磁能，并且在磁导体两端也不会产生所谓的磁压降。如果有磁力线的话，则不论从永磁体 N 极出来多少条磁力线，在经过磁路中的磁导体之后都会一根不少地回到永磁体的 S 极。在电路中，可能出现电阻非常大以致电路中没有电流通过的情况；而在永磁体的磁路中，即使有非磁性材料阻碍磁通通过，永磁体的磁通也会寻找另外的通路通过，永磁体的磁通是连续的，不会中断。

6. 永磁体磁极串联

作者用 4 块 $a_m \times b_m \times h_m = 14mm \times 50mm \times 14mm$ 的矩形永磁体 N39H 做如下实验。这 4 块永磁体材料相同、制造工艺相同，每一块永磁体极面上的平均磁感应强度 $B_m = 0.391T$。先将两块永磁体直接串联，测得磁感应强度为 0.492T，比单个永磁体的磁感应强度高了 0.101T，增加了 25.83%；将 3 块永磁体直接串联，测得磁感应强度为 0.534T，比单个永磁体增加了 0.143T，增加了 36.57%；将 4 块永磁体直接串联，测得磁感应强度为 0.55T，比单个永磁体增加了 0.159T，增加了 40.66%。

作者用截面为 $a_m \times b_m = 14mm \times 50mm$ 的 Q195 钢磁导体与两块上述 N39H 永磁体直接串联组成完整磁路，并在永磁体之间形成 1.0 ~ 1.2mm 气隙，实测气隙磁感应强度 $B_\delta = 0.47T$，比单个永磁体增加了 0.079T，增加了 20.2%。

经典理论认为永磁体串联时磁势增加而磁通不变，这正像电池串联电压增加电流不变一样。作者经多次对永磁体串联实验、实测、研究认为经典理论对永磁体串联给定的磁势增加而磁通不变的结论是欠妥的。从理论上证明如下：根据磁通连续性规律及

$$\varPhi = \int_S B_m dS \tag{2-17}$$

当 S 一定时，则

$$\varPhi = B_m S \tag{2-18}$$

当 S 确定且不变时，磁感应强度增加，磁通必然增加。当永磁体串联时，其磁感应强度比单个永磁体的磁感应强度增加了，因此串联时磁通必然增加。

永磁体直接串联也是提高磁感应强度措施之一。

7. 永磁体的并联

永磁体并联就是强迫永磁体的同性磁通过磁导体连在一起形成一个公共磁极的连接方

式。由于永磁体同性相斥，因此连接同性磁极十分困难。由于并联永磁体的漏磁大，因此并联永磁体不会使它们的同性磁极所形成的公共磁极的磁感应强度达到单个永磁体磁感应强度之和。永磁体磁极并联绝不像两个电压相等的电池并联电压不变而电流等于两个电池电流之和那样简单。有人在理论上推导过，在永磁发电机中，永磁体磁极并联即永磁体磁极切向布置时，漏磁系数 $\sigma = 1.25$ 的情况下，并联永磁体公共磁极的气隙磁感应强度是串联永磁体即永磁体磁极径向布置气隙磁感应强度的 1.6 倍，作者经多次实验证明这是不可能达到的。

作者用 $a_m \times b_m \times h_m = 14mm \times 50mm \times 14mm$ N39H 的永磁体及 Q195 低碳钢做成并联永磁体回路，在同性磁极的一个磁极面积与公共磁极极面积相等的情况下，气隙 0.8 ～ 1.2mm，隔磁材料用非磁性材料黄铜隔磁，实测气隙磁感应强度为 0.547T，比单个 N39H 永磁体的磁感应强度 0.391T 大 0.156T，大 39.89%，漏磁系数 $\sigma = 1.42$。在没有非磁性材料隔磁时，测得气隙磁感应强度为 0.381T，是单个 N39H 永磁体磁感应强度 0.391T 的 97.44%，漏磁系数 $\sigma = 2.0525$。

实验证明：永磁体磁极并联即永磁体磁极切向布置，在有非磁性材料有效隔磁并且一个永磁体磁极面积与公共磁极极面积相等的情况下，其气隙磁感应强度比单个永磁体气隙磁感应强度大 40% 左右；在没有非磁性材料隔磁时，气隙磁感应强度与单个永磁体的气隙磁感应强度几乎是相同的。

经典理论认为永磁体磁极并联磁势不变，磁通是两个同性磁极磁通之和，这是理想理论，在实践中是达不到的。

8. 永磁体磁极会自动寻找磁阻力最小、磁路最短的磁介质通过其磁通

在永磁体的磁场中，如果有两种以上磁导率不同的磁介质，且永磁体没有被约束，那么永磁体会自动寻找磁阻力最小、磁路最短的磁介质通过其磁通完成永磁体的磁回路。

磁屏蔽就是永磁体磁极自动寻找磁阻力最小、磁路最短通过其磁通的例子。

为了防止某些电子仪器、仪表、计算机、手机等不受磁场的干扰，可以采用磁屏蔽来减少或避免磁场的干扰。用磁导率高的顺磁质（如低碳钢）做成长方形或方形容器，将防止被磁场干扰的仪器、仪表等置于其内，可以达到磁屏蔽的作用，如图 2-4 所示。如现在的计算机的主机箱、手机的机壳等都采用低碳钢板制成，就是防止内部的电子器件受到外磁场作用，即防止外磁场干扰。由于低碳钢的磁导率比真空的磁导率大几千倍，因此外部磁场的磁通会主动地寻找磁阻力小的低碳钢制成的箱或壳体去通过其磁通而不会干扰箱内或壳内电子元器件。

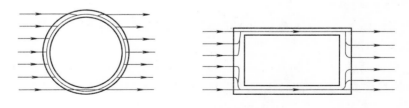

图 2-4 磁屏蔽

永磁体磁极会自动寻找磁阻力最小、磁路最短的磁介质通过其磁通的这一特性，对永磁电机的起动十分重要。

9. 永磁体对外做功不消耗其自身磁能

永磁体对外做功不消耗其自身磁能，这在永磁吊上得到了证明。

永磁吊将距永磁体磁极面 20mm 的钢板吸住，由吊车送到另一个地方，用非磁性材料以很小的做功将钢板卸下。当永磁吊吊起 1500 次之后测量永磁体的磁感应强度，磁感应强度并未因永磁体吊了 1500 次而减少。永磁吊依然可以再吊几千次、几万次，它的磁感应强度都不会变，这充分证明了永磁体对外做功不消耗其自身磁能，在某种意义上说，永磁体磁能不遵守能量守恒，永磁体能够节能。

永磁体对外做功不消耗其自身磁能，在永磁发电机中也得到了证明。

作者将某轿车自扇风冷并励爪式三相交流发电机改成永磁发电机，同样在改前改后转速、整流、电压、电流相等的情况下进行了 72h 带负载运行证明，在发电机输出 86.688kWh 电能时，永磁体磁极取代原来爪式电励磁做功为 4.32kWh。运行 72h 之后实测永磁体的磁感应强度与未发电前一样。永磁体的磁能并未因发电 72h 而减少，此实验又一次证明了永磁体对外做功不消耗其自身磁能，在某种意义上说，永磁体磁能不遵守能量守恒。

第三节　永磁体的种类及其一般性能

1. 永磁体的种类

自 20 世纪初第一块人造钨钢永磁体诞生之后，在这 100 多年里，人们不断地研制出更多种的永磁体以满足社会生产的需求，永磁体的磁综合性能也不断得到提高。

永磁体发展到现在，基本上可分为 6 类。

（1）铝镍钴（AlNiCo）、铁铬钴（FeCrCo）类永磁体

这类永磁体有铝镍钴（AlNiCo）、铁铬钴（FeCrCo）、铝镍铁（AlNiFe）、铁铝碳（FeAlC）、锰铝碳（MnAlC）等。

（2）铁氧体类永磁体

铁氧体类永磁体有钡铁氧体（$BaO \cdot 6Fe_2O_3$）和锶铁氧体（$SrO \cdot 6Fe_2O_3$）等。

（3）铂钴类永磁体

铂钴类永磁体有铂钴永磁体（PtCo）等。

（4）稀土钴类永磁体

稀土钴类永磁体有钴 5 永磁体（RCo_5）和钴 17 永磁体（R_2Co_{17}）等。

（5）钕铁硼类永磁体

钕铁硼类永磁体有钕铁硼永磁体（NdFeB）和稀土钕铁硼永磁体（RNdFeB）等。

（6）超强永磁体

英国目前已研制成功一种超强永磁体，直径 50mm、厚 10mm 的一块超强永磁体可以拉动 10t 汽车。但目前尚未达到商品化生产阶段。一旦这种超强永磁体商品化生产，则必将使发电机及电动机等诸多领域发生历史性变化，且对现代工业产生巨大影响。

2. 永磁体的主要磁性能

（1）铝镍钴（AlNiCo）类永磁体的主要磁性能

铝镍钴类永磁体发明于 1931 年。这种永磁体可以铸造成形，铸态就具有良好的磁性。在加入钴等元素之后，使其综合磁性能又有提高，发展成铝镍钴类永磁体。铝镍钴类永磁体

在20世纪60年代之前得到广泛应用，60年代后，发明了铁氧体类永磁体，铁氧体类永磁体的磁综合性能比铝镍钴类永磁体好，且价格便宜，铝镍钴类永磁体逐渐淡出了市场。

（2）铁铬钴（FeCrCo）类永磁体的主要磁性能

铁铬钴是日本金子秀夫及本间基文等人在1971年发明的永磁体。其磁性能与铝镍钴相当，但铁铬钴具有良好的韧性，可以热加工、冷加工，可以轧制成带，可以拉伸成丝，可以铸造成形，还可以以粉末状态挤压成形再行烧结定形。这些独特的优点，使铁铬钴永磁体得到了广泛应用。

与铁铬钴属同一类的永磁体还有锰铝碳（MnAlC）、铁铝碳（FeAlC）等，它们与铁铬钴具有相同的磁性能，也可以轧制成板、带，拉伸成丝，可以冷加工、热加工。

我国在20世纪80年代也研制出了铁铬钴永磁体，其磁性能与日本的铁铬钴永磁体相当，与其相近的还有铁钴钼（FeCoMo）、铁钴钒（FeCoV）等。在当时的永磁体中，铁铬钴永磁体第一次将永磁体的剩磁 B_r 提高到1.4T（14kGs），矫顽力 H_{CB} 达到800kA/m，磁能积 $(BH)_m$ 突破58kJ/m³，大大扩展了永磁体的应用范围。表2-3所示为我国制造的铁铬钴永磁体的综合磁性能。铁铬钴永磁体的居里点为671℃。

表2-3　我国制造的铁铬钴永磁体（FeCrCo）的综合磁性能

永磁体牌号	剩磁 B_r		矫顽力 H_{CB}		磁能积 $(BH)_m$	
	T	kGs	kA/m	kOe	kJ/m³	MGs·Oe
FeCr3Co15	1.08	10.8	600	4.8	28.6	3.6
FeCr28Co15	1.30	13.0	600	4.8	31.8	4.0
FeCr23Co15	1.45	14.5	610	4.9	52.5	6.6
FeCr23Co12	1.40	14.0	6.50	5.2	58.6	7.3
FeCr23Co15Si	1.0~1.10	10.0~11.0	500~700	4.5~5.6	28~36	3.5~4.5
FeCr23Co13V3Ti2	1.0~1.10	10.0~11.0	500~700	4.5~5.6	28~36	3.5~4.5
FeCr24Co15Mo3	1.40	14.0	800	6.37	48~62	6~7.8
FeCr21Co13V3Ti	1.30	13.0	500	4.0	40	5.0
FeCr24Co15Mo2Ti	1.48	14.8	600	5.4	59	7.4
FeCr27Co20Si	0.8~0.95	8.0~9.5	600~730	4.0~5.2	28~36	3.5~4.5

（3）铁氧体类永磁体的主要磁性能

铁氧体类永磁体主要有钡铁氧体永磁体（$BaO·6Fe_2O_3$）和锶铁氧体永磁体（$SrO·6Fe_2O_3$）。

铁氧体类永磁体诞生于20世纪50年代，其材料易取、制造容易、价格便宜，经不断地研究和发展，这类永磁体的综合磁性能适中，使用成本较低，因而被广泛采用。

铁氧体类永磁体原料为粉末状态，加压成形再经烧结，故为脆性材料，易碎、不能弯曲及冲击。

铁氧体类永磁体的居里温度约为450℃，比重为4.5~5.2，可逆磁导率 $\mu = 1.0 ~ 1.3$，线膨胀系数约为 $9 \times 10^{-6}/℃$，电阻率为 $10^{-4} ~ 10^{-8}\Omega·cm$。

铁氧体粉末可以掺在塑料中制成磁性塑料，掺在橡胶中可以做成磁性橡胶。对于永磁体磁性能要求不高的场合，铁氧体类永磁体得到了广泛应用。如各种扬声器、电流表、电压表、万用表、磁性围棋、儿童文具盒及提包盖自动关闭、电冰箱门关闭和密封等。

我国制造的铁氧体类永磁体主要磁性能见表2-4。

（4）铂钴类永磁体（PtCo）的主要磁性能

铂钴类永磁体磁性能优良，且具有良好的韧性和延展性。可以轧制成棒材、板材，可以冷拔成丝，可以任意冷加工而磁性不变，耐一般火热，不怕震动，具有良好的磁综合性能。其价格昂贵，但却是有重要用途不可缺少的永磁体。主要用于航天、航空的电机，"黑匣子"及医疗设备等领域。

铂钴类永磁体还有铁铂（FePt）永磁体、银锰铝（AgMnAl）永磁体等，但在磁的综合性能及韧性、延展性等略逊于铂钴永磁体，因此没有商品化生产。

表 2-4　我国制造的铁氧体类永磁体主要磁性能

性能项目 磁性能参数 永磁体牌号	剩磁 B_r		矫顽力 H_{CB}		磁能积 $(BH)_m$	
	T	kGs	kA/m	kOe	kJ/m³	MGs·Oe
Y10	≥0.2	≥2.0	128~160	1.6~2.0	6.4~9.6	0.8~1.2
Y15	0.28~0.36	2.8~3.6	128~192	1.6~2.4	14.3~17.5	1.8~2.2
Y20	0.32~0.38	3.2~3.8	128~192	1.6~2.4	18.3~21.5	2.3~2.7
Y25	0.35~0.39	3.5~3.9	152~208	1.9~2.6	22.3~25.5	2.8~3.2
Y30	0.38~0.42	3.8~4.2	160~216	2.0~2.7	26.3~29.5	3.3~3.7
Y35	0.4~0.44	4.0~4.4	167~224	2.2~2.8	30.3~33.4	3.8~4.2
Y15H	≥0.31	≥3.1	232~248	2.9~3.1	≥17.5	≥2.2
Y20H	≥0.34	≥3.4	248~264	3.1~3.3	≥21.5	≥2.7
Y25H	0.36~0.39	3.6~3.9	176~216	2.2~2.7	23.9~27.1	3.0~3.4
Y30H	0.38~0.4	3.8~4.0	224~240	2.8~3.0	27.1~30.3	3.4~3.8

（5）稀土钴类永磁体的主要磁性能

1967 年美国研发出第一代钐钴（SmCo）永磁体，也称为第一代稀土钴永磁体，用 R 代表稀土元素，第一代稀土钴永磁体表示为 RCo_5。1983 年美国通用和日本住友各自独立研制成功第二代稀土钴（R_2Co_{17}）永磁体。稀土钴的磁综合性能很优异，其剩磁是铁氧体的 2 倍以上，与铁铬钴永磁体相当；其矫顽力是铁氧体的 2 倍以上，与铁铬钴永磁体相近；其磁能积是铁氧体永磁体的 8 倍以上，是铁铬钴永磁体的 5 倍。

稀土钴永磁体的磁综合性能比铁氧体永磁体及铁铬钴永磁体好，但价格较贵。稀土钴永磁体是粉末原料压制成形再经烧结而成，属脆性材料，易碎，没有韧性和延展性，不能轧制和拉伸，只能冷加工后或线切割后再充磁。

我国在 20 世纪 80 年代后制造的稀土钴永磁体，主要还加入铬（Cr）、锰（Mn）等不同元素以满足不同条件下对永磁体的需求。

我国稀土钴永磁体的磁综合性能见表 2-5。

表 2-5　我国稀土钴永磁体磁综合性能

项目 磁性能参数 牌号	剩磁 B_r		矫顽力 H_{CB}		内禀矫顽力 H_{CJ}		磁能积 $(BH)_m$	
	T	kGs	kA/m	kOe	kA/m	kOe	kJ/m³	MGs·Oe
XG80/36	0.6	6.0	310	4.0	360	4.5	64~88	8~11.0
XG96/40	0.7	7.0	350	4.5	400	5.0	88~104	11~13.0
XG112/96	0.73	7.3	520	6.5	960	12.0	104~120	13.0~15.0
XG128/120	0.78	7.8	560	7.0	1200	15.0	120~140	15.0~17.0

（续）

项目 磁性能参数 牌号	剩磁 B_r		矫顽力 H_{CB}		内禀矫顽力 H_{CJ}		磁能积（BH）$_m$	
	T	kGs	kA/m	kOe	kA/m	kOe	kJ/m³	MGs·Oe
XG144/120	0.84	8.4	600	7.5	1200	15.0	140~150	17.0~19.0
XG144/56	0.84	8.4	520	6.5	560	7.0	140~150	17.0~19.0
XG160/60	0.88	8.8	640	8.0	1200	15.0	150~184	19.0~23.0
XG192/96	0.96	9.6	690	8.7	960	12.0	184~200	23.0~25.0
XG192/42	0.96	9.6	400	5.0	420	5.2	184~200	23.0~25.0
XG208/44	1.0	10.0	420	5.2	440	5.5	200~220	25.0~28.0
XG240/46	1.06	10.6	440	5.5	460	5.7	220~250	28.0~31.0

稀土钴永磁体的物理性能也很好，在正常环境下能可靠、稳定地工作。表2-6为我国稀土钴永磁体的物理性能。

表2-6 我国稀土钴永磁体物理性能

性能项目 物理性能参数 永磁体牌号	平均温度系数 $\Delta B_\delta / B_\delta / \Delta T$	居里温度 T_c	密度 D	相对磁导率 μ	韦氏硬度	电阻率 ρ	热膨胀系数 α
	%/℃	C°	g/cm³	μ_r	HV	Ω·cm	10^{-6}/℃
XG80/36	-0.09	450~500	7.8~8.0	1.10	450~500	5×10^{-4}	10
XG96/40	-0.09	450~500	7.8~8.0	1.10	450~500	5×10^{-4}	10
XG112/96	-0.05	700~750	8.0~8.3	1.05~1.10	450~500	5×10^{-4}	10
XG128/120	-0.05	700~750	8.0~8.3	1.05~1.10	450~500	5×10^{-4}	10
XG144/120	-0.05	700~750	8.0~8.3	1.05~1.10	450~500	5×10^{-4}	10
XG144/56	-0.03	800~850	8.0~8.1	1.0~1.05	500~600	9×10^{-4}	10
XG160/120	-0.05	700~750	8.0~8.3	1.05~1.10	450~500	5×10^{-4}	10
XG192/96	-0.05	700~750	8.1~8.3	1.05~1.10	450~500	5×10^{-4}	10
XG192/42	-0.03	800~850	8.3~8.5	1.0~1.05	500~600	9×10^{-4}	10
XG208/44	-0.03	800~850	8.3~8.5	1.0~1.05	500~600	9×10^{-4}	10
XG240/46	-0.03	800~850	8.3~8.5	1.0~1.05	500~600	9×10^{-4}	10

在20世纪60年代之后，很多国家也都研发出了稀土钴永磁体，其磁性能与我国的稀土钴永磁体相当，见表2-7。

稀土钴永磁体具有优良的磁性能，因而被广泛地应用在永磁发电机、永磁电动机、磁选机、医疗设备等领域。

（6）钕铁硼永磁体（NdFeB）及稀土钕铁硼永磁体（RNdFeB）

1983年日本住友和美国通用分别独立研制出钕铁硼永磁体。钕铁硼永磁体是20世纪80年代发展起来的磁综合性能比稀土钴更好的永磁体，也是稀土钴的第三代产品。钕铁硼永磁体具有很高的剩磁、矫顽力和磁能积。钕铁硼永磁体的剩磁是稀土钴永磁体的1.5倍，是铁氧体永磁体的3.5倍以上；其矫顽力是稀土钴永磁体的1.4倍以上，是铁氧体永磁体的5倍以上；其磁能积是稀土钴永磁体的1.6倍以上，是铁氧体永磁体的12倍以上。钕铁硼永磁体也具有良好的温度系数和其他物理性能。

表 2-7 世界部分国家生产的稀土钴永磁体磁性能

国家名及生产企业名称	型号	分子式	剩磁 B_r		矫顽力 H_{CB}		内禀矫顽力 H_{CJ}		磁能积 $(BH)_m$		相对磁导率
			T	kGs	kA/m	kOe	kA/m	kOe	kJ/m³	MGs·Oe	μ_r
德国 GERMAN KRUPP	KOERMAX130	SmCo5	0.75 ~ 0.84	7.5 ~ 8.4	520 ~ 620	6.5 ~ 7.5	>1000	>12.6	110 ~ 140	14 ~ 17.5	≤1.10
	KOERMAX160	SmCo5	0.84 ~ 0.95	8.4 ~ 9.5	580 ~ 730	7.3 ~ 9.2	>1200	>15.0	140 ~ 180	17.5 ~ 22.6	≤1.10
瑞士 SWiZERLAND BBC	RECOMA10	SmCo5	0.64	6.4	480	6.0	1500	18.5	80	10	1.05
	RECOMA20	SmCo5	0.90	9.0	675	8.5	1200	15.0	150	20	1.05
日本 JAPAN TDK	RECO-12	MMCo5	0.67 ~ 0.72	6.7 ~ 7.2	483 ~ 520	5.5 ~ 6.5	480 ~ 590	6.0 ~ 7.5	87.5 ~ 130.5	11.0 ~ 13.0	1.05 ~ 1.10
	RECO-14	SmCo5	0.73 ~ 0.78	7.3 ~ 7.8	520 ~ 570	6.5 ~ 7.2	595 ~ 955	7.5 ~ 9.5	103.4 ~ 119	13.0 ~ 15.0	1.05 ~ 1.10
	RECO-16	SmCo5	0.78 ~ 0.84	7.8 ~ 8.4	595 ~ 635	7.5 ~ 8.5	1100 ~ 1270	14.0 ~ 16.0	119 ~ 135	15.0 ~ 17.0	1.05 ~ 1.10
	RECO-18	SmCo5	0.83 ~ 0.87	8.3 ~ 8.7	595 ~ 675	7.5 ~ 8.5	955 ~ 1270	12.0 ~ 16.0	135 ~ 151	17.0 ~ 19.0	1.05 ~ 1.10
	RECO-20	SmCo5	0.88 ~ 0.92	8.8 ~ 9.2	675 ~ 715	8.5 ~ 9.0	955 ~ 1270	12.0 ~ 16.0	151 ~ 167	19.0 ~ 21.0	1.05 ~ 1.10
	REC-24B	Sm(CoFeCuZr) 7-4	0.98 ~ 1.02	9.8 ~ 10.2	480 ~ 540	6.0 ~ 6.8	490 ~ 560	6.2 ~ 7.0	175 ~ 191	22.0 ~ 24.0	1.05 ~ 1.10
	REC-30	Sm(CoFeZr) 7-4	1.08 ~ 1.12	10.8 ~ 11.2	480 ~ 540	6.0 ~ 6.8	490 ~ 560	6.2 ~ 7.0	231 ~ 247	29.0 ~ 31.0	1.00 ~ 1.05
美国 HITACHT	HTCOREX90A	SmCo5	0.82	8.2	600	7.5	2400	30	128	16	1.05

钕铁硼永磁体是原料粉末经加压成形再经烧结而成，性脆易碎，没有韧性和延展性，需冷加工或线切割或加压准确成型后才能充磁。钕铁硼永磁体的磁综合性能很好，可以做得很薄，由于钕铁硼永磁体价格较高，可以使用户的使用成本降低。

向钕铁硼原料中加入稀土，使钕铁硼的磁综合性能更好，这就是稀土钕铁硼永磁体。

钕铁硼永磁体的磁综合性能优异，它的用途广阔，被广泛地应用在永磁电动机、永磁发电机、电子、医疗、油田、家电、航天、航空、汽车、选矿等诸多领域。

表 2-8 所示为 20 世纪 80 年代我国钕铁硼永磁体的磁性能及其温度系数。表 2-9 和表 2-10 是 1990 年我国制定的烧结钕铁硼永磁体磁综合性能和其他物理性能。

20 世纪 80 年代之后，由于钕铁硼永磁体的问世，且它的磁综合性能远比稀土钴永磁体优良，因此为永磁发电机、永磁电动机的发展奠定了基础，提供了条件。进入 21 世纪后，钕铁硼永磁体的磁性能比 20 世纪 80 年代的钕铁硼的磁性能更好，使永磁发电机、永磁电动机的品种、规格更加多样，功率达到 MW 级。

进入 21 世纪的十几年里，我国钕铁硼永磁体的磁性能列在表 2-11 中。

表 2-8 20 世纪 80 年代我国钕铁硼永磁体的磁性能及其温度系数

牌号	最小剩磁 B_r T	最小剩磁 B_r kGs	最小矫顽力 H_{CB} kA/m	最小矫顽力 H_{CB} kOe	最小内禀矫顽力 H_{CJ} kA/m	最小内禀矫顽力 H_{CJ} kOe	最大磁能积 $(BH)_m$ kJ/m³	最大磁能积 $(BH)_m$ MGs·Oe	B_r 温度系数(20~140℃) %/℃	H_{CB} 温度系数(20~140℃) %/℃
NTP32	1.08	10.8	796	10.0	955	12.0	223~255	28~32	-0.11	-0.60
NTP35	1.17	11.7	876	11.0	955	12.0	263~295	33~37	-0.11	-0.60
NTP27H	1.02	10.2	764	9.6	1353	17.0	199~231	25~29	-0.12	-0.58
NTP32H	1.08	10.8	812	10.2	1353	17.0	223~255	28~32	-0.11	-0.58
NTP33	1.13	11.3	844	12.6	1194	15.0	265~279	31~35	-0.12	-0.58
NTP37	1.20	12.0	899	11.3	1194	15.0	279~310	35~39	-0.12	-0.60

表 2-9 烧结钕铁硼永磁体磁综合性能（ZBH58003—1990）

牌号	剩磁 B_r/T	矫顽力 H_{CB}/(kA/m)	内禀矫顽力 H_{CJ}/(kA/m)	最大磁能积 $(BH)_m$/(kJ/m³)	回复磁导率 μ_{rec}	说明
NTP210Z	≥1.03	≥760	≥1330	200~215	1.05	D、Z、G、C 分别表示低、中、高、超高矫顽力
NTP210G	≥1.03	≥800	≥1350	200~215	1.05	
NTP210C	≥1.03	≥800	≥1600	200~215	1.05	
NTP220D	≥1.05	≥640	≥720	215~230	1.05	
NTP220Z	≥1.05	≥720	≥1120	215~230	1.05	
NTP220G	≥1.05	≥800	≥1350	215~230	1.05	
NTP250D	≥1.10	≥640	≥720	230~260	1.05	
NTP250Z	≥1.10	≥800	≥1120	230~265	1.05	
NTP250G	≥1.10	≥840	≥1350	230~265	1.05	
NTP280D	≥1.17	≥840	≥720	265~295	1.05	
NTP280Z	≥1.17	≥840	≥1120	265~295	1.05	

型号说明

N T P 250 G

- G：高矫顽力
- 250：最大磁能积
- P：硼
- T：铁
- N：钕

表 2-10 烧结钕铁硼永磁体物理性能（ZBH58003—1990）

项目名称	性能参数	项目名称	性能参数
剩磁温度系数 α_{B_r}（1/℃）	(25~140℃) ≤0.13	电阻率/(μΩ·cm)	140~160
内禀矫顽力温度系数 $\alpha_{H_{CJ}}$（1/℃）	(25~140℃) ≤0.6	抗压强度/MPa	740~810
居里温度 T_C/℃	≥310	膨胀系数(垂直于取向方向)/(10⁻⁶/k)	-4.8
密度/(g/cm³)	7.3~7.5	膨胀系数(平行于取向方向)/(10⁻⁶/k)	-3.4
硬度/HV	500~600		

表 2-11 进入 21 世纪的十几年里我国钕铁硼永磁体的磁性能

牌号	剩磁 B_r kGs(max)	剩磁 B_r kGs(min)	剩磁 B_r T_{max}	剩磁 B_r T_{min}	矫顽力 H_{CB} kOe	矫顽力 H_{CB} kA/m	内禀矫顽力 H_{CJ} kOe	内禀矫顽力 H_{CJ} kA/m	磁能积 $(BH)_m$ MGs·Oe(max)	磁能积 $(BH)_m$ MGs·Oe(min)	磁能积 $(BH)_m$ kJ/m³(max)	磁能积 $(BH)_m$ kJ/m³(min)
N35	12.5	11.8	1.25	1.18	≥10.8	≥859	≥12.0	≥955	37	33	295	263
N38	13.0	12.3	1.3	1.23	≥10.8	≥859	≥12.0	≥955	40	36	310	287
N40	13.2	12.6	1.32	1.26	≥10.5	≥836	≥12.0	≥955	42	38	334	289

（续）

项目 磁性能参数 牌号	剩磁 B_r				矫顽力 H_{CB}		内禀矫顽力 H_{CJ}		磁能积 $(BH)_m$			
	kGs (max)	kGs (min)	T_{max}	T_{min}	kOe	kA/m	kOe	kA/m	MGs·Oe (max)	MGs·Oe (min)	kJ/m³ (max)	kJ/m³ (min)
N42	13.5	13.0	1.35	1.30	≥10.5	≥836	≥12.0	≥955	44	40	350	318
N45	13.8	13.2	1.38	1.32	≥10.5	≥836	≥11.0	≥875	46	42	366	334
N48	14.3	13.7	1.43	1.37	≥10.5	≥836	≥11.0	≥875	49	45	390	358
N50	14.6	14.0	1.46	1.40	≥10.5	≥836	≥11.0	≥875	51	47	406	374
N33M	12.2	11.4	1.22	1.14	≥10.7	≥852	≥14.0	≥1114	35	31	279	247
N35M	12.5	11.8	1.25	1.18	≥11.0	≥876	≥14.0	≥1114	37	33	295	263
N38M	13.0	12.3	1.30	1.23	≥11.5	≥915	≥14.0	≥1114	40	36	318	287
N40M	13.2	12.6	1.32	1.26	≥11.8	≥935	≥14.0	≥1114	42	38	334	289
N42M	13.5	13.0	1.35	1.30	≥12.0	≥955	≥14.0	≥1114	44	40	350	318
N45M	13.8	13.2	1.38	1.32	≥12.2	≥971	≥14.0	≥1114	45	42	366	334
N48M	14.5	13.7	1.45	1.37	≥12.5	≥994	≥14.0	≥1114	49	45	390	358
N30H	11.7	10.9	1.17	1.09	≥10.2	≥812	≥17.0	≥1353	32	28	255	223
N33H	12.2	11.4	1.22	1.14	≥10.7	≥851	≥17.0	≥1353	35	31	279	247
N35H	12.5	11.8	1.25	1.18	≥11.0	≥875	≥17.0	≥1353	37	33	295	263
N38H	13.0	12.3	1.30	1.23	≥11.5	≥915	≥17.0	≥1353	40	36	318	287
N40H	13.2	12.6	1.32	1.26	≥11.8	≥939	≥16.0	≥1273	42	38	334	302
N44H	13.7	13.0	1.37	1.30	≥12.1	≥963	≥16.0	≥1273	45	41	358	326
N46H	14.0	13.3	1.40	1.33	≥12.5	≥994	≥16.0	≥1273	47	43	374	342
N48H	14.3	13.7	1.43	1.37	≥18.8	≥1018	≥16.0	≥1273	49	45	390	358
N30SH	11.7	10.1	1.17	1.00	≥10.2	≥612	≥20.0	≥1592	32	28	255	223
N33SH	12.2	11.4	1.22	1.14	≥10.7	≥851	≥20.0	≥1592	35	31	278	247
N35SH	12.5	11.8	1.25	1.18	≥11.0	≥876	≥20.0	≥1592	37	33	295	263
N39SH	13.0	12.3	1.30	1.23	≥11.6	≥923	≥20.0	≥1592	37	33	295	263
N42SH	13.5	12.8	1.35	1.28	≥12.0	≥955	≥19.0	≥1512	43	39	342	310
N28UH	11.3	10.5	1.13	1.05	≥9.8	≥780	≥25.0	≥1989	30	26	239	207
N30UH	11.7	10.9	1.17	1.09	≥10.2	≥812	≥25.0	≥1989	32	28	255	223
N33UH	12.2	11.4	1.22	1.14	≥10.7	≥851	≥25.0	≥1989	35	31	279	247
N35UH	12.5	11.8	1.25	1.18	≥11.0	≥875	≥25.0	≥1989	37	33	295	263
N38UH	13.0	12.3	1.30	1.23	≥11.5	≥923	≥25.0	≥1989	40	36	318	287
N28EH	11.3	10.5	1.13	1.05	≥9.8	≥780	≥30.0	≥2387	30	26	239	207
N30EH	11.7	10.9	1.17	1.09	≥10.2	≥812	≥30.0	≥2387	32	28	255	223
N33EH	12.2	11.4	1.22	1.14	≥10.7	≥851	≥30.0	≥2387	35	31	279	247
N35EH	12.5	11.8	1.25	1.18	≥11.0	≥875	≥30.0	≥2387	37	33	295	263
N38EH	13.0	12.3	1.30	1.23	≥11.5	≥923	≥30.0	≥2387	40	36	318	287

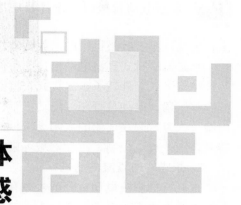

第三章
永磁电动机中永磁体磁极的布置及其磁感应强度

第一节　永磁电动机的种类、结构特点及用途

永磁体对外做功不消耗其自身磁能，因而用永磁体做电动机的定子磁极或转子磁极的永磁电动机体积小、重量轻、效率高、温升低、噪声小、功率因数高、节能、结构简单，便于维护。

永磁电动机由于上述优点，因而被广泛地应用在航天、航空、舰船、汽车、高铁、医疗器械设备、机器人、工业自动控制、家电、儿童玩具等诸多领域。

永磁电动机按供电电源可分为直流供电、直流电经逆变器逆变成交流供电及交流供电三种供电方式。

永磁电动机按结构可分为以下4种。

1. 永磁靴式直流电动机

永磁靴式直流电动机分为永磁有刷靴式直流电动机和永磁无刷靴式直流电动机两类，而永磁无刷靴式直流电动机又分为有位置传感器和无位置传感器两种。

永磁有刷靴式直流电动机的定子磁极是永磁体磁极，转子为极靴及其绕组，绕组通过机械换向器改变直流电的方向。永磁有刷靴式直流电动机如图4-1所示。

永磁无刷靴式直流电动机的转子磁极是永磁体磁极，定子为极靴式铁心及缠绕在极身上的定子绕组。永磁无刷靴式直流电动机有位置传感器的，位置传感器安装在定子或机壳上，感应器安装在转子上。当感应器转到位置传感器的位置时，位置传感器将换向信号传给电子换向器，电子换向器对直流电进行换向，如图4-9及图4-10所示。以直流电经逆变器逆变成矩形波或正弦波交流电供电的永磁靴式直流电动机可以由控制器改变逆变电流频率进行调速。无位置传感器的是以绕组的反电动势信号为换向依据，为永磁无刷靴式直流电动机绕组电流进行换向。

永磁有刷靴式直流电动机由直流电流直接供电。永磁无刷靴式直流电动机有位置传感器和无位置传感器的电源可以是直流电流供电，也可以是由直流电流经逆变器逆变成交流电流供电。

永磁有刷靴式直流电动机多用于小型直流电动工具、儿童玩具、船模、航模、电动自行车、电动汽车、收录机中的录放驱动、医疗器械等。

永磁无刷靴式直流电动机分为有位置传感器和无位置传感器的，又分为内转子和外转子两种结构形式。外转子永磁靴式直流电动机多用诸如计算机冷却风扇、大型计算机及逆变器的冷却风扇，电动自行车、电动汽车、宇宙飞船的太阳电池板的调整、飞船内自动控制等；内转子式也常用在飞船的太阳电池板的调整、月球车的驱动及转向和自动照相机的驱动，机器人、工业自动控制、医疗器械等诸多领域。

2. 永磁有槽直流电动机

永磁有槽直流电动机分为永磁有刷有槽直流电动机和永磁无刷有槽直流电动机两类。而永磁无刷有槽直流电动机又分为有位置传感器和无位置传感器两种。

永磁有槽直流电动机的永磁体磁极有径向布置、切向布置及混合布置。

永磁有刷有槽直流电动机的定子磁极为永磁体磁极，转子由转子铁心、转子铁心槽中嵌入的转子绕组、转子轴及机械换向器等组成。直流电的换向由机械换向器来完成。永磁有刷有槽直流电动机直接由直流电供电。

永磁无刷有槽直流电动机的定子由定子铁心及在定子铁心槽内嵌入的定子绕组组成，其转子磁极是永磁体磁极。有位置传感器的永磁无刷有槽直流电动机，在机壳内安装有位置传感器，在转子安装位置传感器的感应器。当感应器经过位置传感器时，位置传感器将换向信号传给电子换向器，电子换向器对输入定子绕组的直流电流进行换向。或者将换向信号传给逆变器，由逆变器对直流电流进行换向。永磁无刷有槽无位置传感器的直流电动机，换向信号通常由定子绕组的反电动势来提供，再通过电子电路及逆变器对定子绕组输入的电流进行换向。

由逆变器将直流电逆变成矩形波供电的永磁无刷有槽直流电动机通常称作永磁直流电动机；由逆变器将直流电逆变成正弦波电流供电的永磁无刷有槽直流电动机称作永磁交流电动机。

永磁无刷有槽直流电动机的调速由控制器等控制逆变电流的频率决定。

永磁无刷有槽直流电动机也有内转子和外转子两种结构形式。

永磁无刷有槽直流电动机被广泛地应用在航天、航空、舰船、汽车、工业自动控制、机器人、医疗器械、健身器材、航模、船模、家电、计算机、玩具等诸多领域。如航天中的太阳电池板的调整，飞船中的设备的控制及驱动，月球车的驱动、转向，太阳电池板的调整，摄像头的调整等，电动自行车、电动汽车的驱动，轿车玻璃的升降、座位的调整，潜艇的驱动及舰船中一些设备的自动控制的驱动等。

3. 永磁盘式直流电动机

永磁盘式直流电动机的永磁体磁极为轴向布置，适用于轴向距离狭窄的地方。

永磁盘式直流电动机分为有刷和无刷两类，而永磁无刷盘式直流电动机又分为有位置传感器和无位置传感器两种。

永磁有刷盘式直流电动机的定子磁极是永磁体磁极，永磁体磁极呈扇形分布。转子为扇形绕组用环氧树脂或酚醛树脂在模具中固定在转子轴上，转子绕组输入的直流电流的换向由机械换向器来完成。转子可以是单转子结构，也可以是多转子结构。

永磁无刷盘式直流电动机的转子是永磁体，呈扇形分布，用环氧树脂或酚醛树脂在模具中固定在转子轴上。其定子绕组也呈扇形，用环氧树脂或酚醛树脂固定在模具中成形，安装在机壳内。永磁盘式直流电动机有位置传感器时，位置传感器安装在定子上或机壳上。在转子上安装位置传感器的感应器，当感应器经过位置传感器时，位置传感器将换向信号传给电子换向器或逆变器，电子换向器对定子绕组输入的直流电流进行换向或经逆变器对输入的直流电流进行换向。无位置传感器的永磁无刷盘式直流电动机的换向信号通常是由定子绕组的反电动势信号输入给电子电路，电子电路根据反电动势控制电子换向器或逆变器对输入的直流电进行换向。

永磁盘式直流电动机有直流电流直接供电和将直流电流逆变成矩形波或正弦波电流供电两种供电方式。其中经逆变器逆变成矩形波电流的永磁盘式无刷直流电动机称永磁盘式直流电动机；经逆变器逆变成正弦波电流的永磁盘式无刷直流电动机称永磁盘式交流电动机。通过 PWM 控制逆变器输出的电流频率来改变永磁盘式直流电动机的转速，实现对永磁盘式直流电动机调速的目的。

永磁盘式直流电动机广泛地被应用在航天、航空、汽车、舰船、工业自动控制、机器人、医疗器械、加工中心等诸多领域中的轴向狭窄空间的自动控制或驱动。

4. 永磁交流电动机

永磁交流电动机是将常规交流电动机的转子磁极变成永磁体磁极，其定子是由定子铁心及嵌入定子槽内的定子绕组组成。为了便于起动，可以将镶嵌在转子上的永磁体磁极布置成与转子轴轴向成一定角度，参见图 8-2a。或将永磁体磁极阶梯错位与转子轴轴向成一定角度，如图 8-2b 所示。或转子外径冲有导条孔，让导条与转子轴轴向成一定角度，而永磁体磁极在转子中布置成径向、切向，或布置成径向和切向的混合式，参见图 8-1a、b。

永磁交流电动由三相 380V 或更高的三相交流电压直接供电。

永磁交流电动机属于永磁交流同步电动机。

永磁交流电动机节电 10% ~20%、效率高、温升小、功率因数可达 0.9 以上，外特性硬，结构简单，是一种十分理想的交流电动机。

永磁交流电动机适用于常规交流电动机应用的任何工况和环境。

永磁交流电动机是非常有前途的电动机。

第二节　永磁体的特性曲线及其工作点

1. 永磁体的特性曲线

铁磁质在外部很强的均匀磁场作用下被磁化成了永磁体，当撤去外磁场后，即外磁场强度 $H=0$ 时，在永磁体中磁通密度降到某一数值，它被称为永磁体的剩余磁通密度 B_r，如图 3-1a 所示。

永磁体在外部去磁场的作用下，永磁体抵抗外部去磁场的去磁能力称为永磁体的矫顽力。如图 3-1a 所示，在第二象限中 DB_r 弧线为永磁体的退磁曲线。当退磁场撤去后，永磁体磁化状态的磁感强度已不再是剩磁 B_r，而是在退磁曲线上的某一点 A 处，此时 A 处的 $H<0$，$B_m<B_r$。

某点 A 在第一象限对应的 A' 点 B_m 和 H_m 所对应的磁能积为 W_m。用 B_mH_m 表示永磁体剩磁为 B_m 时的磁能积。在退磁曲线上某一点 B 所对应的 B_B 和 H_B 在第一象限可能是对应永磁体的最大磁能积 W_{max}，希望永磁体工作在最大磁能积这个点上。永磁体工作在其最大磁能

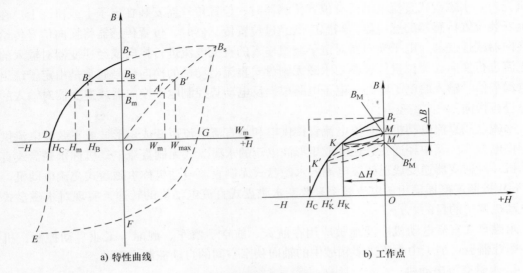

图 3-1　永磁体特性曲线和工作点

积附近，永磁体才得到最科学合理及最经济的利用。

　　如果永磁体第一次在退磁场作用下，沿着退磁曲线到 K 点，当退磁场撤去后，则永磁体的磁感应强度会沿着曲线回复到 M 点，那么直线 KM 就是永磁体磁感应强度的回复线。如果下一次退磁场强度大于第一次退磁场强度 H_K 达到 H'_K，那么退磁场强度会沿着退磁曲线达到 K' 点。当退磁场撤去后，永磁体的磁感应强度会沿着曲线回复到 M' 点。$K'M'$ 为第二次回复线。回复线表明了永磁体磁场强度 H 与其磁感应强度 B 的关系。与 M 和 M' 点相对应的是永磁体回复后的磁感应强度 B_M 和 B'_M。如果下次退磁场强度大于 H'_M，那么退磁点还会沿着退磁曲线再往下移，如图 3-1b 所示。

　　从永磁体退磁曲线上的退磁点的变化可以看到，退磁场强度的大小对永磁体磁能积的大小变化影响很大。但以上分析没有考虑永磁体在交变的磁场中的充磁，而只考虑了退磁作用，这在永磁体实际工况下是不够完善的。

2. 永磁体的工作点

　　很多资料认为，永磁电动机磁路设计的重点之一是合理选择永磁体的工作点，但选择永磁体工作点是十分困难的。

　　永磁电动机设计的重点之一是决定永磁体的工作点，也就是要决定永磁体工作时的磁感应强度 B_m，或者说，要决定永磁体磁极的气隙磁感应强度 B_δ。由于永磁电动机有的绕组对永磁体磁极有充、退磁作用，永磁同步电动机的绕组的电流磁场对永磁体有充磁作用，所以永磁体的工作点绝不是在 B_r 点上，而是在退磁曲线的某一点上。

　　根据磁通连续性原理（磁场的高斯定理），外磁路的总磁通 Φ'_m，包括主磁通 Φ 和漏磁通 Φ_σ 之和，应与永磁体的磁通 Φ_m 相等。即

$$\Phi'_m = \Phi_m = \Phi + \Phi_\sigma = \sigma\Phi \tag{3-1}$$

式中　　Φ——气隙主磁通，单位为 Wb；

　　　　Φ_σ——漏磁通，单位为 Wb；

　　　　σ——漏磁系数。

$$\Phi = B_\delta S_\delta \tag{3-2}$$

式中　B_δ——气隙磁感应强度，单位为 T；

　　　S_δ——气隙面积，单位为 m^2。

$$\Phi_m = B_m S_m \tag{3-3}$$

式中　B_m——永磁体的总磁感应强度，单位为 T；

　　　S_m——永磁体磁极表面积，单位为 m^2。

　　径向布置的永磁体磁极是永磁体磁极直接面对气隙，漏磁小、漏磁系数 σ 通常取为 1.0～1.1；对于切向布置的永磁体磁极属永磁体磁极并联，由两个永磁体同性磁极共同贡献给一个磁导率很高的公共磁极，永磁体极面不直接面对气隙，在有非磁性材料有效隔磁的情况下，漏磁系数 σ 可取 1.4～1.6；在没有非磁性材料有效隔磁的情况下，漏磁系数 σ 应取 1.8～2.2。在切向布置的永磁体磁极并联磁路中，B_m 应乘以 2，这是因为两个同性磁极的 B_m 贡献给一个磁导体做的磁极。

　　将式（3-2）和式（3-3）代入式（3-1），得

$$B_m S_m = \sigma B_\delta S_\delta \tag{3-4}$$

　　所谓决定永磁体的工作点，就是确定 B_m 值。从图 3-1 中可以看出，在第二象限的退磁曲线上任一点都可能是永磁体的工作点。虽然我们可以从理论上的最理想状态计算出外磁路的总磁通，从而计算出永磁体磁面上的磁通，但要确定永磁体的工作点却是十分困难的。

　　永磁体工作点的确定之所以十分困难，主要是因为永磁体的工作点是由永磁电动机的电流、电流频率、电动机的温升、铁心的磁导率、永磁体的综合磁性能等诸多因素决定的，如永磁体的剩磁、矫顽力、内禀矫顽力、磁能积、温度系数及永磁体的形状、几何尺寸等。这些因素尽管可以根据外磁路负载工作线、永磁体退磁曲线、永磁体回复线的交点来确定永磁体的工作点，甚至将这些参数的关系归纳出数学模型在计算机上进行计算，但得出的结果与实际也很难一致。要经过样机反复多次对比重新计算才能得到满意的结果，也是多次调整参数反复多次计算的结果。

　　在图 3-1 中，如果 A 点为永磁体的工作点，从理论上认为 $B_A = H_A$，$B_r = H_C$，则可以得到

$$\gamma = \frac{B_A H_A}{B_r H_C} \tag{3-5}$$

　　永磁体单位体积能在体外空间存储的能量 $W'(J/m^3)$ 为

$$W' = \frac{B_r H_C}{2} = B_A H_A \tag{3-6}$$

　　永磁体的磁能积 $W(J/m^3)$ 为

$$W = B_r H_C \tag{3-7}$$

　　将式（3-6）及式（3-7）代入式（3-5）中，得

$$\gamma = \frac{B_A H_A}{B_r H_C} = \frac{\dfrac{B_r H_C}{2}}{B_r H_C} = \frac{1}{2} \tag{3-8}$$

　　由此可得

$$B_A = \gamma B_r \quad 即 \quad B_A = \frac{1}{2} B_r \tag{3-9}$$

B_A 是永磁体工作点（A 点）的磁感应强度。这是从理论上最理想的期望值，它说明了永磁体工作点的磁感应强度最大值是永磁体剩磁的50%。作者经40余年对永磁体的研究及对永磁发电机、永磁电动机设计、制造样机的实践和总结，发现永磁体工作点的磁感应强度 B_m 在不同的永磁体回路中，它的值只有永磁体剩磁的32%～38%，最好的情况也只有永磁体标称剩磁的40%左右，这还取决于永磁体极面与两极面之间的距离及极面的短边长度。作者称 γ 为永磁体工作点系数。

作者多次实验总结认为，在设计永磁电动机时，永磁电动机需要的气隙磁感应强度按本章"第四节 永磁电动机中永磁体磁极的布置及其特点和气隙磁感应强度"选择永磁体磁极的布置形式，然后计算其气隙磁感应强度，并且按永磁体设计的布置形式做样块进行实测，永磁体磁极的磁感应强度为 B_m。这种方法与计算结果基本上一致。当不一致时，适当调整某些参数，就会使计算结果与样块实测一致。这比选择和计算永磁体工作点要可靠。

第三节　永磁体的气隙磁感应强度

在永磁电动机的设计中，永磁体磁极或极靴的气隙磁感应强度是十分重要的参数之一。永磁体的气隙磁感应强度实际上是不考虑永磁体的退磁、温度等因素情况下的初始工作点。在本章"第二节 永磁体的特性曲线及其工作点"中已经证明，永磁体的初始工作点的理论理想化的最大值是剩磁 B_r 的1/2。

现在我们从另一角度来求永磁体磁极的气隙磁感应强度。

1. 永磁体磁极极面上的磁感应强度

图3-2 所示为一个轴向磁化的圆柱永磁体，假设圆柱体很长，磁极面上的磁通密度分布均匀，在不考虑退磁、温度等因素影响的情况下，极面上的磁力线密度为 $B_r/4\pi$。在圆柱永磁体上方的 Z 轴上有某点 P，P 点距极面的距离为 oP，求 P 点的气隙磁感应强度 B_δ。

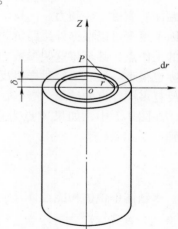

$$\mathrm{d}B_\delta = \frac{B_r}{4\pi\sigma} \frac{2\pi r \mathrm{d}r}{\sqrt{oP^2 + r^2}}\cos\theta$$

$$= \frac{B_r}{2\sigma} \frac{oP\mathrm{d}r}{(oP + r^2)^{3/2}}$$

当 $oP = \delta$ 时，积分得

$$B_\delta = \frac{B_r}{2\sigma}\left(1 - \frac{\delta}{\sqrt{\delta^2 + D^2}}\right) \qquad (3-10)$$

图3-2 永磁体气隙磁感应强度计算

式中　B_r——永磁体的剩磁，单位为 T；

　　　B_δ——气隙长度为 δ 时的气隙磁感应强度，单位为 T；

　　　δ——气隙长度，单位为 m；

　　　D——圆柱永磁体直径，单位为 m。

当 $\delta \to 0$ 时，则 $B_\delta \to \dfrac{B_r}{2}$。这再一次证明了永磁体磁极气隙磁感应强度理想的最大值是其剩磁的1/2。当 $\delta = 0$ 时，是永磁体磁极表面的磁感强度。在通常的情况下，B_δ 也只有永磁

体剩磁 B_r 的 32% ~ 38%，最好的情况可以达到其剩磁的 40%，这还取决于矩形永磁体极面的短边长度、两极面之间的距离是否科学合理等。

2. 矩形永磁体的端面系数

作者经 40 余年对永磁体的研究及实践证明，永磁体的磁感应强度不是永磁体的体积函数，在一定范围内是永磁体极面积及两极面之间距离的函数。

对于矩形永磁体 $a_m \times b_m$（$a_m < b_m$），其极面上的磁感应强度与矩形永磁体的短边 a_m 及两极面之间的距离 h_m 有关。当永磁体两极面确定后，随着两极面距离的增加，磁感应强度增大。当两极面之间的距离 h_m 增加到与矩形永磁体矩形极面的短边长度 a_m 相等时，矩形永磁体极面上的磁感应强度接近最大值。当再增加两极面之间的距离时，极面上的磁感应强度增加很少，最后又回到两极面距离 h_m 与矩形极面短边 a_m 相等时的磁感应强度值。

作者经 40 余年对永磁体的研究及实践，总结出矩形永磁体 $a_m \times b_m$（$a_m < b_m$）两极面之间的距离 h_m 与矩形极面短边 a_m 之比值所对应的端面系数之间的数学关系，见表 3-1。

表 3-1 极面为 $a_m \times b_m$（$a_m < b_m$）两极面间距离为 h_m 的矩形永磁体的端面系数 K_m

h_m/a_m	0.1 ~ 0.2	0.2 ~ 0.4	0.4 ~ 0.6	0.6 ~ 0.8	0.8 ~ 0.9	1.0	1.1 ~ 1.2	1.2 ~ 1.4
K_m	0.5 ~ 0.6	0.6 ~ 0.7	0.7 ~ 0.8	0.8 ~ 0.9	0.9 ~ 0.95	1.0	1.10 ~ 1.06	1.06 ~ 1.02

3. 径向布置的矩形永磁体的气隙磁感应强度

径向布置的矩形永磁体的磁极直接面对气隙，属永磁体磁极串联。当矩形永磁体极面为 $a_m \times b_m$（$a_m < b_m$），两极面之间的距离为 h_m 时，其气隙磁感应强度 B_δ（T）为

$$B_\delta = K_m \frac{B_r}{\pi\sigma} \arctan \frac{a_m b_m}{2\delta \sqrt{4\delta^2 + a_m^2 + b_m^2}} \tag{3-11}$$

式中　K_m——永磁体的端面系数，见表 3-1；

　　　B_r——永磁体的剩磁，单位为 T；

　　　σ——漏磁系数，径向布置的永磁体的漏磁系数，通常为 $\sigma = 1.0 ~ 1.10$；

　　　a_m——永磁体矩形极面的短边长，单位为 m 或 mm；

　　　b_m——永磁体矩形极面的长边长，单位为 m 或 mm；

　　　δ——气隙长度，单位为 m 或 mm。

图 3-3 所示为两个矩形极面的永磁体的两个不同性磁极同时面对气隙并经磁导率很高的磁导体构成的永磁体磁极的串联磁回路。如果矩形极面的短边 a_m 与两极面之间的距离选择合理，则其气隙磁感应强度最理想可达到单个永磁体磁面上磁感应强度的 2 倍，通常可达到单个永磁体磁面上磁感应强度的 1.2 倍左右。

4. 永磁体磁极切向布置（隐极式）的气隙磁感应强度

永磁电动机中永磁体磁极的切向布置属于永磁体磁极的并联磁路，有多种结构形式。图 3-4 及图 3-5 仅为两种不同结构的永磁体磁极并联形式。

永磁电动机中的永磁体切向布置，是两个永磁体的同性磁极将其磁通共同贡献给一个磁导率很高的磁导体构成公共磁极——极靴。永磁体极面为 $a_m \times b_m$（$a_m < b_m$），两极面之间的距离为 h_m 的几何尺寸相同、材质相同、磁综合性能相同的永磁体磁极并联，在不考虑退磁、温度等因素的情况下其气隙磁感应强度为

$$B_\delta = K_L K_m \frac{2B_r}{\pi\sigma} \arctan \frac{a_m b_m}{2\delta \sqrt{4\delta^2 + a_m^2 + b_m^2}} \qquad (3-12)$$

式中　K_L——系数，$K_L = \dfrac{a_m}{b_p}$；

　　　b_p——极靴的极弧长度，单位为 m 或 mm；

　　　K_m——永磁体的端面系数，见表 3-1；

　　　B_r——永磁体的剩磁，单位为 T；

　　　σ——漏磁系数，有非磁性材料有效隔磁时，$\sigma = 1.4 \sim 1.6$；无非磁性材料隔磁时 $\sigma = 1.8 \sim 2.2$；

　　　δ——气隙长度，单位为 m 或 mm；

　　　a_m——永磁体矩形极面的短边长，单位为 m 或 mm；

　　　b_m——永磁体矩形极面的长边长，单位为 m 或 mm。

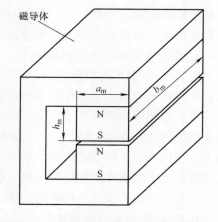

图 3-3　两个矩形极面的永磁体的两个不同性磁极都面对气隙时的气隙磁感应强度

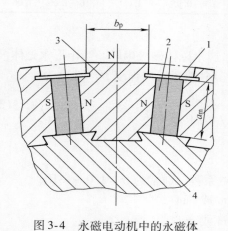

图 3-4　永磁电动机中的永磁体磁极的切向布置及安装形式之一

1—非磁性材料挡板　2—永磁体
3—磁导率很高的极靴　4—非磁性材料的转子毂

图 3-5　永磁电动机中的永磁体磁极的切向布置及安装形式之二

1—非磁性材料挡板　2—永磁体
3—磁导率很高的极靴　4—非磁性材料的转子毂

当系数 $K_L = 1$ 时，即切向布置的永磁体磁极矩形极面短边 a_m 与公共磁极的极靴的极弧长度 b_p 相等，气隙磁感应强度不变。当 $a_m < b_p$ 时，$K_L < 1$，气隙磁感应强度小于 B_δ；当 $a_m > b_p$ 时，$K_L > 1$，气隙磁感应强度大于 B_δ。

5. 永磁电动机设计中永磁体磁极气隙磁感应强度的确定

在永磁电动机的设计中，永磁体磁极的气隙磁感应强度是永磁电动机的主要参数之一。对永磁电动机中永磁体磁极气隙磁感应强度的确定，在永磁电动机的设计中是极其重要的。

在设计中，首先应按照电动机的结构形式、永磁体的布置形式、几何尺寸、性能、供电形式等进行永磁体磁极气隙磁感应强度的理论计算。如果计算结果未达到设计要求，则应对永磁体的几何尺寸进行调整或对永磁体进行拼接，再进行计算，直到达到设计要求为止。为了设计可靠，还应按计算设定的永磁体对样块模拟磁路进行永磁体磁极气隙磁感应强度的实测。一般情况下，实测结果与计算结果相差不大。当计算结果与实测结果相差较大时，应调整参数，重新计算，直到满意为止。

由于永磁体的材质不同，几何尺寸和形状各异，其磁感应强度也迥然不同。即使是同一材质，同一工艺制造，只要永磁体的几何形状不同，它们的磁感应强度也不同。永磁体只有在材质相同、制造工艺及充磁相同，并且几何形状相同的情况下才具有相似性，否则不具有相似性。永磁体不具有泵类那样只要比转速相同就可以按比例扩大泵的尺寸来提高流量那样的相似性。

第四节　永磁电动机中永磁体磁极的布置及其特点和气隙磁感应强度

在永磁电动机中，永磁体磁极或做定子磁极，或做转子磁极，永磁体磁极起到了极其重要的作用。

在永磁电动机中，为了更充分利用永磁体磁极的磁感应强度，人们根据永磁体的种类、特性及永磁电动机的结构，研究出多种永磁体磁极的布置形式以达到充分利用永磁体的磁能，即在永磁体极面上获得更高的磁感应强度和最低永磁体的使用成本的目的。

1. 永磁体磁极的径向布置及其特点和气隙磁感应强度

图 3-6a 所示为永磁电动机内转子永磁体磁极的径向布置。永磁体磁极径向布置的特点是永磁体磁极直接面对气隙，漏磁小，气隙磁感应强度大，且永磁体磁极易于冷却，增强永磁电动机运行的可靠性。图 3-7a、b 为外转子永磁体磁极的径向布置，其特点与内转子永磁体磁极径向布置的特点相同。内转子式永磁电动机定子永磁体磁极径向布置的结构形式与图 3-7a、b 相同，所不同的是定子永磁体磁极固定在机壳上不转动，其特点与图 3-6a 所示的永磁体磁极径向布置相同。

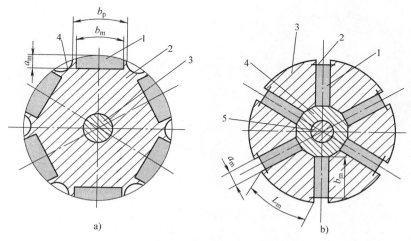

图 3-6　永磁电动机中永磁体磁极的典型布置

a）永磁体磁极的径向布置

1—永磁体　2—转子铁心　3—转子轴　4—通风、隔磁槽

b）永磁体磁极的切向布置

1—永磁体　2—非磁性材料挡板　3—公共磁极　4—非磁性材料轮毂　5—转子轴

图 3-6a 及图 3-7a 所示永磁体磁极径向布置时的气隙磁感应强度为

$$B_\delta = K_m \frac{B_r}{\pi\sigma} \arctan \frac{a_m b_m}{2\delta \sqrt{4\delta^2 + a_m^2 + b_m^2}}$$

式中　B_δ——气隙磁感应强度，单位 T；

　　　K_m——永磁体的端面系数，见表 3-1；

　　　σ——漏磁系数，通常 $\sigma = 1.0 \sim 1.1$；

　　　a_m——永磁体矩形极面的短边长，单位为 m 或 mm；

　　　b_m——永磁体矩形极面的长边长，单位为 m 或 mm；

　　　δ——气隙长度，单位为 m 或 mm。

2. 永磁体磁极的径向拼接和轴向拼接的气隙磁感应强度

永磁体磁极具有趋肤效应，磁极面积越大，磁极中心的磁感应强度比磁极周边的磁感应强度越低。为了让永磁体磁面上的磁感应强度处处相等，因此对径向布置的永磁体磁极进行径向拼接。参见图 8-1c，由三块永磁体进行径向拼接。当永磁体的材料相同，制造工艺相同，且每块永磁体的几何尺寸相同时，每个永磁体磁极的气隙磁感应强度为

$$B_\delta = K_m \frac{B_r}{\pi\sigma} \arctan \frac{a_m b_m}{2\delta \sqrt{4\delta^2 + a_m^2 + b_m^2}}$$

图 3-7b 所示为永磁体径向布置非气隙极面用价格低廉的铁氧体作为磁导体的串联结构形式。铁氧体永磁体两极面之间的距离应为径向布置的永磁体两极面之间距离一半以内。这种径向布置的永磁体磁极，由于用铁氧体永磁体在非气隙极面进行串联，因此每个永磁体磁极的气隙磁感应强度都会增加。在通常情况下，可使气隙磁感应强度增加 10% ~ 20%，这是提高径向布置永磁体磁极气隙磁感应强度的有效方法之一。

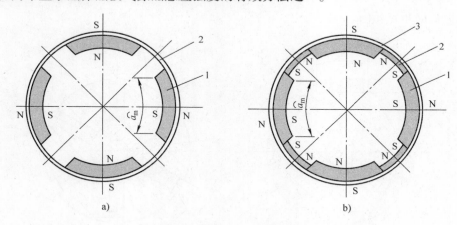

图 3-7　永磁电动机外转子永磁体磁极的径向布置

a）通常采用的外转子永磁体磁极的径向布置

1—永磁体　2—外转子壳（由导磁性良好的低碳钢做成）

b）用价格低廉的铁氧体永磁体将非气隙磁极串联的外转子永磁体的径向布置

1—永磁体　2—铁氧体永磁体　3—外转子壳

这种永磁体磁极径向布置的磁极的气隙磁感应强度为

$$B_\delta = K_\mathrm{m} \frac{(1.1 \sim 1.2)B_\mathrm{r}}{\pi\sigma} \arctan \frac{a_\mathrm{m} b_\mathrm{m}}{2\delta \sqrt{4\delta^2 + a_\mathrm{m}^2 + b_\mathrm{m}^2}} \tag{3-13}$$

由于对永磁体充磁的电流太大，所以永磁体的体积不会很大。但在永磁体的实际应用中，往往需要很长的永磁体，或者需要很宽的永磁体，这时，可以采取永磁体轴向拼接的办法。

我们知道，永磁体的磁场是空间的。当几个永磁体拼接成长永磁体时，它们拼接后又形成新的空间磁场。拼接加长的永磁体——轴向拼接的永磁体的磁感应强度比单个永磁体的磁感应强度大一些，视情况不同，一般能提高 1% ~ 5%。图3-8 所示为永磁体轴向拼接成长永磁体，这在永磁电动机设计中很重要。

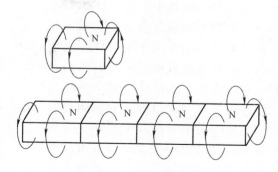

图 3-8　永磁体的轴向拼接

3. 永磁电动机中永磁体磁极的切向布置及其特点和气隙磁感应强度

永磁电动机中永磁体磁极的切向布置如图 3-6b 所示。永磁体磁极切向布置时，两个永磁体的同性磁极共同贡献给一个公共磁极，当 $a_\mathrm{m} = \widehat{L_\mathrm{m}}$，即 L_m 等于公共磁极的极弧长度 b_p，并且有非磁性材料隔磁时，极弧上的气隙磁感应强度是其单个永磁体磁极气隙磁感应强度的 1.4 倍左右，不会达到 2 倍。

永磁体切向布置时，永磁体埋在铁心中，不易冷却，并且不易安装，安装时应有专用工具。

切向布置的永磁体磁极的气隙磁感应强度 B_δ（T）为

$$B_\delta = K_\mathrm{L} K_\mathrm{m} \frac{2B_\mathrm{r}}{\pi\sigma} \arctan \frac{a_\mathrm{m} b_\mathrm{m}}{2\delta \sqrt{4\delta^2 + a_\mathrm{m}^2 + b_\mathrm{m}^2}}$$

式中　B_r——永磁体的剩磁，单位为 T；

　　σ——漏磁系数，在有非磁性材料有效隔磁时，$\sigma = 1.4 \sim 1.6$；在没有非磁性材料隔磁时，$\sigma = 1.8 \sim 2.2$；

　　a_m——永磁体矩形极面的短边长，单位为 m 或 mm；

　　b_m——永磁体矩形极面的长边长，单位为 m 或 mm；

　　δ——气隙长度，单位为 m 或 mm；

　　K_m——永磁体磁极的端面系数，见表 3-1；

　　K_L——系数。

$$K_\mathrm{L} = \frac{a_\mathrm{m}}{b_\mathrm{p}} \tag{3-14}$$

式中　b_p——极弧长度，单位为 m 或 mm；

　　a_m——永磁体矩形极面的短边长，单位为 m 或 mm。

当系数 $K_\mathrm{L} = 1$，即切向布置的永磁体磁极矩形极面的短边长 a_m 与公共磁极的极弧长度 b_p 相等时，气隙磁感应强度不变；当 $a_\mathrm{m} < b_\mathrm{p}$ 时，$K_\mathrm{L} < 1$，气隙磁感应强度小于 B_δ；当 $a_\mathrm{m} >$

b_p 时，$K_L > 1$，气隙磁感应强度大于 B_δ。

4. 在永磁电动机中永磁体轴向布置及其特点和气隙磁感应强度

在永磁电动机中，永磁体磁极轴向布置的是永磁盘式直流电动机，其永磁体磁极不论是定子永磁体磁极还是转子永磁体磁极都呈扇形且轴向布置。它的特点是永磁体的两个极面可同时利用并且两个极面又同时面对气隙，磁极的利用率高且漏磁小。永磁盘式直流电动机根据功率要求可以做成单转子式和多转子式，永磁盘式直流电动机轴向距离短，适于轴向狭窄的使用空间。它的缺点是扇形极面上的磁感应强度不等，因而在永磁盘式直流电动机中，轴向布置的永磁体磁极的气隙磁感应强度也不等，从扇形

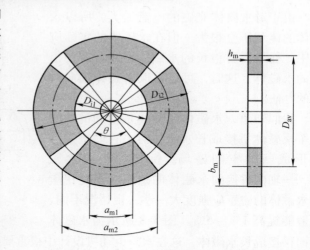

图 3-9　永磁体轴向布置的扇形永磁体磁极

外径向内径的气隙磁感应强度逐渐增大。永磁体轴向布置的扇形永磁体磁极如图 3-9 所示。

扇形永磁体的极面上 a_{m1}、a_{m2} 弧长和极面积。

1）扇形永磁体磁极的中径 D_{av} 为

$$D_{av} = \frac{1}{2}(D_{i2} - D_{i1}) + D_{i1}$$

$$= \frac{1}{2}(D_{i2} + D_{i1}) \tag{3-15}$$

2）扇形永磁体磁极中径的弧长 a_{mav} 为

$$a_{mav} = \frac{\theta}{360} \frac{\pi}{2}(D_{i2} + D_{i1}) \tag{3-16}$$

式中　D_{i2}——扇形永磁体磁极的外径，单位为 m 或 mm；

　　　　D_{i1}——扇形永磁体磁极的内径，单位为 m 或 mm；

　　　　θ——扇形永磁体磁的所占的角度，单位为（°）；

　　　　D_{av}——扇形永磁体磁极的中径，单位为 m 或 mm；

　　　　a_{mav}——扇形永磁体磁极中径的弧长，单位为 m 或 mm。

3）扇形永磁体磁极中径的弧长也可以由式（3-17）求得，即

$$a_{mav} = a'_p \frac{\pi D_{av}}{2p} \tag{3-17}$$

式中　$2p$——盘式电动机的极数；

　　　　a'_p——极弧系数，通常 $a'_p = 0.637 \sim 0.72$。

4）扇形永磁体的磁极面积 S_m（m^2 或 mm^2）为

$$S_m = \frac{\theta}{360} \frac{\pi}{4}(D_{i2}^2 - D_{i1}^2) \tag{3-18}$$

或

$$S_m = \frac{a_p'}{2p} \frac{\pi}{4}(D_{i2}^2 - D_{i1}^2)$$ （3-19）

5）扇形永磁体磁极属于永磁体磁极的轴向布置且磁极为串联时，其气隙磁感应强度 B_δ（T）为

$$B_\delta = K_m \frac{B_r}{\pi\sigma} \arctan \frac{a_{mav}b_m}{2\delta\sqrt{4\delta^2 + a_{mav}^2 + b_m^2}}$$ （3-20）

5. 永磁交流电动机中永磁体磁极的布置及其特点和气隙磁感应强度

永磁交流电动机属同步电动机。由于永磁体磁极是固定的，因此永磁交流电动机不能自行起动。为了让永磁交流电动机能自行起动，通常采取如下措施：①在转子铁心外径冲有孔可嵌入铜导条且铜导条端部短路，起动时铜导条有感应电动势，实际上是异步起动。起动后，便由永磁体磁极牵入同步。牵入同步后，由于定子旋转磁极牵着转子永磁体同步转动，转子与定子磁极没有相对运动，因此导条内不再有感应电动势产生。这种起动为异步起动同步运转，参见图8-1a、b。②为了永磁交流电动机能顺利起动，可将永磁体磁极布置成与转子轴轴向成一定角度的结构方向，参见图8-2a、b。

（1）永磁交流电动机转子永磁体磁极径向布置且转子外径孔内嵌有导条的气隙磁感应强度

永磁交流电动机转子永磁体磁极径向布置且转子外径孔内嵌有导条的气隙磁感应强度有两种情况，其一是起动时的气隙磁感应强度，其二是同步运转时的气隙磁感应强度。

1）起动时的气隙磁感应强度是永磁体气隙磁感应强度和转子导条的气隙磁感应强度之和。

$$B_\delta = K_L K_m \frac{B_r}{\pi\sigma} \arctan \frac{a_m b_m}{2\delta\sqrt{4\delta^2 + a_m^2 + b_m^2}} \pm B_{\delta3}$$ （3-21）

式中 K_m——永磁体磁极的端面系数，见表3-1；

B_r——永磁体的剩磁，单位为 T；

σ——漏磁系数，$\sigma = 1.0 \sim 1.1$；

a_m——永磁体矩形极面的短边长，单位为 m 或 mm；

b_m——永磁体矩形极面的长边长，单位为 m 或 mm；

δ——气隙长度，单位为 m 或 mm；

$B_{\delta3}$——由导条电流产生的气隙磁感应强度，单位为 T 或 Gs；

K_L——永磁体矩形极面的短边长 a_m 与极弧长度 b_p 之比。$K_L = \frac{a_m}{b_p}$，由式（3-14）
给出。

2）永磁交流电动机起动后，立即牵入同步运行。在同步运行中，定子绕组的旋转磁极拉着转子永磁体磁极旋转，转子导条与定子旋转磁极没有相对运动，因而导条中没有感应电动势，也没有感应电流。导条只在永磁交流电动机起动时起作用。永磁交流电动机转子永磁体径向布置且转子外径嵌有导条，在运转时的气隙磁感应强度为

$$B_\delta = K_L K_m \frac{B_r}{\pi\sigma} \arctan \frac{a_m b_m}{2\delta\sqrt{4\delta^2 + a_m^2 + b_m^2}}$$ （3-22）

（2）永磁交流电动机转子永磁体磁极径向布置且与转子轴轴向成一定角度的气隙磁感

应强度

图 8-2a 所示为转子永磁体磁极径向布置且与转子轴轴向成一定角度的结构形式；图 8-2b 所示为永磁体磁极错位与转子轴轴向成一定角度的结构形式，这两种结构形式使永磁交流电动机顺利起动。

这两种结构形式的气隙磁感应强度 B_δ（T 或 Gs）为

$$B_\delta = K_m \frac{B_r}{\pi\sigma} \arctan \frac{a_m b_m}{2\delta \sqrt{4\delta^2 + a_m^2 + b_m^2}} \cos\alpha \qquad (3\text{-}23)$$

式中　α——永磁体磁极与转子轴轴向所成的角度，单位为（°）。

（3）如图 3-6a 所示的永磁体磁极径向布置时的气隙磁感应强度

在图 3-6a 中，永磁体磁极的短边 a_m 小于极弧长度 b_p，永磁体磁极矩形极面的磁感应强度 B_m 为

$$B_m = K_m \frac{B_r}{\pi\sigma} \arctan \frac{a_m b_m}{2\delta \sqrt{4\delta^2 + a_m^2 + b_m^2}} \qquad (3\text{-}24)$$

$$a_m B_m = B_\delta b_p$$

因此

$$B_\delta = \frac{a_m B_m}{b_p} \qquad (3\text{-}25)$$

其气隙磁感应强度 B_δ（T）为

$$B_\delta = K_m \frac{B_r a_m}{b_p \pi\sigma} \arctan \frac{a_m b_m}{2\delta \sqrt{4\delta^2 + a_m^2 + b_m^2}} \qquad (3\text{-}26)$$

计算举例

$a_m = 40\text{mm}$，$B_m = 0.48\text{T}$，$b_p = 42\text{mm}$，则气隙磁感应强度 B_δ（T 或 Gs）为

$$a_m B_m = B_\delta b_p$$

$$B_\delta = \frac{a_m B_m}{b_p} = \frac{40 \times 0.48}{42}\text{T} \approx 0.457\text{T}$$

（4）永磁交流电动机中永磁体磁极径向拼接时的气隙磁感应强度

永磁体磁极径向拼接参见图 8-1c，其气隙磁感应强度是单个永磁体磁极的气隙磁感应强度，它解决了由于极弧长度较大使单个永磁体磁极的磁感应强度不高从而使磁极气隙磁感应强度低的问题，这是增加径向布置永磁体磁极气隙磁感应强度的有效方法之一。值得注意的是径向拼接时，永磁体磁极不能彼此接触。

径向永磁体磁极拼接时的气隙磁感应强度 B_δ（T）为

$$B_\delta = K_m \frac{B_r}{\pi\sigma} \arctan \frac{a_m b_m}{2\delta \sqrt{4\delta^2 + a_m^2 + b_m^2}}$$

计算举例

永磁交流电动机转子直径 $D_{i2} = 230\text{mm}$，6 极，用图 8-1c 的永磁体磁极径向布置径向 3 块永磁体拼接的结构方式。定子有效长度 $L_{ef} = 150\text{mm}$，采用永磁体磁极矩形极面长边长 $b_m = 50\text{mm}$ 3 块拼接成 $L_{ef} = 150\text{mm}$。永磁体选用 N48，$B_{rmin} = 1.37\text{T}$，气隙长度 $\delta = 0.8\text{mm}$，永磁体磁极与转子轴轴向成 $\alpha = 2°$ 倾角。求径向 3 块永磁体磁极拼接和不拼接的气隙磁感应强度。

1）永磁体磁极的极弧长度 b_p（mm）为（取极弧系数 $a'_p = 0.67$）

$$b_p = a'_p \frac{\pi D_{i2}}{2p}$$

$$b_p = \frac{230\pi}{2p} \times 0.67 \approx 80\text{mm}$$

2）用 3 块永磁体磁极径向拼接，3 块永磁体磁极相距 1mm，则矩形极面的短边长 a_m（mm）为

$$a_m = \frac{b_p - 2}{3} = \frac{80 - 2}{3}\text{mm} = 26\text{mm}$$

确定 $a_m = 26$mm，$b_m = 50$mm，径向 3 块拼接，轴向 3 块拼接成 $L_{ef} = 150$mm，两极面距离选择 $h_m = 12$mm 的方案，则

$$\frac{h_m}{a_m} = \frac{12}{26} \approx 0.46$$

查表 3-1，得

$$K_m = 0.76$$

3）气隙磁感应强度 B_δ（T）为

$$B_\delta = K_m \frac{B_r}{\pi\sigma}\arctan\frac{a_m L_{ef}}{2\delta\sqrt{4\delta^2 + a_m^2 + L_{ef}^2}}\cos2°$$

$$= 0.76 \times \frac{1.37}{180 \times 1.02}\arctan\frac{26 \times 150}{2 \times 0.8\sqrt{4 \times 0.8^2 + 26^2 + 150^2}}\cos2°\text{T} \approx 0.49\text{T}$$

4）3 块永磁体磁极径向拼接，每块永磁体的气隙磁感应强度都为 $B_\delta = 0.49$T，在每个极弧 $b_p = 80$mm 内的气隙磁感应强度均为 0.49T。

5）采用不拼接方式，永磁体磁极极弧长度 $b_p = 80$mm $= a_m$，则

$$\frac{h_m}{a_m} = \frac{12}{80} = 0.15$$

查表 3-1，得

$K_m = 0.55$，则气隙磁感应强度 B_δ（T）为

$$B_\delta = K_m \frac{B_r}{\pi\sigma}\arctan\frac{a_m L_{ef}}{2\delta\sqrt{4\delta^2 + a_m^2 + L_{ef}^2}}\cos2°$$

$$= 0.55 \times \frac{1.37}{180 \times 1.02}\arctan\frac{80 \times 150}{2 \times 0.8\sqrt{4 \times 0.8^2 \times 80^2 \times 150^2}}\times\cos2°\text{T} \approx 0.364\text{T}$$

6）结论。永磁体磁极短边 $a_m = 80$mm，两极面之间的距离 $h_m = 12$mm，3 块轴向拼接成 $L_{ef} = 150$mm 与 3 块永磁体每块短边长 26mm 拼接成 $b_p = 80$mm，两极面之间的距离 $h_m = 12$mm，轴向 9 块拼接成 $L_{ef} = 150$mm 的两种情况相比较，后者比前者的气隙磁感应强度大了 0.126T，增加了 34.62%。采用永磁体径向拼接是提高气隙磁感应强度的方法之一。

第五节　永磁电动机的定子齿、定子轭的磁感应强度

在永磁电动机中，径向布置的永磁体磁极所对应的定子齿数及切向布置的永磁体的公共磁极

的极靴所对应的定子齿数为：①在每极每相槽数为分数槽 $q = b + \dfrac{d}{c}$ 时为 $(b+1)$；②在每极每相槽数为整数槽 q 时为 q 个齿；③在定子齿磁密未达到饱和时，气隙磁通全部进入定子齿。

1. 每极每相槽数为分数槽 $q = b + \dfrac{d}{c}$ 时的定子齿磁密

当永磁电动机的每极每相槽数为分数槽 $q = b + \dfrac{d}{c}$ 时，永磁体磁极或极靴所对应的定子齿数为 $(b+1)$，定子齿的磁感应强度 B_t（T）如下所述。

1）通过定子齿的磁通 Φ_t（Wb）为

$$\Phi_t = B_t L_{ef}(b+1)t_1 \tag{3-27}$$

式中　B_t——定子齿磁感应强度，单位为 T；

　　　L_{ef}——定子有效长度，单位为 m 或 mm；

　　　t_1——定子齿宽，单位为 m 或 mm。对于等齿宽的定子齿，定子齿宽为 t_1；对于不等齿宽的定子齿，计算齿宽通常取"距齿宽最窄处以上 1/3 齿高处"的定子齿宽为计算齿宽。

对于 $(b+1)t_1$ 定子齿的每极磁通 Φ_δ（Wb）为

$$\Phi_\delta = B_\delta L_{ef} b_p \tag{3-28}$$

式中　B_δ——气隙磁感应强度，单位为 T；

　　　L_{ef}——定子有效长度，也是永磁体轴向长度，单位为 m 或 mm；

　　　b_p——极弧长度，单位为 m 或 mm。

气隙磁通全部进入定子齿，则

$$\Phi_\delta = \Phi_t \tag{3-29}$$

$$B_\delta L_{ef} b_p = B_t L_{ef}(b+1)t_1$$

$$B_t = \frac{B_\delta b_p}{(b+1)t_1} \tag{3-30}$$

$$L_{ef} b_p = S_\delta \tag{3-31}$$

$$L_{ef}(b+1)t_1 = S_t \tag{3-32}$$

式中　S_δ——永磁体磁极面积或切向布置的极靴面积，单位为 m² 或 mm²；

　　　S_t——定子齿的面积，单位为 m² 或 mm²。

由此得

$$B_\delta S_\delta = B_t S_t$$

$$B_t = \frac{B_\delta S_\delta}{S_t} \tag{3-33}$$

当计算出定子齿磁感应强度 $B_t \geq 1.6\text{T}$ 时，说明定子齿磁感应强度达到饱和，应重新调整参数或重新设计齿宽，以保证定子齿磁感应强度 $B_t < 1.6\text{T}$。

2）每极每相槽数为整数 q 时，永磁体磁极或极靴所对应的定子齿数为 q，通过定子齿的磁通 Φ_t（Wb）为

$$\Phi_t = B_t L_{ef} q t_1 \tag{3-34}$$

式中　B_t——定子齿磁感应强度，单位为 T；

　　　L_{ef}——定子有效长度，也是永磁体磁极的轴向长度，单位为 m 或 mm；

q——永磁体磁极或极靴所对应的定子齿数；

t_1——定子齿宽，单位为 m 或 mm。对于等齿宽的定子齿用 t_1 计算齿宽；对于不等齿宽的定子齿，计算齿宽 t_1 通常取"距齿宽最窄处 1/3 高度处的齿宽为计算齿宽。

对应 qt_1 定子齿的每极磁通 Φ_δ（Wb）为

$$\Phi_\delta = B_\delta L_{ef} b_p \tag{3-35}$$

式中　b_p——永磁体磁极的极弧长度或公共磁极极靴的极弧长度，单位为 m 或 mm。

气隙磁通全部进入定子齿，则

$$\Phi_\delta = \Phi_t$$

$$B_\delta L_{ef} b_p = B_t L_{ef} qt_1 \tag{3-36}$$

$$B_t = \frac{B_\delta b_p}{qt_1} \tag{3-37}$$

$$L_{ef} b_p = S_\delta \tag{3-38}$$

$$L_{ef} qt_1 = S_t \tag{3-39}$$

由此得

$$B_\delta S_\delta = B_t S_t$$

$$B_t = \frac{B_\delta S_\delta}{S_t} \tag{3-40}$$

当计算出定子齿磁感应强度 $B_t \geqslant 1.6\text{T}$ 时，定子齿磁感应强度达到饱和，应重新调整参数或重新设计定子齿宽，以保证定子齿磁感应强度 $B_t < 1.6\text{T}$。

2. 永磁电动机定子轭磁感应强度

一般情况下，定子轭磁感应强度不会达到饱和，因为定子轭不仅是磁回路的导磁体，更要保证定子的刚度，不能因为定子轭高 h_j 不足而影响定子的几何尺寸及定子刚度。

在计算定子轭磁感应强度时认为从定子齿出来的磁通全部进入定子轭，进入定子轭的磁通 Φ_j（Wb）为

$$\Phi_j = B_j h_j L_{ef} \tag{3-41}$$

式中　B_j——定子轭磁感应强度，单位为 T；

h_j——定子轭高，单位为 m 或 mm；

L_{ef}——定子有效长度，单位为 m 或 mm；

$h_j L_{ef}$——定子轭导磁的截面积，$S_j = h_j L_{ef}$，单位为 m^2 或 mm^2。

1）若每极每相槽数 q 为分数槽 $q = b + d/c$，则永磁体磁极或公共磁极的极靴进入定子齿的磁通 Φ_t（Wb）为

$$\Phi_t = B_t(b + 1)t_1 L_{ef}$$

定子齿的磁通 Φ_t 全部进入定子轭，则

$$\Phi_j = \Phi_t \tag{3-42}$$

$$B_j h_j L_{ef} = B_t(b + 1)t_1 L_{ef} \tag{3-43}$$

$$B_j = \frac{B_t(b + 1)t_1}{h_j} \tag{3-44}$$

定子轭磁感应强度也可以用式（3-46）表达，即

$$B_j = \frac{B_t S_t}{S_j} \tag{3-45}$$

定子轭磁感应强度又可用式（3-47）表达，即

$$B_j = \frac{B_\delta h_p}{h_j} = \frac{B_\delta S_\delta}{S_j} \tag{3-46}$$

2）当每极每相槽数为整数 q 时，从定子齿的磁通全部进入定子轭，进入定子轭的磁通 Φ_j（Wb）为

$$\Phi_j = B_j h_j L_{ef}$$

式中　B_j——定子轭磁感应强度，单位为 T。

当每极每相槽数为整数 q 时，定子齿的磁通 Φ_t（Wb）为

$$\Phi_t = B_t L_{ef} q t_1$$

因此有

$$\Phi_j = \Phi_t$$
$$B_j h_j L_{ef} = B_t L_{ef} q t_1 \tag{3-47}$$

定子轭的磁感应强度 B_j（T）为

$$B_j = \frac{B_t q t_1}{h_j} \tag{3-48}$$

定子轭磁感应强度也可用如下表达式：

$$B_j = \frac{B_t S_t}{S_j}$$

定子轭磁感应强度还可用如下表达式：

$$B_j = \frac{B_\delta b_p}{h_j} = \frac{B_\delta S_\delta}{S_j}$$

3）外转子永磁电动机的定子齿、定子轭磁感应强度。具体计算方法与上述相同，不再赘述。

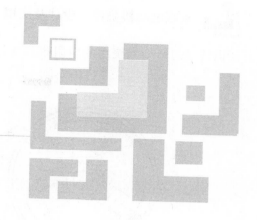

第四章

永磁靴式直流电动机

　　永磁靴式直流电动机可分为有刷靴式直流电动机和无刷靴式直流电动机两种形式。永磁有刷靴式直流电动机的定子磁极是永磁体磁极，转子是由 3 个或 4 个极靴及在其极身缠有绕组的极靴及机械换向器构成的。永磁无刷靴式直流电动机的转子磁极是永磁体磁极，定子是由 3 个或 4 个极靴及在极靴的极身上缠有的定子绕组及位置传感器等组成的。前者是转子绕组磁极与定子永磁体磁极相互作用使转子转动输出转矩，将直流电能转换成机械能；后者是定子绕组磁极与转子永磁体磁极作用使转子转动输出转矩，将直流电能转换成机械能。

　　永磁靴式直流电动机或是用永磁体磁极作定子磁极，或是用永磁体磁极作转子磁极，使永磁靴式直流电动机体积小、重量轻、效率高、节能、温升小、结构简单、维护容易、运行可靠，因而被广泛地应用在航天、航空、舰船、汽车、数控机床、家电、玩具等诸多领域。

第一节　永磁有刷靴式直流电动机的结构、起动、换向及反转

1. 永磁有刷靴式直流电动机的结构

　　永磁有刷靴式直流电动机的结构为：在导磁性良好的机壳的内圆表面上镶嵌或粘贴有永磁体磁极组成定子，转子则由硅钢片或导磁性良好的低碳钢片冲成的有极靴的转子铁心及在极靴下的极身上缠有转子绕组和转子轴、用绝缘塑料固定在转子轴上的换向器的铜头等构成，电刷固定在机壳的支架上，轴承支撑着转子，端盖支撑着轴承、屏蔽罩等部件构成了永磁有刷靴式直流电动机。

　　图 4-1 所示为永磁有刷两极三靴直流电动机的结构示意图。有的资料称为三槽有刷永磁直流电动机。机壳由导磁性良好的低碳钢板拉伸成形，它是定子永磁体磁极一个磁路的磁导体。瓦片形永磁体磁极镶嵌或粘贴在机壳内圆的表面上。定子永磁体磁极多为径向布置，属永磁体磁极串联，磁极表面直接面对气隙，漏磁小，永磁体易于冷却。

　　转子绕组之间有两种接法，一是三角形联结，二是星形联结。在转子 3 个极靴下的极身上所缠有的绕组中，每个绕组的尾与相邻绕组的头相连接并分别焊接在 3 个换向器的换向铜头上。转子绕组的这种接法为三角形联结，如图 4-1a 所示。三角形联结的三靴转子绕组在电动机运行时通过电刷和换向器形成两条支路，一条支路串联两个极身绕组，另一支路由单独一个极身绕组构成，如图 4-2a 所示。由于转子绕组线圈的匝数相等，绕组的线径相同，

所以转子的每一个绕组的电阻也相等，其特点是两个串联绕组的电流是另一支路绕组的一半。

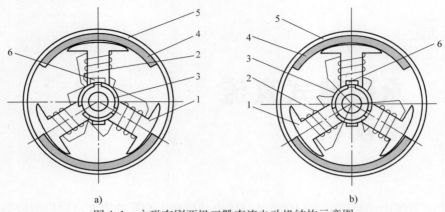

图 4-1　永磁有刷两极三靴直流电动机结构示意图

a）转子绕组三角形联结　b）转子绕组星形联结

1—极靴　2—转子绕组　3—换向铜头（换向片）　4—定子永磁体磁极　5—机壳　6—电刷

永磁有刷两极三靴直流电动机的星形联结如图 4-1b 所示。星形联结是 3 个极靴极身上绕组的 3 个尾连接在一起（或 3 个绕组的头连接在一起），将绕组的 3 个头分别依次焊接在 3 个换向器的换向铜头上。星形联结的永磁有刷靴式直流电动机在运行时是两个绕组线圈并联后与另一个绕组线圈串联，如图 4-2b 所示。由于转子的 3 个绕组线圈匝数相等，绕组线圈的线径相同，故每个绕组的电阻相等，星形联结的特点是两个并联绕组的电流是串联绕组电流的一半。

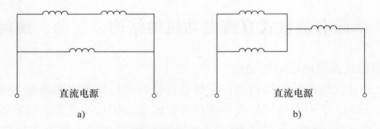

图 4-2　永磁有刷两极三靴直流电动机转子绕组的接线

a）转子绕组三角形联结　b）转子绕组星形联结

2. 永磁有刷靴式直流电动机的起动

永磁体有一个特殊性质，就是永磁体磁极会自动寻找磁路最短、阻力最小的磁路通过其磁通。当永磁有刷靴式直流电动机的转子极靴为奇数时，永磁体磁极会自动寻找磁路最短、阻力最小的磁路通过磁通，所以在永磁两极三靴直流电动机中只有一极靴会完全为定子永磁体磁极所吸引。由于转子能转动，因此定子永磁体磁极会把这个极靴吸引到中心线完全对准定子永磁体磁极中心线的程度，而其他转子极靴都偏离另一个定子永磁体磁极。这些偏离定子永磁体磁极的极靴受到定子永磁体磁极吸引力的合力为零，这种布置转子极靴的方式使永磁有刷靴式直流电动机能顺利起动。

如果永磁有刷靴式直流电动机的转子极靴数为偶数并且与定子永磁体磁极数相等，则永磁有刷靴式直流电动机将无法起动。

如果永磁有刷靴式直流电动机的转子极靴数为四靴、六靴，则定子永磁体磁极数只能是两极、四极，否则电动机将无法起动。

为了永磁有刷靴式直流电动机顺利起动，有的定子永磁体磁极将不对称布置，如图4-3所示。这种布置虽然有利于电动机的起动，但也会造成转子输出转矩的波动。

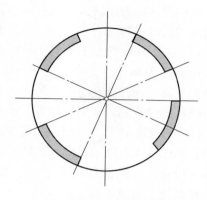

图4-3　定子永磁体磁极的不对称布置

3. 永磁有刷靴式直流电动机的电流换向

（1）换向铜头和电刷的安装位置

永磁有刷靴式直流电动机的换向铜头的位置在两极三靴电动机中，3个换向铜头分别布置在相邻两个极靴的中心线，即距每个极靴中心线60°的位置上，3个铜头互成120°角。

电刷是直流电源连接铜头给转子绕组供电并能对转子绕组进行电流换向的器件。电刷通常安装在定子永磁体磁极的中心线的位置上。

（2）永磁有刷靴式直流电动机电流换向次数和换向角度

永磁有刷靴式直流电动机的转子每转一圈，转子极靴数为 k，换向次数 n 为

1）当极靴数 k 为奇数时

$$n = 2k \tag{4-1}$$

2）当 k 为偶数时

$$n = k \tag{4-2}$$

例如永磁有刷两极三靴直流电动机每转一圈，其电流换向次数 n 为

$$n = 2k = 2 \times 3 = 6 \text{ 次}$$

3）转子每转一圈机械角为360°，换向角度 α_k 为

① 当转子极靴数为奇数时

$$\alpha_k = \frac{360°}{2k} \tag{4-3}$$

② 当转子极靴数为偶数时

$$\alpha_k = \frac{360°}{k} \tag{4-4}$$

例如永磁有刷两极三靴直流电动机的极靴数为3，转子绕组换向角度 α_k 为

$$\alpha_k = \frac{360°}{2k} = \frac{360°}{2 \times 3} = 60°$$

4. 永磁有刷靴式直流电动机的反转

永磁有刷靴式直流电动机需要反转时，只要将通往电刷的直流电极性改变，即原来接直流电正极的电刷改接到直流电的负极上，将原来接负极的电刷改接到直流电源的正极上，电动机转子的转向就与原来的转向相反，实现了电动机的反转。

第二节 永磁有刷靴式直流电动机转动机理

我们以永磁有刷两极三靴直流电动机转子绕组三角形联结为例来说明永磁有刷靴式直流电动机的转动机理。

1）如图4-4a所示。当转子极靴1的中心线oa和转子极靴3的中心线oc在定子永磁体磁极中心线AOB的左边时，转子极靴1和转子极靴3的绕组线圈为串联并且与转子极靴2的绕组线圈一同并联在直流电源上，如图4-4a2所示。由于转子3个极靴绕组线圈的匝数相等，绕组的线径相同，电阻相等，故极靴1和极靴3的绕组电流是转子极靴2绕组电流的一半。此时转子极靴1为S极，与定子永磁体磁极N极相吸引，磁合力P_1使转子顺时针方向转动，如图4-4a1所示。同时，转子极靴3为S极，与定子永磁体磁极S极相同，被定子永磁体S极排斥，磁合力P_3使转子顺时针转动，如图4-4a1所示。

此时转子极靴2的中心线ob在定子永磁体磁极中心线AOB的右边，极靴2为N极，且不在定子永磁体磁极的气隙之内，没有为转子转动做功。如图4-4a1所示。

2）如图4-4b所示。当转子转到极靴1的中心线oa与定子永磁体磁极的中心线AOB重合时，换向器换向。换向后，转子极靴1的中心线oa与转子极靴2的中心线ob在定子永磁体磁极的中心线AOB的右边。转子极靴1和转子极靴2的绕组线圈串联并且与转子极靴3绕组线圈一同并联在直流电源上，如图4-4b2所示。由于转子3个极靴绕组线圈的匝数相等，绕组线径相同、电阻相等，故转子极靴1和极靴2绕组的电流是转子极靴3绕组电流的一半。此时，转子极靴1为N极，与定子永磁体磁极的N极相排斥，其磁合力P_1使转子顺时针转动，如图4-4b1所示。与此同时，转子极靴2为N极，与定子永磁体磁极S极相吸引，磁合力P_2使转子顺时针方向转动，如图4-4b1所示。

与此同时，转子极靴3的中心线oc在定子永磁体磁极中心线AOB的左边，转子极靴3为S极，且不在定子永磁体磁极的气隙之内，没有为转子转动做功，如图4-4b1所示。

3）当转子转到极靴2的中心线ob与定子永磁体磁极的中心线AOB重合时，换向器对电流换向。电流换向后，极靴2的中心线ob和极靴3的中心线oc在定子永磁体磁极的中心线的左边，如图4-4c所示。极靴2绕组线圈与转子极靴3绕组线圈串联，并且与转子极靴1的绕组线圈一同并联在电源上。如图4-4c2所示。由于转子3个极靴绕组线圈的匝数相等，线圈的线径相同，电阻相等，故转子极靴2和极靴3绕组电流是极靴1绕组电流的一半。此时，转子极靴3为S极，与定子永磁体磁极N极相吸引，磁合力P_3使转子顺时针转动，如图4-4c1所示；与此同时，转子极靴2为S极，与定子永磁体磁极S极相排斥，其磁合力P_2使转子顺时针转动，如图4-4c1所示。

同时，转子靴1的中心线oa在定子永磁体磁极中心线AOB的右边，转子极靴1为N极，且不在永磁体磁极的气隙内，没有为转子转动做功，如图4-4c1所示。

4）当转子转到转子极靴3的中心线oc与定子永磁体磁极的中心线AOB重合时，换向器对电流换向。换向后，转子极靴3的中心线oc和转子极靴1的中心线oa在定子永磁体磁极中心线AOB的右边，如图4-4d所示。极靴3与极靴1的绕组线圈串联，并且与转子极靴2的绕组线圈一同并联在直流电源上，如图4-4d2所示。由于3个绕组线圈的匝数相等，绕组的线径相同，电阻相等，故转子极靴3和极靴1绕组的电流是转子极靴2绕组电流的一半。此时，转子极靴 3 为 N 极与定子永磁体磁极 N 极相排斥，其磁合力 P_3 使转子顺时针转动，如图 4-4d1 所示；与此同时，转子极靴 1 为 N 极与定子永磁体磁极 S 极相吸引，其磁合力 P_1 使转子顺时针转动，如图 4-4d1 所示。

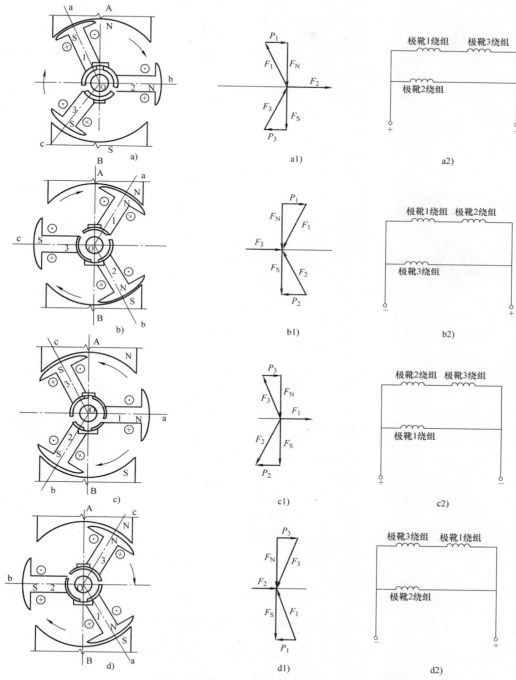

图 4-4 永磁有刷靴式直流电动机转动机理

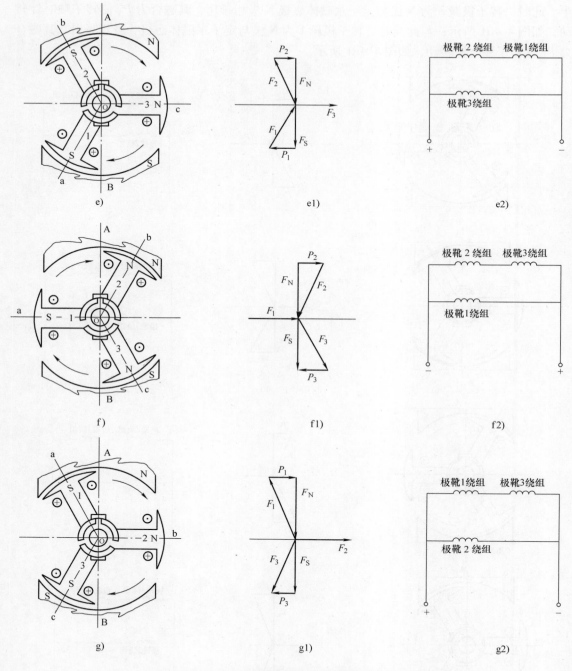

图 4-4　永磁有刷靴式直流电动机转动机理（续）

　　同时转子极靴 2 的中心线 ob 在定子永磁体磁极中心线 AOB 的左边，转子极靴 2 为 S 极且不在永磁体磁极的气隙内，没有为转子转动做功，如图 4-4d1 所示。

　　5）当转子转到极靴 1 的中心线 oa 与定子永磁体磁极的中心线 AOB 重合时，换向器对电流换向。电流换向后，转子极靴 2 的中心线 ob 和转子极靴 1 的中心线 oa 在定子永磁体磁极的中心线 AOB 的左边，如图 4-4e 所示。极靴 2 和极靴 1 的绕组串联，并且和极靴 3 绕组一同并联在直流电源上，如图 4-4e2 所示。由于 3 个极靴绕组线圈匝数相等，绕组的线径相同，电阻相等，故转子极靴 2 和极靴 1 绕组电流是极靴 3 绕组电流的一半。此时，转子极靴 2 为 S 极，与定子永磁体磁极 N 极相吸引，其磁合力 P_2 使转子顺时针转动，如图 4-4e1 所示；与此同时，转子极靴 1 为 S 极与定子永磁体磁极 S 极相排斥，使转子顺时针转动，如图 4-4e1 所示。

同时，转子极靴 3 的中心线在定子永磁体磁极中心线 AOB 的右边，转子极靴 3 为 N 极且不在定子永磁体磁极的气隙内，没有为转子转动做功，如图 4-4e1 所示。

6）当转子转到极靴 2 的中心线 ob 与定子永磁体磁极中心线 AOB 重合时，换向器对电流换向。换向后，转子极靴 2 的中心线 ob 和极靴 3 的中心线 oc 在定子永磁体磁极中心线 AOB 的右边。转子极靴 2 的绕组和极靴 3 的绕组线圈串联并且与转子极靴 1 绕组线圈一同并联在直流电源上，如图 4-4f2 所示。由于转子 3 个极靴绕组匝数相等，绕组的线径相同，电阻相等，故转子极靴 2 和极靴 3 绕组电流是转子极靴 1 绕组电流的一半。此时，转子极靴 2 为 N 极，与定子永磁体磁极 N 极相排斥，其磁合力 P_2 使转子顺时针转动，如图 4-4f1 所示；与此同时，转子极靴 3 为 N 极，与定子永磁体磁极 S 相吸引，其磁合力 P_3 使转子顺时针转动，如图 4-4f1 所示。

同时，转子极靴 1 的中心线 oa 在定子永磁体磁极中心线 AOB 的左边、转子极靴 1 为 S 极且不在定子永磁体磁极的气隙内，没有为转子转动做功，如图 4-4f1 所示。

7）当转子转到极靴 3 的中心线 oc 与定子永磁体磁极的中心线 AOB 重合时，换向器对电流换向。电流换向后，转子极靴 3 的中心线 oc 和转子极靴 1 的中心线 oa 在定子永磁体磁极中心线 AOB 的左边，转子顺时针转动一圈，又回到初始位置，如图 4-4g 和图 4-4a 所示。

这就是永磁有刷靴式直流电动机的转动机理。

第三节　永磁有刷靴式直流电动机的反电动势及反电动势对永磁体的充、去磁和电磁转矩

1. 永磁有刷靴式直流电动的反电动势

永磁有刷靴式直流电动机在运行时，转子极靴的绕组被定子永磁体磁极的磁通切割，如图 4-5 所示。当极靴 2 绕组有效边的一半被定子永磁体磁极的磁通切割时会产生反电动势，与此同时，极靴 3 绕组有效边的一半也被永磁体磁极的磁通所切割，也会产生反电动势。但极靴 2 绕组产生的反电动势与极靴 3 绕组产生的反电动势大小相等，方向相反，互相抵消。与此同时，极靴 1 绕组的有效边被定子永磁体磁极的磁通切割，绕组两个有效边产生的反电动势大小相等，方向相反，相互抵消，反电动势为零。

由对永磁有刷靴式直流电动机的反电动势分

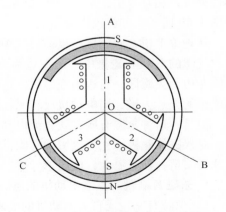

图 4-5　永磁有刷靴式直流电动机反电动势示意图

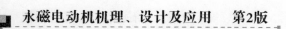
析可见，可以忽略反电动势对永磁有刷靴式直流电动机的影响。

2. 永磁有刷靴式直流电动机运行时对定子永磁体磁极的充、去磁作用

当永磁有刷靴式直流电动机运行时，其转子极靴形成的磁极对定子永磁体磁极有充、去磁作用。

图4-6a所示转子极靴1为S极，与定子永磁体磁极N极为异性磁极，相互吸引，对定子永磁体磁极中心线AOB左边的永磁体磁极有充磁作用；与此同时，转子极靴3为S极，与定子永磁体磁极S为同性磁极，相互排斥，对定子永磁体磁极中心线AOB左边的永磁体磁极有去磁作用。

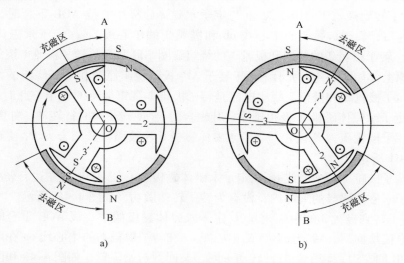

图4-6　永磁有刷靴式直流电动机定子永磁体充、去磁原理图

当转子极靴1转到极靴1的中心线与定子永磁体磁极的中心线AOB重合时，换向器对电流换向。电流换向后，转子极靴1和极靴2在定子永磁体磁极中心线AOB的右边。转子极靴1为N极，与定子永磁体磁极N极相排斥，为同性磁极，对定子永磁体磁极中心线AOB右边的永磁体磁极有去磁作用；与此同时，极靴2为N极，与定子永磁体磁极S极为异性磁极，相互吸引，对定子永磁体磁极中心线AOB右边的永磁体磁极S极有充磁作用，如图4-6b所示，如此周而复始。

从理论上讲，永磁体磁极面对气隙的N极在磁极中心线右边为去磁区，而永磁体磁极面对气隙的N极在磁极中心线左边为充磁区；永磁体磁极面对气隙的S极在永磁体磁极中心线左边为去磁区，右边为充磁区。这是永磁有刷靴式直流电动机顺时针转动时对定子永磁体磁极的充、去磁，当电动机反转时，充、去磁与顺时针转动相反。

但是，这种永磁有刷靴式直流电动机通常功率不大，电流也只有零点几安、几安或十几安，对永磁体磁极的充去磁影响有限，甚至可以忽略不计。如果电动机功率较大，则电流达到几百安培，甚至更大，应给予考虑。

3. 永磁有刷靴式直流电动机的电磁转矩及额定输出转矩

1）永磁有刷靴式直流电动机的电磁转矩M（N·m）由式（4-5）给出，即

$$M = \frac{pN}{2\pi a}\Phi I_a \tag{4-5}$$

式中　p——永磁有刷靴式直流电动机的极对数；

　　　N——极靴绕组的匝数；

　　　a——绕组通电的支路数；

　　　Φ——一个磁极的总磁通量，单位为 Wb；

　　　I_a——永磁有刷靴式直流电动机的总电流，单位为 A。

　　式中 Φ(Wb) 可由式（4-6）求出，即

$$\Phi = B_\delta S$$
$$= B_\delta a'_p \tau L_{ef} \tag{4-6}$$

式中　B_δ——气隙磁感应强度，单位为 T；

　　　S——极靴面积，单位为 m^2；

　　　a'_p——极弧系数，$a'_p = 0.637 \sim 0.72$；

　　　τ——极距，单位为 m；

　　　L_{ef}——极靴有效长度，单位为 m。

　　2）当定子永磁体磁极为径向布置时，其气隙磁感应强度 B_δ(T) 为

$$B_\delta = K_m \frac{B_r}{\pi\sigma} \arctan \frac{a_m b_m}{2\delta \sqrt{4\delta^2 + a_m^2 + b_m^2}} \tag{4-7}$$

式中　K_m——定子永磁体磁极的端面系数，见表 2-1；

　　　B_r——定子永磁体磁极标定的剩磁，单位为 T；

　　　σ——漏磁系数，$\sigma = 1.0 \sim 1.1$；

　　　a_m——定子永磁体磁极极面的短边长，单位为 m 或 mm；

　　　b_m——定子永磁体磁极极面的长边长，单位为 m 或 mm；

　　　δ——气隙长度，单位为 m 或 mm。

　　3）当定子永磁体磁极为切向布置时，其气隙磁感应强度 B_δ（T）为

$$B_\delta = K_m \frac{2B_r}{\pi\sigma} \arctan \frac{a_m b_m}{2\delta \sqrt{4\delta^2 + a_m^2 + b_m^2}} \tag{4-8}$$

式中　K_m——定子永磁体磁极的端面系数，见表 2-1；

　　　B_r——定子永磁体标称的剩磁，单位为 T；

　　　σ——漏磁系数，当有非磁性材料进行有效隔磁时，漏磁系数 $\sigma = 1.4 \sim 1.6$；当没有
　　　　　非磁极材料有效隔磁时，$\sigma = 1.8 \sim 2.2$；

　　　a_m——定子永磁体磁极极面的短边长，单位为 m 或 mm；

　　　b_m——定子永磁体磁极极面的长边长，单位为 m 或 mm；

　　　δ——气隙长度，单位为 m 或 mm。

　　在永磁有刷靴式直流电动机中，电磁转矩的方向与电动机转子转动的方向相同。

　　4）永磁有刷靴式直流电动机在额定功率、额定转速下输出的额定转矩 T_n（N·m）为

$$T_n = 9550 \frac{P_N}{n_N} \tag{4-9}$$

式中　P_N——永磁有刷靴式直流电动机的额定功率，单位为 kW；

　　　n_N——永磁有刷靴式直流电动机的额定转速，单位为 r/min。

　　永磁有刷靴式直流电动机在额定功率、额定转速运行时，其定子永磁体磁极的气隙磁感

应强度与转子极靴绕组在其极靴表面上的磁感应强度是相等的。或者说，极靴的气隙磁感应强度与定子永磁体磁极的气隙磁感应强度相等，两者为异性时相吸引，同性时相排斥，使转子极靴转动，输出转矩 T_n。由于定子永磁体磁极的气隙磁感应强度是不变的，所以当外负载转矩增大时，转子极靴绕组的电流会增加，力求电动机的输出转矩与增加了的外负载转矩平衡，以使电动机的转速有所下降，这样的机械特性称为硬特性。

第四节　永磁有刷靴式直流电动机的功率和效率

永磁有刷靴式直流电动机有输入功率和额定功率。

1. 永磁有刷靴式直流电动机的输入功率

永磁有刷靴式直流电动机的输入功率是电动机直流电源电压 U 与直流电源为电动机运转所提供电流 I 的乘积，是直流电源为电动机运行提供的功率。在永磁有刷靴式直流电动机中，定子励磁是由永磁体磁极提供的，因此，电动机节省了电励磁功率 $U_f I_f$。永磁有刷靴式直流电动机的输入功率 P_1（W）为

$$P_1 = UI \tag{4-10}$$

式中　U——直流电源电压，单位为 V；

　　　I——电源为永磁有刷靴式直流电动机提供的电流，单位为 A。

在设计永磁有刷靴式直流电动机时，往往不知道输入功率 P_1，只知道额定功率 P_N。永磁有刷靴式直流电动机的输入功率是其额定功率 P_N 与电动机的铜损耗、铁损耗、机械损耗等各种损耗之和。

（1）永磁有刷靴式直流电动机极靴绕组的铜损耗

现以永磁有刷两极三靴直流电动机为例，计算其铜损耗 P_{Cu}（W）。

图 4-7 所示为永磁有刷两极三靴直流电动机运行时 3 个转子极靴绕组为三角形联结，在不计电刷电阻的情况下，每个绕组线圈的电阻均为 R。AB 串联两个极靴绕组，其电流为 I_1，CD 为另一个极靴绕组，其电流为 I_2，它与两个串联绕组一同并联在直流电源上。

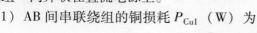

图　4-7

1）AB 间串联绕组的铜损耗 P_{Cu1}（W）为

$$P_{Cu1} = I_1^2(2R)$$

即

$$P_{Cu1} = 2I_1^2 R \tag{4-11}$$

式中　I_1——AB 间串联的极靴绕组的电流，单位为 A；

　　　R——每个极靴绕组的电阻，单位为 Ω。

2）CD 间极靴绕组的铜损耗 P_{Cu2}（W）为

$$P_{Cu2} = I_2^2 R \tag{4-12}$$

由于 $I_1 = \frac{1}{2}I_2$，故总电流 I_a（A）为

$$I_a = I_1 + I_2$$

即

$$I_a = \frac{1}{2}I_2 + I_2 = \frac{3}{2}I_2$$

即

$$I_2 = \frac{2}{3}I_a \tag{4-13}$$

$$I_1 = \frac{1}{2}I_2 = \frac{1}{2} \times \frac{2}{3}I_a = \frac{1}{3}I_a \tag{4-14}$$

所以

$$P_{Cu1} = 2I_1^2 R$$

$$= 2\left(\frac{1}{3}I_a\right)^2 R$$

$$= \frac{2}{9}I_a^2 R \tag{4-15}$$

$$P_{Cu2} = I_2^2 R$$

$$= \left(\frac{2}{3}I_a\right)^2 R$$

$$= \frac{4}{9}I_a^2 R \tag{4-16}$$

永磁有刷靴式直流电动机极靴绕组的铜损耗 $P_{Cu}(W)$ 为

$$P_{CuR} = P_{Cu1} + P_{Cu2}$$

$$= \frac{2}{9}I_a^2 R + \frac{4}{9}I_a^2 R$$

$$= \frac{2}{3}I_a^2 R \tag{4-17}$$

3）电刷的铜损耗 $P_{CuS}(W)$ 为

$$P_{CuS} = 2R_S I_a^2 \tag{4-18}$$

式中　R_S——一个电刷与换向铜头的接触电阻，单位为 Ω；

　　　I_a——经过电刷的电流，单位为 A。

4）永磁有刷靴式直流电动机的铜损耗 P_{Cu}（W）为

$$P_{Cu} = R_{CuR} + P_{CuS}$$

$$= \frac{2}{3}I_a^2 R + 2R_S I_a^2 \tag{4-19}$$

（2）极靴绕组的电阻计算

1）图 4-8 所示为极靴绝缘支架的尺寸，其可绕导线的高度 $h(m)$ 为

$$h = nd + \frac{1}{2}d = d\left(n + \frac{1}{2}\right) \tag{4-20}$$

式中　d——极靴绝缘漆包圆铜线的直径，单位为 m；

　　　n——每层绕组的线圈圈数。

第一层绕组长度 $L_1(m)$ 为

$$L_1 = 1n[2(a + L_{ef}) + 2d] \tag{4-21}$$

第二层绕组与第一层绕组导线长度之和 $L_2(m)$ 为

$$L_2 = 2n[2(a + L_{ef}) + 4d] \qquad (4\text{-}22)$$

第 i 层绕组导线总长度 $L_i(\mathrm{m})$ 为

$$L_i = in[2(a + L_{ef}) + 2id] \qquad (4\text{-}23)$$

式中　i——极靴绕组层数；

　　　n——每层绕组圈数；

　　　a——绝缘框架短边长，单位为 m；

　　　L_{ef}——极靴绕组轴向长度，即为定子磁极
　　　　　　有效长度，单位为 m。

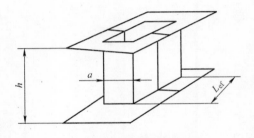

图 4-8　极靴绕组绝缘框架

2) 每个极靴绕组的电阻 $R(\Omega)$ 为

$$R = L_i\rho \qquad\qquad (4\text{-}24)$$

式中　ρ——极靴绕组每 km 长的电阻，单位为 Ω，见表 4-1；

　　　L_i——每个极靴绕组导线的总长度，单位为 m。

表 4-1　常用漆包圆铜线数据表

裸导线标准直径/mm	裸导线截面积/mm²	20℃时的直流电阻/(Ω/km)	75℃时的直流电阻/(Ω/km)	漆包圆铜线最大外径/mm		单位长度漆包圆铜线近似重量/(kg/km)	
				Q	QZ,QQ,QY,QX,Y,QQS	Q	QZ,QQ,QY,QX,Y,QQS
0.020	0.00031	55587			0.035		
0.025	0.00049	35574			0.040		
0.030	0.00071	24704			0.045		
0.040	0.00126	13920			0.055		
0.050	0.00196	8949	11060	0.065	0.065	0.019	0.022
0.060	0.00283	6198	7660	0.075	0.090	0.027	0.029
0.070	0.00385	4556	5640	0.085	0.100	0.036	0.039
0.080	0.00503	3487	4320	0.095	0.110	0.047	0.050
0.090	0.00636	2758	3410	0.105	0.120	0.059	0.063
0.100	0.00785	2237	2770	0.120	0.130	0.073	0.076
0.110	0.00950	1846	2290	0.130	0.140	0.088	0.092
0.120	0.01131	1551	1918	0.140	0.150	0.104	0.108
0.130	0.01327	1322	1630	0.150	0.160	0.122	0.126
0.140	0.01539	1139	1410	0.160	0.170	0.141	0.145
0.150	0.01767	993	1227	0.170	0.180	0.162	0.167
0.160	0.02010	872	1080	0.180	0.200	0.184	0.189
0.170	0.02270	773	956	0.190	0.210	0.208	0.213
0.180	0.02550	689	852	0.200	0.220	0.233	0.237
0.190	0.02840	618	765	0.210	0.230	0.259	0.264

（续）

裸导线标准直径/mm	裸导线截面积/mm²	20℃时的直流电阻/（Ω/km）	75℃时的直流电阻/（Ω/km）	漆包圆铜线最大外径/mm		单位长度漆包圆铜线近似重量/（kg/km）	
				Q	QZ,QQ,QY,QX,Y,QQS	Q	QZ,QQ,QY,QX,Y,QQS
0.200	0.03140	558	692	0.225	0.240	0.287	0.292
0.210	0.03460	506	628	0.235	0.250	0.316	0.321
0.230	0.04150	422	524	0.255	0.280	0.378	0.386
0.250	0.04910	357	443	0.275	0.300	0.446	0.454
0.270	0.05730	306	379	0.310	0.320	0.522	0.529
0.290	0.06610	265	329	0.330	0.340	0.601	0.608
0.310	0.07550	232	285	0.350	0.360	0.689	0.693
0.330	0.08550	205	254	0.370	0.380	0.780	0.784
0.350	0.09620	182	226	0.390	0.410	0.876	0.884
0.380	0.11340	155	191.3	0.420	0.440	1.030	1.040
0.410	0.13200	133	164	0.450	0.470	1.20	1.21
0.440	0.15210	115	142.5	0.490	0.50	1.38	1.39
0.470	0.17350	101	125	0.520	0.530	1.570	1.580
0.490	0.18860	93	115	0.540	0.550	1.71	1.72
0.510	0.20400	85.9	106.2	0.560	0.580	1.86	1.87
0.530	0.22100	73.7	98.2	0.580	0.600	2.00	2.02
0.550	0.23800	70.5	91.2	0.600	0.620	2.16	2.17
0.570	0.25500	68.7	85.2	0.620	0.640	2.32	2.34
0.590	0.27300	64.1	79.5	0.640	0.660	2.48	2.50
0.620	0.30200	58.0	72	0.670	0.690	2.73	2.76
0.640	0.32200	54.5	67.4	0.690	0.720	2.91	2.94
0.670	0.35300	49.7	61.5	0.720	0.750	3.19	3.21
0.690	0.37400	46.9	58.0	0.740	0.770	3.38	3.41
0.720	0.40700	43.0	53.3	0.780	0.800	3.67	3.70
0.740	0.43000	40.7	50.5	0.800	0.830	3.89	3.92
0.770	0.46600	37.6	46.5	0.830	0.860	4.21	4.24
0.800	0.50300	34.8	43.1	0.860	0.890	4.55	4.58
0.860	0.54100	32.4	40.1	0.890	0.920	4.89	4.92
0.880	0.58100	30.1	37.3	0.920	0.950	5.25	5.27
0.900	0.63600	27.5	34.1	0.960	0.990	5.75	5.78
0.930	0.67900	25.8	31.9	0.990	1.020	6.13	6.16
0.960	0.72400	24.2	30.0	1.020	1.050	6.53	6.56
1.000	0.78500	22.4	27.6	1.070	1.110	7.10	7.14

（续）

裸导线标准 直径/mm	裸导线截 面积/mm²	20℃时的 直流电阻 /(Ω/km)	75℃时的直 流电阻 /(Ω/km)	漆包圆铜线最大外径 /mm		单位长度漆包圆铜线近似重量 /(kg/km)	
				Q	QZ,QQ,QY, QX,Y,QQS	Q	QZ,QQ,QY, QX,Y,QQS
1.04	0.830	20.6	25.6	1.12	1.15	7.67	7.72
1.08	0.916	19.17	23.7	1.16	1.19	8.27	8.32
1.12	0.985	17.68	22.0	1.20	1.23	8.89	8.94
1.16	1.057	16.68	20.6	1.24	1.27	9.53	9.59
1.20	1.131	15.5	19.17	1.28	1.31	10.20	10.40
1.25	1.227	14.3	17.68	1.33	1.36	11.10	11.20
1.30	1.327	13.2	16.35	1.38	1.41	12.00	12.10
1.35	1.431	12.3	14.10	1.43	1.46	12.90	13.00
1.40	1.539	11.3	13.90	1.48	1.51	13.90	14.00
1.45	1.651	10.6	13.13	1.53	1.56	14.90	15.00
1.50	1.767	9.93	12.28	1.58	1.61	15.90	16.00
1.56	1.911	9.17	11.35	1.64	1.67	17.20	17.30
1.62	2.06	8.50	10.50	1.71	1.73	18.50	18.60

3）每个极靴绕组导线重 $G(\mathrm{kg})$ 为

$$G = gL_i \tag{4-25}$$

式中　L_i——每个极靴绕组导线总长度，单位为 m；

　　　g——每 km 导线重，单位为 kg/km，见表 4-1。

（3）永磁有刷靴式直流电动机的铁损耗

永磁有刷靴式直流电动机的铁损耗是换向器对电流换向引起电流方向变化导致转子极靴硅钢片中产生涡流和磁滞损耗产生的。

1）转子极靴硅钢片的铁损耗系数 $p_{he}(\mathrm{W/kg})$ 为

$$p_{he} = P_{10/50}B_\delta\left(\frac{f}{50}\right)^{1.3} \tag{4-26}$$

式中　$P_{10/50}$——磁感应强度 $B_m = 1.0\mathrm{T}$，$f = 50\mathrm{Hz}$ 时的硅钢片单位重量的铁损耗值，单位为 W/kg，设计时应根据硅钢片的型号及厚度在附录 C 中查取；

　　　B_δ——永磁有刷靴式直流电动机的气隙磁感应强度，单位为 T；

　　　f——电流方向变换频率。当极靴数为奇数时，f（Hz）为

$$f = \frac{2Kn_N}{60} \tag{4-27}$$

当极靴数为偶数时，$f(\mathrm{Hz})$ 为

$$f = \frac{Kn_N}{60}$$

式中　K——极靴数，当极靴数 K 为奇数时，转子每转一圈电流换向 $2K$ 次；当极靴数 K 为偶数时，转子每转一圈电流换向 K 次；

　　　n_N——永磁有刷靴式直流电动机的额定转速，单位为 r/min。

2）永磁有刷靴式直流电动机的铁损耗 P_{Fe}（W）由式（4-28）给出，即

$$P_{Fe} = K_d\, p_{he}\, G_{Fe} \tag{4-28}$$

式中　K_d——极靴铁心铁损经验系数，通常取 $K_d = 1.2 \sim 1.5$；

　　　p_{he}——铁损系数，单位为 W/kg；

　　　G_{Fe}——极靴重，单位为 kg。

（4）永磁有刷靴式直流电动机的机械损耗

永磁有刷靴式直流电动机的机械损耗主要是轴承摩擦损耗和自扇风冷损耗，将这两项损耗合在一起计算，其机械损耗 P_{fw}（W）由式（4-29）给出，即

$$P_{fw} = 8 \times 2p\left(\frac{v}{40}\right)^3 \sqrt{\frac{L_{ef}}{19}} \tag{4-29}$$

式中　$2p$——永磁有刷靴式直流电动机的磁极数；

　　　v——转子的圆周速度，单位为 m/s；

　　　L_{ef}——转子极靴轴向的有效长度，也是定子永磁体磁极的长度，单位为 m。

（5）永磁有刷靴式直流电动机的输入功率

永磁有刷靴式直流电动机的输入功率 P_1（W）由式（4-30）给出，即

$$P_1 = P_N + P_{Cu} + P_{Fe} + P_{fw} \tag{4-30}$$

2. 永磁有刷靴式直流电动机的额定功率

永磁有刷靴式直流电动机的额定功率 P_N（W）是指电动机在给定的额定工况的条件下输出的功率，也是电动机铭牌所给定的功率。

电动机在运行时，额定功率也会随负载的变化而变化。如超载时输出功率会大一些，轻载时输出功率会小一些，但设计时以额定功率为设计依据。

3. 永磁有刷靴式直流电动机的效率

永磁有刷靴式直流电动机的效率是指在额定工况下输入功率对外做功的能力，其效率是额定功率与输入功率的百分比。

$$\eta = \frac{P_N}{P_1} \times 100\%$$

$$= \frac{P_N}{P_N + P_{Cu} + P_{Fe} + P_{fw}} \times 100\% \tag{4-31}$$

式中　P_N——永磁有刷靴式直流电动机的额定功率，单位为 W；

　　　P_{Cu}——永磁有刷靴式直流电动机转子绕组的铜损耗，单位为 W；

　　　P_{Fe}——转子铁心的铁损耗，单位为 W；

　　　P_{fw}——永磁有刷靴式直流电动机的机械损耗，单位为 W。

永磁有刷靴式直流电动机在额定工况下长时间运行时，不允许输出功率超过额定功率，即不允许电动机长期过载运行，以防止因电动机过热而损坏。永磁有刷靴式直流电动机允许短时间过载，其具有一定的短时过载能力。在永磁有刷靴式直流电动机中短时过载能力也受到换向限制的转子电流的制约。当电机过载时，转子电流增大，会使电刷和换向铜头之间的

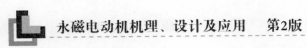

火花增大，转子电流大，火花越强烈，甚至会使换向器烧毁。通常短期超载时，转子绕组的电流不能超过额定电流的 1.5 ~ 2.5 倍。

4. 永磁有刷靴式直流电动机的节能

永磁有刷靴式直流电动机的定子磁极是永磁体磁极，在电动机运行时，定子永磁体磁极做功取代了定子绕组励磁所消耗的电励磁功率 P_f，因此，永磁有刷靴式直流电动机比常规定子电励磁的有刷靴式直流电动机节能，节能可由式（4-32）表达，即

$$P_f = U_f I_f \tag{4-32}$$

式中　U_f——常规有刷靴式直流电动机定子电励磁的励磁电压，单位为 V；

　　　I_f——常规有刷靴式直流电动机定子电励磁的励磁电流，单位为 A。

第五节　永磁无刷靴式直流电动机的结构、起动、换向及反转

永磁无刷靴式直流电动机的结构与永磁有刷靴式直流电动机的结构不同。永磁有刷靴式直流电动机的定子磁极是永磁体磁极，其转子是由在极靴下缠有转子绕组、机械换向器等组成，转子绕组直流电的换向是靠换向器的换向铜头和电刷来实现的。而永磁无刷靴式直流电动机的定子磁极是定子极靴下缠有定子绕组通以直流电形成的，定子磁极的变换是由位置传感器的信号传给电子变换器，电子变换器对输入定子极靴绕组的直流电进行换向来实现的。其转子磁极则是由永磁体磁极构成的。

永磁无刷靴式直流电动机的位置传感器有霍尔式、磁电式、光电式传感器等。

由于永磁无刷靴式直流电动机没有机械换向器，因而没有换向火花，不会对电子元器件形成干扰，并且其结构简单、体积小、重量轻、效率高、节能、运行稳定等优点，被广泛地应用在航天、航空、舰船、汽车、电动自行车、医疗器械、家电、计算机等诸多领域。

1. 永磁无刷靴式直流电动机的结构

永磁无刷靴式直流电动机分为外转子式和内转子式两种结构形式，如图 4-9 和图 4-10 所示。现以永磁无刷靴式直流电动机为例来说明其结构。

图 4-9 所示为永磁无刷两极四靴外转子式直流电动机的结构示意图。

永磁无刷靴式外转子直流电动机的转子是由导磁性良好的低碳钢拉伸成筒形的机壳及粘贴或镶嵌在机壳内圆表面上的永磁体磁极组成的。转子永磁体为径向布置，永磁体磁极直接面对气隙，漏磁小、易于冷却。永磁无刷靴式外转子式直流电动机的定子铁心由导磁性良好的硅钢片冲压成带有极靴的冲片叠加而成。在靴形铁心上的绝缘架上缠有定子绕组，绕组可以接成三角形联结形式，也可以接成星形联结形式。位置传感器布置在极靴的中心线上或提前 10° 角左右。位置传感器固定在定子外部而位置传感器的感应器固定在外转子内圆永磁体磁极外与位置传感器很近但又不相碰的地方。当转子上的位置传感器的感应器转到位置传感器的位置时，位置传感器向电子换向器输入电流换向信号，电子换向器对定子绕组进行直流电换向。电子换向器如图 4-12 所示。

图 4-10 所示为永磁无刷两极四靴内转子式直流电动机结构示意图。它的定子由导磁性良好的低碳钢板拉伸成筒形的机壳、用导磁性良好的硅钢片冲成的带有极靴的冲片叠加而成的定子铁心及在极靴下的绝缘架和在绝缘架上缠有极靴绕组等组成。转子则由永磁体磁极、转子毂及转子轴等组成。永磁体磁极镶嵌或粘贴在转子毂上，为径向布置，永磁体磁极直接

面对气隙，漏磁少、易于冷却。

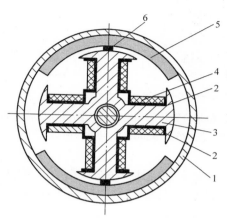

图 4-9 永磁无刷两极四靴外转子式直流
电动机结构示意图

1—机壳　2—绝缘架　3—定子极靴铁心
4—定子绕组　5—永磁体磁极　6—位置传感器

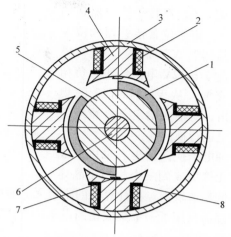

图 4-10 永磁无刷两极四靴内转子式直流
电动机结构示意图

1—转子永磁体磁极　2—定子极靴绕组　3—机壳
4—极靴铁心　5—转子毂　6—转子轴　7—位置传感器
8—绕组绝缘架

　　位置传感器通常安装在定子极靴中心线的定子外缘上或安装在机壳上，感应器则安装在转子外缘上。当转子感应器转到位置传感器的侧面位置时，位置传感器向电子换向器输入电流换向信号，电子换向器对定子绕组直流电流进行换向。

　　图 4-11 所示为电动自行车后轮驱动的永磁无刷靴式外转子式直流电动机的结构图。它的外转子是由导磁性良好的低碳钢薄壁钢管及在钢管内圆表面上镶嵌或粘贴永磁体磁极等组成，通过左、右端盖和轴承连接在定子轴上。定子轴上固定着定子，定子由导磁性能良好的硅钢片冲成带有极靴的铁心及在铁心上的绝缘架上缠的定子绕组及位置传感器等组成。左、右端盖外圆冲有安装幅条的孔及安装有棘轮和链轮以备蓄电池没电时可以人力脚踏驱动。

　　定子极靴绕组或头尾接成三角形联结或尾尾（或头头）接成星形联结。

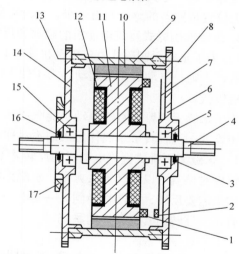

图 4-11 电动自行车的永磁无刷靴式外转子式
直流电动机结构示意图

1—位置传感器　2—感应器　3、16—油封　4—轴
5、15—轴承　6、14—端盖　7—绝缘板　8、13—螺钉
9—外转子机壳　10—永磁体　11—定子铁心
12—定子绕组　17—链轮

　　不论是三角形联结还是星形联结，绕组都是通过位置传感器给出位置信号输送到电子换向器中，电子换向器会自动变换进入极靴绕组的直流电的电流方向。

图 4-12 所示为一个霍尔位置传感器和电子换向器对直流电换向的电路原理图。在转子感应器磁场的作用下，霍尔位置传感器的位置信号使晶体管 VT1 和 VT2 交替导通，使直流电 12V 电源的正、负相位进行交换。从 VT1 和 VT2 的集电极输出，对输入给定子极靴绕组的直流电进行换向。

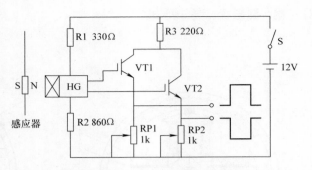

图 4-12　采用霍尔位置传感器对永磁无刷有靴直流电动机进行换向的分立元件的电子换向器

这种电子换向器也有采用集成电路将元件集成到一个相当于晶体管大小的集成块内。在计算机的永磁无刷两极四靴直流电动机外转子带风扇的电路中，霍尔位置传感器只用了一个集成化的霍尔位置传感器。它有 4 个端子，分别对 4 个极靴绕组换向提供信号。

永磁无刷靴式直流电动机定子极靴绕组换向的位置传感器的数量。原则上说，定子极靴为奇数时，位置传感器的数量为 $2k$ 个；当定子极靴数为偶数时，位置传感器数为 k 个。在设计时应根据换向规律、支路数等尽量选择最少的位置传感器以减少制造成本。如计算机电源的冷却风扇，是典型的永磁无刷两极四靴外转子式直流电动机，它只有一个霍尔位置传感器，但位置传感器的感应器有 4 个，而感应器的造价低廉。

2. 永磁无刷靴式直流电动机的起动和反转

1）为了永磁无刷靴式直流电动机能顺利起动，转子永磁体磁极数不应等于定子励磁的极靴数，否则，电动机无法起动。为了便于电动机起动，定子励磁的极靴数应大于转子永磁体的磁极数。

为了永磁无刷靴式直流电动机能顺利起动，也有采用如图 4-3 所示的定子永磁体磁极不对称布置的。这种转子永磁体磁极的不对称布置会使电动机的转矩波动。

2）永磁无刷靴式直流电动机的反转并不像永磁有刷靴式直流电动机那样将直流电源的正、负极对换就可以反转那么方便。永磁无刷靴式直流电动机通常只给定一个转向，不能反转。如果需要反转，则需切换到另一套电子换向系统，即正、反转永磁无刷靴式直流电动机需要有正、反转两套电子换向系统。

第六节　永磁无刷靴式直流电动机转动机理

永磁无刷靴式直流电动机的转子磁极是永磁体磁极，定子则是由导磁性良好的硅钢片或低碳钢片冲成带有极靴的冲片叠加成定子铁心，并在极靴下铁心安装有绝缘架，在绝缘架上缠有定子励磁绕组等构成的。不论是几个极靴下的定子励磁绕组，它们的匝数均相等，绕组的线径相同，电阻相等。

永磁无刷靴式直流电动机的转子永磁体磁极与定子极靴励磁磁极相互作用，或吸引，或排斥，而使转子转动。转子转动是定子励磁绕组的磁极磁力与转子永磁体磁极磁力相互作用的结果。

1. 永磁无刷靴式直流电动机转动机理

现以永磁无刷两极四靴外转子式直流电动机为例，说明永磁无刷靴式直流电动机转动机理。

1）如图4-13a所示，当转子永磁体磁极的中心线AOB在定子极靴绕组靴1和靴3的中心线COD的左边时，极靴1绕组与极靴2绕组串联；极靴3绕组与极靴4绕组串联，同时并联在直流电源上，如图4-13a2所示。极靴1为S极吸引永磁体磁极N极，定子极靴4为N极与转子永磁体磁极N极相排斥，它们的极合力F_N使转子顺时针转动，如图4-13a1所示。与此同时，定子励磁绕组极靴2为S极与转子永磁体磁极S极相排斥，定子励磁绕组极靴3为N极与转子永磁体磁极S极相吸引，它们的磁合力F_S使转子顺时针转动，如图4-13a1所示。

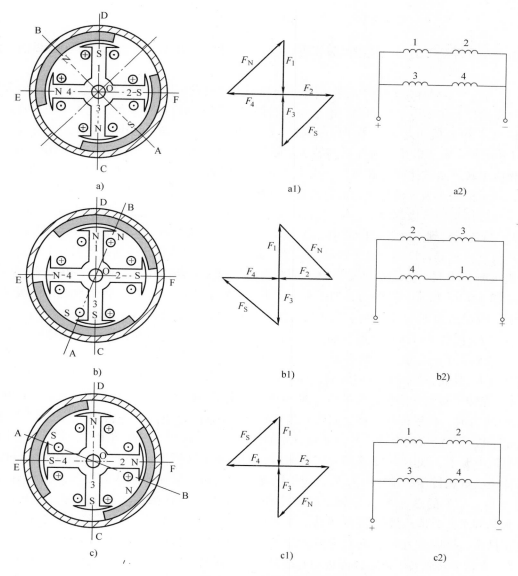

图4-13　永磁无刷靴式直流电动机转动机理

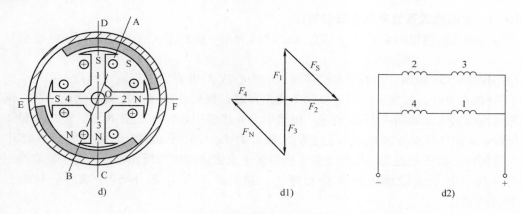

图 4-13　永磁无刷靴式直流电动机转动机理（续）

由于 4 个极靴下的励磁绕组匝数相等，绕组线径相同，电阻相等，所以 4 个绕组的电流相等。

2）当转子永磁体磁极的中心线 AOB，与极靴 1 和极靴 3 的中心线 COD 重合时，位置传感器将换向信号传给电子换向器，电子换向器将定子励磁绕组极靴 2 和极靴 3 串联，将定子绕组极靴 4 和极靴 1 串联后换向，并联在直流电源上，如图 4-13b2 所示。换向后，如图 4-13b 所示，定子极靴 1 为 N 极与转子永磁体磁极 N 极相排斥，排斥力为 F_1；定子极靴 2 为 S 极吸引转子永磁体磁极 N 极，吸引力为 F_2，它们的磁合力 F_N 使转子顺时针转动。与此同时，定子极靴 3 为 S 极与转子永磁体磁极 S 极相排斥，排斥力为 F_3；定子极靴 4 为 N 极与转子永磁体磁极 S 极相吸引，吸引力为 F_4，它们的磁合力 F_S 使转子顺时针转动。

3）当转子转到永磁体磁极的中心线 AOB，与定子励磁极靴 2 和极靴 4 的中心线 EOF 重合时，位置传感器将换向信号传输给电子换向器，电子换向器将定子励磁绕组靴 1 与定子励磁绕组极靴 2 串联，将定子励磁极靴 3 的绕组与极靴 4 的绕组串联，同时并联在直流电源上，如图 4-13c2 所示。换向后，如图 4-13c 所示，定子靴 1 为 N 极与转子永磁体磁极 S 极相吸引，吸引力为 F_1；定子靴 4 为 S 极与转子永磁体磁极 S 极相排斥，排斥力为 F_4，它们的磁合力 F_S 使转子顺时针方向转动；与此同时，定子极靴 2 为 N 极与转子永磁体磁极 N 极相排斥，排斥力 F_2，定子极靴 3 为 S 极与转子永磁体磁极 N 极相吸引，吸引力为 F_3，它们的磁合力 F_N 使转子顺时针方向转动，如图 4-13c1 所示。

4）当转子转到永磁体磁极的中心线 AOB，与定子励磁极靴 1 和定子励磁极靴 3 的中心线 COD 重合时，位置传感器将换向信号传输给电子换向器，电子换向器将定子极靴 2 的绕组与定子极靴 3 的绕组串联，将定子极靴 4 的绕组与定子极靴 1 的绕组串联，并且将它们并联在直流电源上，如图 4-13d2 所示。换向后，如图 4-13d 所示，定子极靴 1 为 S 极与转子永磁体磁极 S 相排斥，排斥力为 F_1，定子极靴 2 为 N 极与转子永磁体磁极 S 极相吸引，吸引力为 F_2，它们的磁合力 F_S 使转子顺时针转动，如图 4-13d1 所示；与此同时，定子极靴 4 为 S 极与转子永磁体磁极 N 极相吸引，吸引力为 F_4，定子极靴 3 为 N 极与转子永磁体磁极 N 极相排斥，排斥力为 F_3，它们的磁合力 F_N 使转子顺时针转动，如图4-13d1所示。

5）当转子转到转子永磁体磁极中心线，与定子励磁极靴 2 和定子励磁极靴 4 的中心线 EOF 重合时，位置传感器将换向信号传输给电子换向器，换向器对定子极靴绕组的直流电进行换向。然后，转子转到其起始位置，完成一圈的转动。此处不再赘述。

在转子转动一圈的过程中，换向 4 次。

2. 永磁无刷靴式直流电动机的换向位置及绕组接线

由电子换向器对定子极靴绕组的电流进行换向说明如下。

现以图 4-14 为例说明电子换向器的换向过程。图 4-14 所示为永磁无刷两极四靴直流电动机的 4 个极靴绕组，相邻绕组头尾连接成三角形联结形式。

若初始位置 a 接直流电正极，c 接直流电负极，则极靴 1 绕组与靴 2 绕组串联；靴 3 绕组与靴 4 绕组串联，同时又并联在直流电源上。绕组展开图如图4-13a2 所示。

当转子永磁体磁极的中心线与靴 1 和靴 3 的中心线重合时，位置传感器将换向信号传输给电子换向器，电子换向器换向——将直流电正极接在 b 上，负极接在 d 上。此时靴 2 绕组与靴 3 绕组串联，靴 4 绕组与靴 1 绕组串联，同时并联在直流电源上。绕组接线展开图如图 4-13b2 所示。

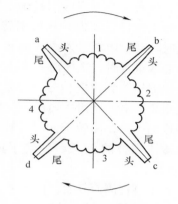

图 4-14　永磁无刷两极四靴直流电动机的直流电流的换向

当转子永磁体磁极中心线转到与靴 2 和靴 4 的中心线重合时，位置传感器将换向信号传输给电子换向器，电子换向器换向——将直流电正极接到 C 上，负极接到 a 上。此时靴 3 绕组与靴 4 绕组串联，靴 1 绕组和靴 2 绕组串联，同时并联在直流电源上。绕组接线展开图如图 4-13c2 所示。

当转子永磁体磁极中心线转到与靴 3 和靴 1 的中心线重合时，位置传感器将换向信号传输给电子换向器，电子换向器换向——将直流电正极接在 d 上，负极接在 b 上。此时靴 4 绕组和靴 1 绕组串联，靴 2 绕组与靴 3 绕组串联，同时并联在直流电源上。绕组接线展开图如图 4-13d2 所示。

当转子永磁体磁极中心线转到与靴 4 和靴 2 的中心线重合时，位置传感器将换向信号传输给电子换向器，电子换向器换向——将直流电正极接到 a 上，负极接到 c 上。此时，转子顺时针转动一圈，电子换向器按顺时针方向换向 4 次。完成一个换向周期。

第七节　永磁无刷靴式直流电动机的电流换向方式

永磁无刷靴式直流电动的直流电换向方式有很多适用电路可供选择。图 4-12 是其中之一。下面再介绍几种适用的永磁无刷靴式直流电动机的直流电换向电路，以飨读者，供参考。

1. 采用分立元件的永磁无刷靴式直流电动机直流电换向电路

图 4-15 所示为一种计算机冷却用风扇的外转子式永磁无刷靴式直流电动机的直流电换向电路。电路由一个单输出锁存霍尔集成电路和两个 P 沟道管等组成。该霍尔集成电路内部有一个霍尔磁感应器、霍尔电压放大器、比较器、施密特触发器等。与之相匹配的永磁无刷靴式直流电动有两组绕组，对于永磁无刷两极四靴直流电动机风机，两个绕组在位置传感器检测到换向信号，触发外接 P 沟道管的导通和关断，使极靴的两个绕组轮流导通工作，

使永磁无刷靴式直流电动机旋转。

永磁无刷靴式直流电动机换向转动的机理是如图 4-15 所示，当霍尔集成电路内的位置传感器检测到换向信号时，触发器接通 VT1，给绕组 1 通电。如图 4-16a 所示，当绕组 1 通电后，极靴 1 为 S 极吸引转子永磁体磁极的 N 极，使转子逆时针转动，极靴 3 为 N 极吸引转子永磁体磁极的 S 极，使转子逆时转动。当转子永磁体磁极的中心线转到与极靴 1 和 3 的中心线重合时，或提前一个小角度，霍尔集成电路内的位置传感器检测到换向信号，触发器使 VT1 关断而 VT2 导通，使绕组 2 通电。绕组 2 通电后，极靴 2 为 N 极吸引转子永磁体磁极的 S 极，使转子逆时针转动；极靴 4 为 S 极，吸引转子永磁体磁极的 N 极，使转子逆时针转动。如图 4-15 及图 4-16b 所示。

这个过程周而复始，使永磁无刷靴式直流电动机传动。

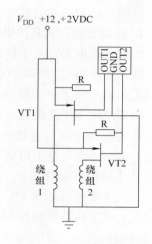

图 4-15 分立元件的电流换向器

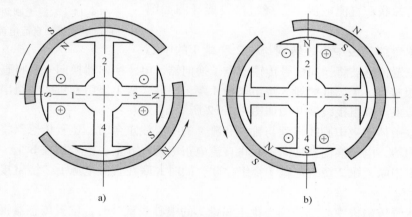

图 4-16 电子换向器使永磁无刷靴式直流电动机
两个绕线轮流通电工作，使外转子转动

2. 永磁无刷靴式直流电动机采用专用的小规模单片集成电路换向

永磁无刷靴式直流电动机采用专用的小规模单片集成电路换向使换向电路更加简单。这种集成电路内有霍尔位置传感器、霍尔传感器的驱动器、堵转关机、自动重起、过电压保护、过电流保护、过热保护、自动识别电源极性、自动对电流换向等功能。

图 4-17a 所示为可以驱动一个绕组的小规模单片集成电路。这种专用于换向的集成芯片驱动一个电动机绕组，对绕组电流自动换向。芯片使电流从绕组的 A 端进入，从绕组的 B 端流出；当位置传感器检测到换向信号时，驱动器会自动地截止电流从绕组 A 端进入，变换到电流从绕组 B 端进入，从绕组 A 端流出，从而改变定子磁极的极性，定子磁极与转子永磁体磁极相互作用使转子转动。

这种一个绕组经换向集成电路换向使转子转动的直流电动机的本质是交流电动机。它与交流单相罩极电动机的工作原理是一样的，为了便于电动机起动，在铁心的半圆弧磁极上加工出凹槽并嵌入短路铜环。它的结构与交流单相罩极电动机结构相近，只是转子不同。

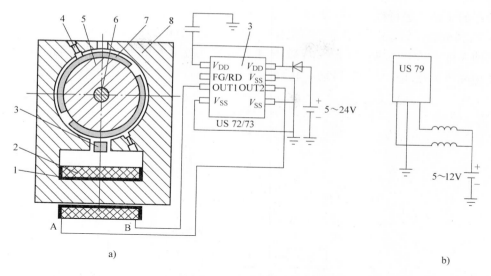

图 4-17　小规模单片集成电路驱动永磁无刷靴式直流电动机电流换向

a）US 72/73 驱动单绕组罩极永磁无刷直流电动机电流换向电原理图

1—绕组绝缘架　2—绕组　3—芯片 US 72/73　4—短路环

5—转子铁心　6—轴　7—永磁体磁极　8—定子铁心

b）US 79 驱动两个绕组的永磁无刷靴式直流电动机电流换向原理图

图 4-17b 是专供外转子式永磁无刷靴式直流电动机风扇的小规模单片集成电路。它内置有霍尔传感器、霍尔传感器的驱动器、过电压保护、电压反向保护、过电流保护、超温和防静电保护、自动换向、自动识别电源、堵转停机及自动重起等功能。此集成电路有三个引出端，其中两个引出端分别接永磁无刷靴式直流电动机的两组绕组，另一引出端接地构成电路的回路。当风扇功率较大时，可以接外扩展分立元件增加驱动功率。

3. 采用逆变器对永磁无刷靴式直流电动机的直流电进行换向

图 4-18a 所示为逆变器对有两组绕组的永磁无刷靴式直流电动机的直流电进行换向的电原理图。

当位置传感器检测到换向信号时，将换向信号传输给 PWM 调制器，PWM 根据速度控制的信号综合计算再传送给逆变器的驱动器，驱动器再去控制开关管的导通或关断，使转子转动。

当驱动器使 VT1 导通，电流经过绕组 1 进入 VT1 回到负极，此时 VT2 关断。当转子转到位置传感器的感应器与位置传感器位置时，位置传感器检测到换向信号，位置传感器将换向信号传递给 PWM 调制器，PWM 根据速度控制将综合信号传送到逆变器的驱动器，驱动器使 VT1 关断而 VT2 导通，电流经绕组 2 进入 VT2 回到负极，这样周而复始，使转子转动。

这种逆变电路可以对永磁无刷靴式直流电动机进行调速。调速指令进入调速控制器，再进入 PWM 控制对换向频率进行调制，从而改变换向次数来调整电动机的转速。即换向频率越高，电动机转速越快，换向频率越低，电动机转速越低。

图 4-18b 所示为逆变器对有一组绕组的永磁无刷靴式直流电动机的直流电进行换向的电原理图。当位置传感器检测到换向信号时，将换向信号传送给 PWM，PWM 再根据速度指令

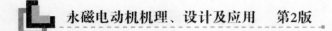

对逆变器的驱动器进行控制。驱动器使 VT1 和 VT4 导通，电流从绕组 a 端进入，b 端流出，经 VT4 回到负极，转子在绕组磁极的相互作用下转动；当位置传感器再检测到换向信号时，驱动器使 VT1 和 VT4 关断，VT3 和 VT2 导通，电流从绕组 b 端进入，从 a 端流出，转子磁极与绕组磁极相互作用使转子转动。其调速与上述调速方式相同，此处不再赘述。

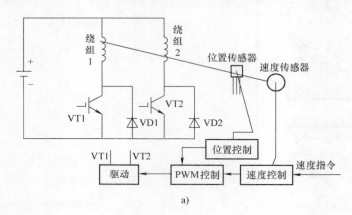

a)

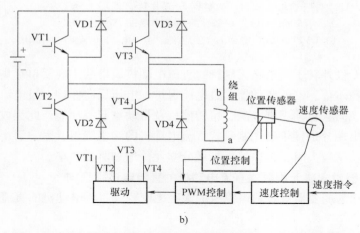

b)

图 4-18　逆变器对永磁无刷靴式直流电动机电流换向的电原理图

a）逆变器对有两个绕组的永磁无刷靴式直流电动机电流换向的电原理图

b）逆变器对有一个绕组的永磁无刷靴式直流电动机电流换向的电原理图

第八节　永磁无刷靴式直流电动机的反电动势、转矩及转子永磁体磁极的充、去磁

1. 永磁无刷靴式直流电动机的反电动势

永磁无刷靴式直流电动机的转子磁极是永磁体磁极，当转子转动时，转子永磁体磁极的磁通切割定子极靴励磁绕组会在绕组中产生反电动势。但是，定子极靴励磁绕组是缠在极靴下的，属于集中绕组，当转子永磁体磁极的磁通切割绕组一个有效边时会产生反电动势，一旦定子极靴励磁绕组全部进入转子永磁体磁极，定子极靴绕组的两个有效边同时被转子永磁

体磁极的磁通所切割，其产生的反电动在极靴绕组两个有效边大小相等、方向相反，互相抵消，故其反电动势为零。当转子永磁体磁极转出定子极靴的一个有效边时，另一个有效边瞬间产生一点反电动势。

由以上分析可以认为永磁无刷靴式直流电动机在运行时的反动势可以忽略不计。

2. 永磁无刷靴式直流电动机的转矩

1）现以两极四靴外转子式永磁无刷靴式直流电动机为例求永磁无刷靴式直流电动机的电磁转矩 M（N·m）。

从图 4-13a1 可以看到

$$F_N = F_S$$
$$F_N^2 = F_1^2 + F_4^2 \tag{4-33}$$
$$F_S^2 = F_2^2 + F_3^2$$

又因为

$$F_1 = F_4 = F_2 = F_3 \tag{4-34}$$

又因为

$$F_1 = \frac{1}{2}\frac{B_m^2}{\mu_0}S_m \tag{4-35}$$

$$F_N^2 = F_1^2 + F_4^2$$

$$F_N^2 = \left(\frac{B_m^2}{2\mu_0}S_m\right)^2 + \left(\frac{B_m^2}{2\mu_0}S_m\right)^2$$

$$F_N^2 = 2\left(\frac{B_m^2}{2\mu_0}S_m\right)^2$$

$$F_N = \sqrt{2}\frac{B_m^2}{2\mu_0}S_m \tag{4-36}$$

每个定子极靴给转子磁极顺时针转动的磁合力为

$$F_N = F_S = \sqrt{2}\frac{B_m^2}{2\mu_0}S_m$$

式中　B_m——每个极靴的气隙磁感应强度，单位为 T；

　　　μ_0——真空磁导率，$\mu_0 = 4\pi \times 10^{-7}$ H/m；

　　　S_m——极靴表面积，单位为 m。

在永磁无刷靴式直流电动机额定运行时，转子永磁体磁极的气隙磁感应强度 B_m 与转子永磁体气隙磁感应强度 B_δ 相等，则

$$B_m = B_\delta \tag{4-37}$$

极靴表面积 S_m（m²）由式（4-37）给出，即

$$S_m = a_p L_{ef} \tag{4-38}$$

式中　a_p——极靴的极弧长度，单位为 m；

　　　L_{ef}——极靴有效长度，单位为 m。

由于转子为两极，转子永磁体磁极的电磁转矩 M（N·m）为

$$M = 2F_N\frac{D_2}{2}$$

$$= F_N D_2 = \sqrt{2}\frac{B_\delta^2}{2\mu_0}a_p L_{ef} D_2 \sin(20° \sim 30°) \tag{4-39}$$

式中　B_δ——转子永磁体磁极的气隙磁感应强度，单位为 T；

　　　D_2——转子永磁体磁极外径，单位为 m。

转子永磁体磁极的气隙磁感应强度 B_δ（T 或 Gs）由式（4-40）给出，即

$$B_\delta = K_m \frac{B_r}{\pi\sigma}\arctan\frac{a_m b_m}{2\delta\sqrt{4\delta^2 + a_m^2 + b_m^2}} \tag{4-40}$$

式中　K_m——转子永磁体磁极的端面系数，见表 2-1；

　　　B_r——转子永磁体标称的剩磁，单位为 T；

　　　σ——漏磁系数，永磁体磁极径向布置时，$\sigma = 1.0 \sim 1.1$；

　　　a_m——永磁体磁极的短边长，单位为 m；

　　　b_m——永磁体磁极的长边长，单位为 m；

　　　δ——气隙长度，单位为 m。

2）永磁无刷靴式直流电动机在额定工况下运行时的额定输出转矩 T_n（N·m）为

$$T_n = 9550\frac{P_N}{n_N} \tag{4-41}$$

式中　P_N——永磁无刷靴式直流电动机的额定功率，单位为 kW；

　　　n_N——永磁无刷靴式直流电动机的额定转速，单位为 r/min。

3）当外负载转矩大于额定转矩时，电动机定子极靴绕组的励磁电流增加，气隙磁感应强度将大于转子永磁体磁极的气隙磁感应强度 B_δ，永磁无刷靴式直流电动机的转速略有下降；当外负载的转矩小于电动机额定转矩时，定子极靴绕组的励磁电流减小，其气隙磁感应强度将小于转子永磁体磁极的气隙磁感应强度 B_δ，电动机转速略有上升。但转速上升或下降幅度很小，永磁无刷靴式直流电动机的机械特性很硬。

永磁无刷靴式直流电动机的转矩方向与转子旋转方向相同。

3. 永磁无刷靴式直流电动机在运行时对转子永磁体磁极的充磁、去磁

在永磁无刷靴式直流电动机顺时针转动时，定子极靴磁极先是排斥转子永磁体磁极转动，此时，定子极靴磁极与转子永磁体磁极同性，对转子永磁体磁极有去磁作用；当转子顺时针转动时，紧接着定子极靴绕组电流换向，定子励磁极靴磁极与转子永磁体磁极为异性，相互吸引使转子永磁体磁极顺时针转动，对转子永磁体有充磁作用，如图 4-19 所示。

当转子逆时针转动时，转子永磁体被充磁、去磁的部位与转子顺时针的充磁、去磁部位正好相反。

要说明的是，永磁无刷靴式直流电动机的功率往往不大，定子极靴绕组的电流很小，对转子永磁体磁极的充磁、去磁不起什么实质性

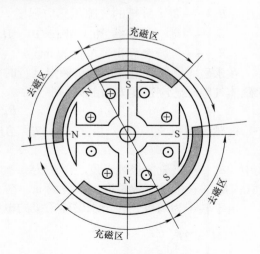

图 4-19　永磁无刷靴式直流电动机
运行时转子磁极被充磁、去磁区域图

作用，可以忽略不计。但是，如果永磁无刷靴式直流电动机的功率很大，则定子极靴绕组的励磁电流达到几百安，甚至更大，可能对转子永磁体磁极有充、去磁作用。当电动机反转时，转子磁场对永磁体磁极的充、去磁区域与正转相反，即在图4-19中的充磁区为去磁区，去磁区为充磁区。

第九节　永磁无刷靴式直流电动机的功率和效率

永磁无刷靴式直流电动机的输入功率是指供给电动机直流电的消耗功率；而永磁无刷靴式直流电动机的额定功率是在额定工况下电动机输出的功率。

在永磁无刷靴式直流电动机中，输出功率会大于输入功率，这主要是转子永磁体做功并输出功率却没有消耗直流电能的缘故，也表现了永磁体对外做功不消耗其自身磁能，永磁体不遵守能量守恒。

1. 永磁无刷靴式直流电动机的输入功率

永磁无刷靴式直流电动机的输入功率主要是定子励磁所消耗的功率，它包括极靴绕组的铜损耗、铁损耗及机械损耗、电子换向器的电损耗等。在永磁无刷靴式直流电动机中，常规靴式直流电动机的转子（电枢）的励磁电损耗没有了，取而代之的是永磁体磁极，而转子永磁体磁极在电动机运行中不消耗直流电源的电能。

永磁无刷靴式直流电动机的输入功率 P_1（W）由式（4-42）给出，即

$$P_1 = U_f I_f \tag{4-42}$$

式中　U_f——定子极靴绕组的励磁电压，单位为 V；

　　　I_f——定子极靴绕组的励磁电流，单位为 A。

永磁无刷靴式直流电动机的输入功率 P_1（W）也可由式（4-43）表达，即

$$P_1 = P_{Cu} + P_{fw} + P_{Fe} + P_N \tag{4-43}$$

式中　P_{Cu}——定子极靴绕组的铜损耗，单位为 W；

　　　P_{Fe}——定子极靴铁心的铁损耗，单位为 W；

　　　P_{fw}——电动机的机械损耗，单位为 W，它包括电动机的轴承摩擦损耗、自扇风冷的损耗等；

　　　P_N——永磁靴式直流电动机输出功率，单位为 W。

1）永磁无刷靴式直流电动机的铜损耗 P_{Cu}（W）为

$$P_{Cu} = I_f^2 R \tag{4-44}$$

式中　I_f——定子绕组励磁的总电流，单位为 A；

　　　R——定子极靴绕组的总电阻，单位为 Ω。

2）为了统一磁滞损耗和涡流损耗，根据经验，永磁无刷靴式直流电动机的定子极靴铁心的铁损耗系数可以简化成式（4-45）求得，即

$$p_{he} = P_{10/50} B \left(\frac{f}{50} \right)^{1.3} \tag{4-45}$$

式中　p_{he}——永磁无刷靴式直流电动机定子极靴铁心的铁损耗系数，单位为 W/kg；

　　　B——定子极靴铁心中的磁感应强度，单位为 T；

　　　f——频率，单位为 Hz；

$P_{10/50}$——磁感应强度 1.0T、频率 $f=50$Hz 时的硅钢片单位重量的铁损值，单位为 W/kg。设计可选择硅钢片的牌号查附录表。

3）在永磁无刷靴式直流电动机中，定子极靴铁心的铁损耗 P_{Fe}（W）由式（4-46）给出，即

$$P_{Fe} = K_d p_{he} G_{Fe} \qquad (4\text{-}46)$$

式中　K_d——铁损经验系数，通常 $K_d = 1.2 \sim 1.5$；

p_{he}——定子极靴铁心的铁损耗系数，单位为 W/kg；

G_{Fe}——定子极靴铁心重，单位为 kg。

4）永磁无刷靴式直流电动机的机械损耗包括轴承的摩擦损耗、自扇风冷损耗等统一计算，由式（4-47）给出，即

$$P_{fw} = 8 \times 2p \left(\frac{v}{40}\right)^3 \sqrt{\frac{L_{ef}}{19}} \qquad (4\text{-}47)$$

式中　P_{fw}——永磁无刷靴式直流电动机的机械损耗，单位为 W；

$2p$——极对数；

v——永磁无刷靴式直流电动机转子的圆周速度，单位为 m/s；

L_{ef}——转子永磁体磁极的有效长度，单位为 m。

2. 永磁无刷靴式直流电动机的额定功率

永磁无刷靴式直流电动机的额定功率是指电动机在额定工况下额定电压、额定电流、额定转速时输出的功率 P_N（W）。它是永磁无刷靴式直流电动机给定的额定数据之一。

由于永磁无刷靴式直流电动机的转子磁极是永磁体磁极，因此在电动机运行时是转子永磁体磁极与定子励磁极靴的磁极相互作用使转子转动，对外输出转矩。由于转子永磁体磁极对外做功不消耗其自身磁能，所以永磁无刷靴式直流电动机额定输出功率大于输入功率。

永磁无刷靴式直流电动机的额定功率 P_N（W）为

$$T_n = \frac{60}{2\pi} \frac{P_N}{n_N}$$

$$P_N = \frac{2\pi}{60} T_n n_N \qquad (4\text{-}48)$$

式中　T_n——永磁无刷靴式直流电动机的额定输出转矩，单位为 N·m；

n_N——永磁无刷靴式直流电动机的额定转速，单位为 r/min。

永磁无刷靴式直流电动机的转矩 M（N·m）可以用式（4-49）表达（对于永磁无刷两极四靴直流电动机），即

$$M = 2p F_N \frac{D_2}{2}$$

$$= 2p \sqrt{2} \frac{B_\delta^2}{2\mu_0} S_m \frac{D_2}{2} = P \sqrt{2} \frac{B_\delta^2}{2\mu_0} S_m D_2 \qquad (4\text{-}49)$$

式中　$2p$——永磁无刷靴式直流电动机转子永磁体的极数；

F_N——磁合力，单位为 N，计算见式（4-36）及图 4-13；

μ_0——真空磁导率，$\mu_0 = 4\pi \times 10^{-7}$H/m；

B_δ——转子永磁体磁极的气隙磁感应强度，单位为 T；

S_m——定子极靴的表面积，单位为 m^2；

D_2——转子永磁体磁极的外径，单位为 m。

所以，永磁无刷靴式直流电动机的额定功率 P_N（W）也可以用式（4-50）表达，即

$$P_N = \frac{2\pi}{60} T_n n_N$$

$$= \sqrt{2} \frac{2\pi}{60} P \frac{B_\delta^2}{2\mu_0} S_m D_2 \tag{4-50}$$

式（4-49）及式（4-50）是对于永磁无刷两极四靴直流电动机的额定功率表达式，对于两极三靴等其他形式的电动机的额定功率应先求出磁合力 F_N 后再进行计算。

3. 永磁无刷靴式直流电动机的效率

永磁无刷靴式直流电动机的效率是电动机输出功率与输入功率的百分比，由式（4-51）给出，即

$$\eta = \frac{P_N}{P_1} \times 100\% = \frac{2\pi}{60} \frac{T_n n_N}{U I_f} \times 100\% \tag{4-51}$$

式中 P_1——输入功率，单位为 W，在永磁无刷靴式直流电动机中，$P_1 = U I_f$；

P_N——永磁无刷靴式直流电动机额定输出功率，单位为 W，$P_N = \frac{2\pi}{60} T_n n_N$。

4. 永磁无刷靴式直流电动机比常规励磁靴式直流电动机节能、效率高

常规励磁靴式直流电动机的输入功率 P_1（W）为

$$P_1 = U I_f + U I_a \tag{4-52}$$

式中 U——并励时的电源电压，单位为 V；

I_f——并励定子绕组电流，单位为 A；

I_a——并励转子绕组电流，单位为 A。

常规励磁靴式直流电动机的额定功率 P_N（W）为

$$P_N = \frac{2\pi}{60} T_n n_N \tag{4-53}$$

常规励磁靴式直流电动机的效率 η_1（%）为

$$\eta_1 = \frac{P_N}{P_1'} \times 100\% = \frac{2\pi}{60} \cdot \frac{T_n n_N}{U I_f + U I_a} \times 100\% \tag{4-54}$$

在永磁无刷靴式直流电动机与常规励磁靴式直流电动机额定输出功率 P_N 相同、定子励磁功率 $U I_f$ 相同的情况下，由于 $U I_f + U I_a > U I_f$，所以 $\eta > \eta_1$。由以上比较可以看到，永磁无刷靴式直流电动机的效率比常规励磁靴式直流电动机效率高。

永磁无刷靴式直流电动机比常规励磁靴式直流电动机节能 $U I_a$。

第十节 永磁无刷靴式三相电动机定子靴数、转子磁极数的选择及对起动的影响

当永磁无刷靴式直流电动机需要较大功率和较大电流时，通常采取将直流电逆变成或三相矩形波或三相正弦波电流供电的方式。此时，永磁无刷靴式三相电动机的定子靴数和转子永磁体磁极数的选择尤为重要，如果选择不好会影响电动机的起动。

1. 选择每极每相槽数 q 为分数或选择永磁体磁极数多于定子极靴数

1）选择每极每相槽数 q 为分数

每极每相槽数 q 为分数槽在本书"第五章永磁无刷有槽直流电动机"及《永磁发电机机理、设计及应用》一书中均有论述。定子槽数与转子永磁体磁极数之比不能为整数，必须是分数，且分子数越小越容易起动。每极每相槽数 q 为

$$q = \frac{z}{2pm} \neq 整数 \tag{4-55}$$

式中　z——定子槽数；

　$2p$——极数；

　m——相数。

对 $q = \dfrac{z}{2pm}$ 约分后，得 $q = b + \dfrac{c}{d}$，其中

　b——槽的整数部分；

　d——分数槽的分母；

　c——分数槽的分子，表示在 d 个永磁体磁极中有 c 个永磁体磁极完全吸引其所对应的定子槽数。

这种改变定子槽数使每极每相槽数 q 为分数槽是有利于永磁电机起动的有效的方法之一。这种方式也适用于永磁无刷盘式直流电动机、永磁无刷有槽直流电动机。

2）选择永磁体磁极数多于极靴数也是有利于起动的方法

现在作者要提出一种改变永磁体极数使转子永磁体磁极数多于定子极靴数，从而有利于永磁无刷靴式三相电动机起动的方法。这种方式也适用于永磁无刷盘式（有铁心）、永磁无刷有槽三相电动机及永磁三相发电机。

这种永磁体磁极数多于定子极靴数的布置方式的特点是：以最少的永磁体磁极数吸引最少的定子极靴数，使永磁无刷靴式三相电动机的起动转矩最小，达到有利于电动机起动的目的。

表4-2 给出了有利于永磁无刷靴式三相电动机起动的转子永磁体磁极数与定子极靴数的配合，也适用于二相及四相。

表4-2　永磁体磁极数与定子极靴数的配合举例

1	转子永磁体磁极数 定子极靴数	14 12	有 2 个永磁体磁极吸引 2 个极靴	适用于二相，每相6靴；适用于三相，每相4靴；适用于四相，每相3靴
2	转子永磁体磁极数 定子极靴数	20 18	有 2 个永磁体磁极吸引 2 个定子极靴	适用于二相，每极9靴；适用于三相，每相6靴
3	转子永磁体磁极数 定子极靴数	26 24	有 2 个永磁体磁极吸引 2 个定子极靴	适用于二相，每相12靴；适用于三相，每相8靴；适用于四相，每相6靴
4	转子永磁体磁极数 定子极靴数	32 30	有 2 个永磁体磁极吸引 2 个定子极靴	适用于二相，每相15靴；适用于三相，每相10靴
5	转子永磁体磁极数 定子极靴数	38 36	有 2 个永磁体磁极吸引 2 个定子极靴	适用于二相，每相18靴；适用于三相，每相12靴；适用于四相，每相9靴
6	转子永磁体磁极数 定子极靴数	44 42	有 2 个永磁体磁极吸引 2 个定子极靴	适用于二相，每相21靴；适用于三相，每相14靴

（续）

7	转子永磁体磁极数	50	有2个永磁体磁极吸引	适用于二相，每相24靴；适用于三相，每相16靴；适用于四相，每相12靴
	定子极靴数	48	2个定子极靴	
8	转子永磁体磁极数	56	有2个永磁体磁极吸引	适用于二相，每相27靴；适用于三相，每相18靴
	定子极靴数	54	2个定子极靴	
9	转子永磁体磁极数	62	有2个永磁体磁极吸引	适用于二相，每相30靴；适用于三相，每相20靴；适用于四相，每相15靴
	定子极靴数	60	2个定子极靴	
10	转子永磁体磁极数	68	有2个永磁体磁极吸引	适用于二相，每相33靴；适用于三相，每相22靴
	定子极靴数	66	2个定子极靴	
11	转子永磁体磁极数	74	有2个永磁体磁极吸引	适用于二相，每相36靴；适用于三相，每相24靴；适用于四相，每相18靴
	定子极靴数	72	2个定子极靴	
12	转子永磁体磁极数	80	有2个永磁体磁极吸引	适用于二相，每相39靴；适用于三相，每相26靴
	定子极靴数	78	2个定子极靴	
13	转子永磁体磁极数	86	有2个永磁体磁极吸引	适用于二相，每相42靴；适用于三相，每相28靴；适用于四相，每相21靴
	定子极靴数	84	2个定子极靴	

2. 永磁无刷靴式三相电动机转子磁极与定子极靴的对应及绕线

在本节介绍的永磁体磁极数多于定子极靴数的布置方式是使最少的永磁体磁极吸引最少的定子极靴，使电动机顺利起动。这种方式适用于将直流电逆变成二相、三相、四相矩形波电流或正弦波电流驱动的永磁无刷靴式电动机，也适用于将直流电逆变成二相、三相、四相供电的永磁无刷盘式（有铁心）、永磁无刷有槽电动机，也适用于永磁发电机。

从表4-2中可以看到，当永磁体磁极数比定子极靴数多一对磁极时，只有2个永磁体磁极与2个定子极靴相吸，这有利于电动机的起动。

图4-20给出了12个定子极靴与14转子永磁体磁极相配合时的定子极靴与转子永磁体

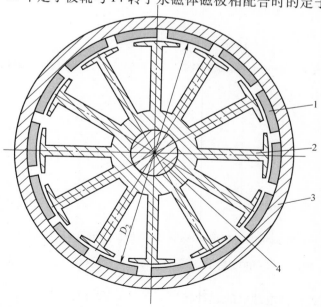

图4-20　永磁无刷靴式三相12靴14转子永磁体磁极电动机布置图

1—永磁体磁极　2—极靴　3—转子壳　4—定子轴

磁极相对应的关系，可以看到只有 2 个永磁体磁极与 2 个定子极靴相吸引，而其他永磁体磁极与定子极靴都是相互错开的。

　　图 4-21 是 12 定子极靴与 14 永磁体磁极的永磁无刷靴式三相电动机定子极靴绕线示意图。可以看到每相占有 4 个极靴。三相绕组有三个头和三个尾，可以接成星形联结或接成三角形联结。

　　图 4-22a 是 12 靴 14 转子永磁体磁极的永磁无刷靴式三相电动机双层绕组的绕线图。从图中可以看到，其与三相交流电动机定子绕组是相同的，所不同的是绕组不是嵌入定子槽内，而是绕在定子靴上。如图 4-21 所示。

　　图 4-22b 是 12 靴 14 转子永磁体磁极的永磁无刷靴式三相电动机单层绕组的绕线图。供参考。

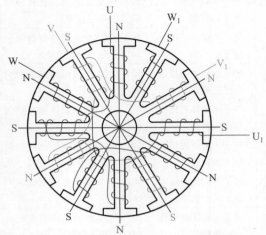

图 4-21　永磁无刷靴式三相 12 靴 14 转子永磁体磁极电动机极靴绕线示意图

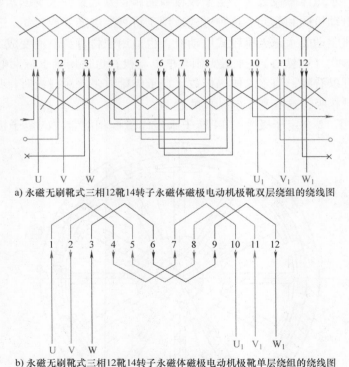

a) 永磁无刷靴式三相12靴14转子永磁体磁极电动机极靴双层绕组的绕线图

b) 永磁无刷靴式三相12靴14转子永磁体磁极电动机极靴单层绕组的绕线图

图 4-22　永磁无刷靴式三相 12 靴 14 转子永磁体磁极电动机极靴单层与双层绕组的绕线图

3. 永磁无刷靴式三相电动机的起动转矩、起动功率及转速

1）永磁无刷靴式三相电动机的起动转矩

从表 4-2 及图 4-20 中可以看到 12 靴 14 转子永磁体磁极的永磁无刷靴式电动机只有 2

个永磁体磁极与 2 个定子极靴相吸引。电动机起动时要克服这个永磁体磁极对定子极靴的吸引力所形成的转矩才能起动。

在图 4-20 中，永磁体磁极对定子极靴的吸引力 $F_N(N)$ 为

$$F_N = \frac{1}{2} \cdot \frac{B_m^2}{\mu_o} S_m \tag{4-56}$$

式中　B_m——永磁件磁极的磁感应强度，单位为 T 或 Gs；

　　　μ_o——真空磁导率，$\mu_o = 4\pi \times 10^{-7} H/m$；

　　　S_m——永磁体磁极的工作面积，单位为 m^2。

在永磁无刷靴三相电动机运行时

$$B_m = B_\delta \tag{4-57}$$

式中　B_δ——永磁无刷靴式三相电动机运行时的气隙磁感应强度，单位为 T 或 Gs。

永磁体的工作面积 $S_m(m^2)$ 为

$$S_m = ap \cdot L_{ef} \cdot b \tag{4-58}$$

式中　ap——极靴或永磁体磁极的极弧系数；

　　　L_{ef}——极靴或永磁体磁极的有效长度，单位为 m；

　　　b——极靴的宽度，单位为 m。

永磁无刷三相 12 靴 14 转子磁极电动机的起动转矩 $M(N \cdot m)$ 为

$$M = F_N \frac{D_2}{2} \tag{4-59}$$

式中　D_2——转子永磁体磁极的旋转内径（外转子式）或外径（内转子式），单位为 m。

2）永磁无刷靴式三相电动机的起动功率 $P(kW)$ 由下式（4-60）给出

$$M = 9550 \frac{P}{n_N} \tag{4-60}$$

$$P = \frac{M n_N}{9550} \tag{4-61}$$

式中　n_N——永磁无刷靴式三相电动机的转速，单位为 r/min。

3）永磁无刷靴式三相电动机的转速 $n_N(r/min)$

永磁无刷靴式三相电动机的转速 n_N 主要是由三相电的频率 $f(Hz)$ 决定的，当三相电的频率 f 确定后，转速 n_N 为

$$n_N = \frac{60f}{2P} \tag{4-62}$$

式中　$2P$——永磁无刷靴式三相电动机的定子极数。

上述计算也适用于二相和四相的永磁无刷靴式电动机，也适用于二相、三相、四相的永磁无刷盘式（有铁心）、永磁无刷有槽电动机及永磁发电机。

第十一节　永磁靴式直流电动机的主要参数和主要尺寸

永磁靴式直流电动机分为有刷和无刷两种。永磁有刷直流电动机的定子磁极是永磁体磁极，转子是由极靴下缠有的转子绕组、转子轴、换向铜头等组成，转子绕组的电流换向是由换

向铜头和电刷来完成的。永磁无刷靴式直流电动机的转子磁极是永磁体磁极，定子磁极极性的变化是由位置传感器和电子换向器对定子极靴绕组的直流电进行有规律的换向来实现的。

永磁有刷和无刷靴式直流电动机的主要参数和主要尺寸有共同点，也有不同点。

永磁有刷和无刷靴式直流电动机的主要参数和主要尺寸有额定数据、主要性能指标、线负荷、气隙磁感应强度、主要尺寸等。

1. 永磁靴式直流电动机的额定数据

1) 额定功率 P_N（W）是指永磁靴式直流电动机在额定工况下转子轴输出的机械功率。永磁无刷靴式直流电动机往往在其铭牌上不标额定功率，只标电压和电流。

2) 额定电压 U_N（V）是指永磁靴式直流电动机在额定工况运行时电动机的输入电压。对于永磁有刷靴式直流电动机，额定电压是加在电刷之间的电压；对于永磁无刷靴式直流电动机，它是加在定子极靴绕组上的励磁电压。

3) 额定电流 I_N（A）是指永磁靴式直流电动在额定工况运行时的电流。

4) 额定转速 n_N（r/min）是指永磁靴式直流电动机在额定工况运行时的转速。

5) 额定效率 η（%）是指永磁靴式直流电动机在额定运行时其输出功率与输入功率的百分比。对于永磁有刷靴式直流电动机，其定子磁极为永磁体磁极，永磁有刷靴式直流电动机的效率比同功率电励磁的有刷靴式直流电动机的效率高 2%～8%，节能 10%～20%，高出的部分就是永磁体做功的部分，也就是永磁有刷靴式直流电动机节能的部分。

对于永磁无刷靴式直流电动机，其转子磁极是永磁体磁极，转子转动是由于定子电励磁的磁极与转子永磁体磁极相互作用的结果，即转子永磁体磁极参加了对输出转矩做功，但永磁体磁极并未消耗电功。通常计算永磁无刷靴式直流电动机效率依然是输出功率与输入功率的百分比，未将转子永磁体磁极做功计算在内。笔者认为永磁有刷靴式直流电动机计算效率时未将定子永磁体磁极做功计算在内，永磁无刷靴式直流电动机计算效率时也未将转子永磁体磁极做功计算在内，这些都不是永磁靴式直流电动机的真实效率。笔者实验证明，永磁无刷靴式直流电动机效率与相同功率的电励磁靴式直流电动机相比，效率提高 2%～8%，节能 10%～20%。

2. 性能指标

1) 温升。永磁靴式直流电动机在额定运行时，电动机各部件温升不超过允许值。允许温升不仅与电动机的电压、电流、绝缘材料有关，更与永磁体的磁性能有关，要考虑温升对永磁体磁性的影响。

2) 运行工况。它是指永磁靴式直流电动机在什么条件下允许连续运行或间断运行，电动机在运行时对周围地理环境如湿度、温度、海拔高度及周围自然条件如盐雾、风沙、酸雾、碱雾等要求。

3) 机械特性。永磁靴式直流电动机的机械特性是指它的转速 n 随电磁转矩变化的函数关系，$n=f(M)$，它的机械特性很硬。

3. 主要参数

永磁靴式直流电动机的主要参数有线负荷 A、气隙磁感应强度 B_δ、发热系数、利用系数等。

（1）线负荷 A

线负荷表示永磁靴式直流电动机沿转子或定子圆周单位长度所容许的安培导体数，在电动机的功率和转速确定后，永磁靴式直流电动机的主要尺寸取决于永磁体的气隙磁感应强度 B_δ 和线负荷 A。

1）永磁有刷靴式直流电动机的定子磁极是永磁体磁极，它的线负荷 A 表示沿转子圆周单位长度所容许的安培导体数。线负荷 A（A/cm）由式（4-63）给出，即

$$A = \frac{I_a N_a}{2a\pi D_a} \tag{4-63}$$

式中　I_a——经过电刷输送给永磁有刷靴式直流电动机转子极靴绕组的电流，单位为 A；

N_a——转子绕组的总导体数，单位为匝，1 匝即为 1 圈；

$2a$——转子绕组并联支路数；

a——转子绕组并联支路对数；

D_a——转子外径，单位为 cm。

2）永磁无刷靴式直流电动机的转子磁极是永磁体磁极，定子极靴绕组的线负荷 A 表示定子外径（外转子式）或定子内径（内转子式）沿其圆周单位长度上容许的安培导体数。线负荷 A（A/cm）由式（4-64）给出，即

$$A = \frac{I_f N_f}{2a\pi D_f} \tag{4-64}$$

式中　I_f——永磁无刷靴式直流电动机定子极靴励磁电流，单位为 A；

N_f——定子极靴绕组总导体数，单位为圈；

$2a$——定子绕组并联支路数；

a——定子绕组并联支路对数；

D_f——外转子式为定子外径，内转子式为定子内径，单位为 cm。

永磁靴式直流电动机当其功率为 W 级时，线负荷 A 通常为 30～100A/cm；当其功率为 kW 级时，通常 A 为 100～300A/cm。大功率选大值，小功率选小值。

对于永磁有刷靴式直流电动机，若增大线负荷 A，则必须减小转子直径或增加转子电流 I_a 或增加转子绕组的总导体数 N_a。减小转子直径会使电动机体积变小从而减少电动机铁和钢的耗量；增加转子绕组电流 I_a 或增加转子绕组的总导体数 N_a 会增加电动机的铜损耗和铜耗量，会使电动机的温升提高。反之，若选择较小的线负荷 A，则可以使转子 D_a 增大，这会使电动机的体积变大，增加铁和钢的耗量；减小线负荷 A，可以减小转子绕组电流 I_a 或减小转子绕组的总导体数，这会减少铜耗量，减少铜损耗，可以降低电动机的温升。

对于永磁有刷靴式直流电动机线负荷的选择应合理、科学，各参数和电动机的尺寸应相互兼顾，相得益彰。

对于永磁无刷靴式直流电动机，若选择较大的线负荷 A，则必然使定子外径 D_f（外转子式）或定子内径 D_f（内转子式）变小，D_f 减小会使电动机的体积变小，会减小电动机的铁和钢的耗量；或增加定子绕组的电流 I_f 或增加定子绕组的总导体数 N_f，增加定子绕组的励磁电流或总导体数会增加电动机的铜耗量及铜损耗并且会使电动机温升提高。线负荷 A 选得小，要增加定子外径（外转子式）或增加定子内径 D_f（内转子式），必然会使电动体积变大，这会增加电动机铁和钢的耗量；减小定子绕组的励磁电流 I_f 或减少总导体数 N_f 会减少电动机的铜耗量及铜损耗，有利用于电动机散热，但会增加电动机的制造成本。

对于线负荷的选择应对各参数及尺寸相互兼顾，彼此照应。

（2）气隙磁感应强度 B_δ 的选择

永磁有刷靴式直流电动机的定子磁极是永磁体磁极，而永磁无刷靴式直流电动机的转子

磁极是永磁体磁极，在设计时，应充分利用永磁体磁极的磁感应强度。当永磁体的磁感应强度不足时应对永磁体磁极进行径向拼接，拼接时，在径向永磁体磁极应彼此离开 $1 \sim 2\text{mm}$，以免互相接触达不到提高磁感应强度的目的。

对于永磁有刷靴式直流电动机应使转子极靴的磁感应强度与定子永磁体磁极的气隙磁感应强度相等；对于永磁无刷靴式直流电动，应使其定子极靴的磁感应强度与转子永磁体磁极的气隙磁感应强度相等，达到充分利用永磁体磁能而减少电能消耗的节能目的。

1）当永磁体磁极为径向布置时，永磁体磁极的气隙磁感应强度 B_δ（T）为

$$B_\delta = K_\mathrm{m} \frac{B_\mathrm{r}}{\pi\sigma}\arctan\frac{a_\mathrm{m}b_\mathrm{m}}{2\delta\sqrt{4\delta^2 + a_\mathrm{m}^2 + b_\mathrm{m}^2}} \tag{4-65}$$

式中　K_m——永磁体端面系数，见表 2-1；

　　　B_r——永磁体标称的剩磁，单位为 T；

　　　σ——漏磁系数，通常 σ 取 $1.0 \sim 1.1$；

　　　a_m——矩形永磁体磁极的短边长，单位为 m 或 mm；

　　　b_m——矩形永磁体磁极的长边长，单位为 m 或 mm；

　　　δ——气隙长度，单位为 m 或 mm。

2）当永磁体磁极为切向布置时，永磁体磁极的气隙磁感应强度 B_δ（T）为

$$B_\delta = K_\mathrm{L}K_\mathrm{m} \frac{2B_\mathrm{r}}{\pi\sigma}\arctan\frac{a_\mathrm{m}b_\mathrm{m}}{2\delta\sqrt{4\delta^2 + a_\mathrm{m}^2 + b_\mathrm{m}^2}} \tag{4-66}$$

式中　K_m——永磁体磁极的端面系数，见表 2-1；

　　$2B_\mathrm{r}$——切向布置永磁体时，两个同性磁极共同贡献给一个磁，故为 $2B_\mathrm{r}$，B_r 为永磁体标称的剩磁，单位为 T；

　　　σ——漏磁系数，当有非磁性材料隔磁时，$\sigma = 1.4 \sim 1.6$；当无非磁性材料隔磁时，$\sigma = 1.8 \sim 2.2$；

　　　δ——气隙长度，单位为 m 或 mm；

　　　a_m——矩形永磁体磁极的短边长，单位为 m 或 mm；

　　　b_m——矩形永磁体磁极的长边长，单位为 m 或 mm；

　　　K_L——系数。

$$K_\mathrm{L} = \frac{a_\mathrm{m}}{b_\mathrm{p}}$$

式中　b_p——极弧长度，单位为 m 或 mm。

3）永磁靴式直流电动机每个极靴的气隙磁感应强度 B_m（T）为

$$B_\mathrm{m} = B_\delta \tag{4-67}$$

进而，每个极靴的磁通量 Φ_m（Wb）为

$$\begin{aligned}\Phi_\mathrm{m} &= B_\mathrm{m}a_\mathrm{p}'\tau L_\mathrm{ef} \\ &= B_\delta a_\mathrm{p}'\tau L_\mathrm{ef}\end{aligned} \tag{4-68}$$

式中　a_p'——极弧系数；

　　　τ——永磁靴式直流电动机的定子或转子极靴的极距，单位为 m 或 mm；

　　　L_ef——定子或转子极靴的有效长度，单位为 m 或 mm。

其中 $a_\mathrm{p}'\tau L_\mathrm{ef}$ 是定子或转子极靴的气隙面积 S_m（m^2 或 mm^2）为

$$S_{\mathrm{m}} = a'_{\mathrm{p}} \tau L_{\mathrm{ef}} \tag{4-69}$$

（3）永磁靴式直流电动机的发热系数

永磁靴式直流电动机的发热系数是衡量电动机在运行时的发热程度的标准，它是电动机电流密度与线负荷的乘积。因此，在设计永磁靴式直流电动机时要恰当地选择电流密度 j_{a}（A/mm²），电流密度 j_{a} 通常在 $3.0 \sim 7.5\mathrm{A/mm^2}$ 之间选取，连续运转的选小值，这是因为绕组的铜损耗 P_{Cu} 与电流的二次方成正比，连续运行电流密度大会发热严重。不连续运行的，可选大值。同时也应合理地选择线负荷 A，不可选得太大，否则会使发热系数增大。

永磁靴式直流电动机的发热系数 A_{j}（A/cm·A/mm²）由式（4-70）给出，即

$$A_{\mathrm{j}} = A j_{\mathrm{a}} \tag{4-70}$$

式中 A——永磁靴式直流电动机的线负荷，单位为 A/cm；

j_{a}——绕组的电流密度，单位为 A/mm²。

永磁靴式直流电动机的发热系数不仅与其线负荷 A 和电流密度 j_{a} 有关，还与电动机的冷却有关，也与电动机的功率有关。由于永磁靴式直流电动有刷的定子磁极为永磁体磁极，无刷的转子磁极为永磁体磁极，因而发热系数也必须考虑到温升对永磁体磁性能的影响。

永磁靴式直流电动机的发热系数 A_{j}，当电动机为 W 级时，通常取 $A_{\mathrm{j}} = 200 \sim 800\mathrm{A/cm \cdot A/mm^2}$；当电动机为 kW 级时，通常 $A_{\mathrm{j}} = 800 \sim 2400\mathrm{A/cm \cdot A/mm^2}$，轴向自扇风冷的取小值，大功率轴向和径向通风冷却的取大值。

（4）永磁靴式直流电动机的利用系数

在设计永磁靴式直流电动机时，往往用电动机的利用系数来检验电动机材料的利用程度。电动机利用系数是指电动机有效部分单位体积、单位同步转速或额定转数计算功率的多少，以表示永磁靴式直流电动机材料的利用程度。

永磁靴式直流电动机的利用系数 C（W·min/m³）由式（4-71）给出，即

$$C = \frac{S_{\mathrm{c}}}{D^2 L_{\mathrm{ef}} n} = 0.116 K_{\mathrm{dp}} A B_{\delta} \tag{4-71}$$

式中 D——永磁有刷靴式直流电动机定子极靴内径，永磁无刷靴式直流电动机外转子式为定子极靴外径、内转子式为定子极靴之内径，单位为 m；

L_{ef}——定子极靴或转子极靴的有效长度，单位为 m；

n——永磁靴式直流电动机的额定转速，单位为 r/min；

K_{dp}——永磁靴式直流电动机的基波绕组系数，设计时可取 $0.96 \sim 0.98$；

A——线负荷，单位为 A/cm；

B_{δ}——永磁靴式直流电动机的气隙磁感应强度，单位为 T；

S_{c}——永磁靴式直流电动机的计算功率，单位为 W。

永磁靴式直流电动机的计算功率 S_{c}（W）由式（4-72）给出，即

$$S_{\mathrm{c}} = I_{\mathrm{f}} U_{\mathrm{f}} + I_{\mathrm{a}} U_{\mathrm{a}} \tag{4-72}$$

式中 I_{f}——永磁靴式直流电动机定子极靴励磁绕组的励磁电流，单位为 A；

U_{f}——永磁靴式直流电动机定子极靴励磁绕组的励磁电压，单位为 V；

I_{a}——永磁靴式直流电动机转子极靴励磁绕组的励磁电流，单位为 A；

U_{a}——永磁靴式直流电动机转子极靴励磁绕组的励磁电压，单位为 V。

在永磁有刷靴式直流电动机中，定子极靴绕组的励磁功率 $I_{\mathrm{f}} U_{\mathrm{f}}$ 为永磁体磁极做功所取

代；在永磁无刷靴式直流电动机中，转子极靴绕组的励磁功率 $I_a U_a$ 为永磁体磁极做功所取代。故永磁有刷和无刷靴式直流电动机的计算功率分别为

1）永磁有刷靴式直流电动机的计算功率 S_c（W）为

$$S_c = I_a U_a \tag{4-73}$$

2）永磁无刷靴式直流电动机的计算功率 S_c（W）为

$$S_c = I_f U_f \tag{4-74}$$

4. 永磁靴式直流电动机主要尺寸的确定

1）初选永磁靴式直流电动机的转子外径可以参考相似的电动机的转子外径 D_2；也可以根据给定的转子转速初步确定转子外径 D_2。

$$v = \frac{\pi D_2 n_N}{60} \tag{4-75}$$

式中　v——永磁靴式直流电动机转子转动的线速度，单位为 m/s，对于微小型永磁靴式直流电动机 v 不超过 35m/s，对于中、大型永磁靴式直流电动机 v 不超过 55m/s，对于外转子永磁无刷靴式直流电动机转子线速度还应根据风扇的叶片扭曲及空气流量等综合性考虑；

n_N——永磁靴式直流电动机的额定转速，单位为 r/min；

D_2——永磁靴式直流电动机转子极靴或转子永磁体磁极的外径，单位为 m。

所以 D_2 为

$$D_2 = \frac{60v}{\pi n_N} \tag{4-76}$$

2）根据永磁有刷靴式直流电动机选定的线负荷 A 求出转子外径，由式（4-77）给出，即

$$A = \frac{I_a U_a}{2a\pi D_a} \tag{4-77}$$

$$D_a = D_2 = \frac{I_a U_a}{2\pi aA}$$

3）根据永磁无刷靴式直流电动机的线负荷 A 求出定子外径（外转子式）或定子内径（内转子式），由式（4-78）给出，即

$$A = \frac{I_f U_f}{2\pi a D_f}$$

$$D_{i1} = D_f = \frac{I_f U_f}{2\pi aA} \tag{4-78}$$

求出转子外径之后，定子外径或内径为

$$D_{i1} = D_2 + 2\delta \tag{4-79}$$

式中　δ——永磁靴式直流电动机的气隙长度，单位为 m。

或求出定子外径或内径 $D_{i1} = D_f$，则转子外径 D_2 为

$$D_2 = D_{i1} - 2\delta \tag{4-80}$$

永磁靴式直流电动机气隙长度 δ 的大小取决于电动机的功率和永磁体磁极的长度。通常微小功率 W 级永磁靴式直流电动机 $\delta = 0.4 \sim 0.8$mm；对于中、大功率 L_{ef} 比较长的永磁靴式

直流电动机通常取 $\delta = 0.8 \sim 1.5\text{mm}$。$\delta$ 选取要适当，δ 选择太小会增加加工和安装的困难，还会增大磁噪声；δ 选择太大会降低电动机功率。

4）永磁靴式直流电动机转子极靴（有刷）和定子极靴（无刷）的工作长度 L_{ef}，也是设计计算长度 L_{ef}（m）由式（4-81）给出，即

$$L_{\text{ef}} = \frac{6.1}{a'_{\text{p}} A B_{\delta} D} \frac{P}{n_{\text{N}}} \tag{4-81}$$

式中 　a'_{p}——计算极弧系数，通常取 $a'_{\text{p}} = 0.637 \sim 0.68$；

　　　A——永磁靴式直流电动机的线负荷，单位为 A/m；

　　　D——永磁靴式直流电动机的定子内径（有刷）或定子外径（无刷外转子），单位为 m；

　　　P——永磁靴式直流电动机计算功率，也是其输入功率，单位为 W；

　　　B_{δ}——永磁靴式直流电动机的气隙磁感应强度，单位为 T；

　　　n_{N}——永磁靴式直流电动机的额定转速，单位为 r/min。

永磁靴式直流电动机的计算功率 P（W）由式（4-82）给出，即

$$P = k \frac{P_{\text{N}}}{\eta} \tag{4-82}$$

式中 　P——永磁靴式直流电动机计算功率，也是电动机的输入功率，也可以由下式求得

$$P = I_{\text{f}} U_{\text{f}} + I_{\text{a}} U_{\text{a}}$$

　　　k——电动机功率系数，见表4-3；

　　　P_{N}——永磁靴式直流电动机的额定功率，单位为 W；

　　　η——永磁靴式直流电动机的效率，单位为%。

其中，$I_{\text{f}} U_{\text{f}}$ 为定子励磁功率，单位为 W；$I_{\text{a}} U_{\text{a}}$ 为转子励磁功率，单位为 W。对于永磁有刷靴式直流电动机，其定子磁极为永磁体磁极，其输入功率为 $P = I_{\text{a}} U_{\text{a}}$；对于永磁无刷靴式直流电动机，其转子磁极为永磁体磁极，其输入功率 $P = I_{\text{f}} U_{\text{f}}$。

表4-3　电动机的功率系数 k

永磁靴式直流电动机的额定功率	电动机功率系数 k
$P_{\text{N}} < 500\text{W}$	0.78 ~ 0.82
$50\text{kW} > P_{\text{N}} > 500\text{W}$	0.82 ~ 0.93
$P_{\text{N}} > 50\text{kW}$	0.93 ~ 0.97

当 L_{ef} 初步确定后，也可以利用电动机的尺寸比来校核。电动机的尺寸比由式（4-83）给出，即

$$\lambda = \frac{L_{\text{ef}}}{\tau} \tag{4-83}$$

式中 　λ——电动机的尺寸比；

　　　τ——永磁靴式直流电动机的极距，单位为 m。

永磁靴式直流电动机的尺寸比通常取 $\lambda = 0.6 \sim 1.2$。功率大取大值，功率小取小值。当 λ 超过 $0.6 \sim 1.2$ 时，应重新计算永磁靴式直流电动机的定子极靴外径（外转子式）或内径（有刷）及极靴的有效长度 L_{ef}。

5. 永磁靴式直流电动机的转速

永磁靴式直流电动机的转速与极数没有直接的数学关系。永磁靴式直流电动机的转数是由换向频率和电压决定的。对于永磁有刷靴式直流电动机，其转速由机械换向频率和直流电压决定，而且它的输出功率也随着电压的升高而增加。

永磁靴式直流电动机与常规交流电动机不同，交流电动机的交流电频率是固定的 50Hz，因此，交流电动机的极数与转速有 $P = 60f/n_N$ 的固定数学关系。当永磁靴式直流电动机的换向频率确定后，其极数也遵循 $P = 60f/n_N$ 的数学关系。

永磁靴式直流电动机多为微小型，通常以 2 极、4 极居多，很少有多极的。对于中、大型的永磁靴式直流电动机有 4 极以上的。

在气隙磁感应强度和转子直径不变的情况下，通过气隙的总磁通量 $2P\phi$ 是不变的，所以增加极数使每个极靴的磁通量减少。由于极数的增加，极靴和绕组数也增加，使制造和安装成本增加，但有利于散热。当换向频率确定后，增加极数会降低转速 n_N。

第十二节　永磁靴式直流电动机永磁体磁极及极靴绕组的设计

在有刷靴式直流电动机中，定子磁极为永磁体磁极，转子磁极是极靴下的绕组经机械换向器供给的直流电形成的；在永磁无刷靴式直流电动机中，转子磁极是永磁体磁极，定子磁极是定子极靴下的绕组经电子换向器供给的直流电形成的。在永磁靴式直流电动中，转子磁极与定子磁极的相互作用使转子转动，将电能转变成机械能。

1. 极靴的形状及其尺寸的确定

（1）极靴的弧长

为了减少极靴磁极表面的附加损耗，对于微小型永磁靴式直流电动机的极靴铁心通常采用 0.5mm 厚的硅钢片整体冲压后叠成。极靴形状如图 4-23 所示，极靴弧长由式（4-84）给出，即

$$b_p = a'_p \tau \quad (4-84)$$

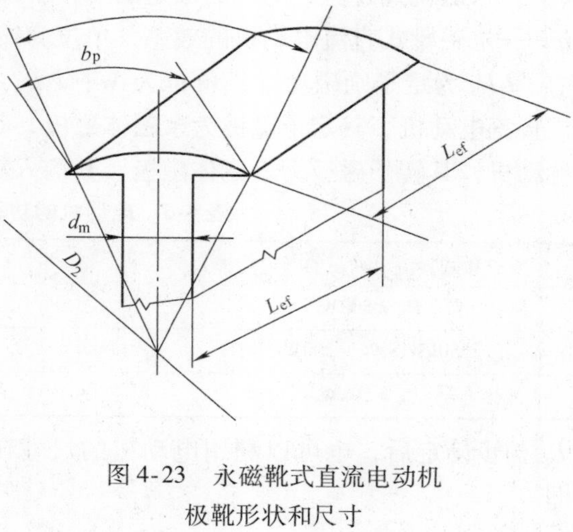

图 4-23　永磁靴式直流电动机极靴形状和尺寸

式中　b_p——极靴的极弧长度，单位为 m 或 mm；

a'_p——极弧系数，通常取 $a'_p = 0.637 \sim 0.68$；

τ——极靴的极距，单位为 m 或 mm。

极距 τ 由式（4-85）给出，即

$$\tau = \frac{\pi D}{2p} \quad (4-85)$$

式中　D——对于有刷永磁靴式直流电动机，D 为转子极靴外径 D_2；对于永磁无刷靴式直流电动机，D 为极靴定子内径（内转子）或外径（外转子式）D_{i1}；

$2p$——极数。

（2）极靴尺寸

1）极靴的极身宽为 d_m，要根据整个极靴的极身的磁感应强度是否达到饱和和每极绕组的导体数 N_S 来确定极靴极身的宽度 b_m。

极靴极身宽度 d_m 由式（4-86）给出，即

$$d_m = \frac{\phi\sigma}{0.95 B_m L_{ef}} \tag{4-86}$$

式中 d_m——极靴的极身宽，单位为 m 或 mm；

σ——极靴及极身的漏磁系数，通常 $\sigma = 1.5 \sim 1.20$。

2）极靴的长度 L_{ef}（m 或 mm）为

$$L_{ef} = \frac{6.1}{a'_p A B_\delta D} \frac{P}{n_N} \tag{4-87}$$

2. 极靴的每极磁通及气隙磁感应强度和极身的磁感应强度 B_m

1）当永磁体磁极为径向布置时，极靴每极的气隙磁感应强度 B_δ（T）为

$$B_\delta = K_m \frac{B_r}{\pi\sigma} \arctan \frac{a_m b_m}{2\delta \sqrt{4\delta^2 + a_m^2 + b_m^2}}$$

当永磁体磁极为切向布置时，极靴的气隙磁感应强度 B_δ（T）为

$$B_\delta = K_L K_m \frac{2B_r}{\pi\sigma} \arctan \frac{a_m b_m}{2\delta \sqrt{4\delta + a_m^2 + b_m^2}}$$

2）极靴的每极磁通 ϕ（Wb）可以由式（4-88）求得

$$\phi = B_\delta S_{m1} = B_m S_{m2} \tag{4-88}$$

式中 S_{m1}——极靴的弧形面积，单位为 m^2 或 mm^2；

S_{m2}——极靴的极身面积，单位为 m^2 或 mm^2。

3）极靴极身磁感应强度 B_m（T）为

$$B_m S_{m2} = B_\delta S_{m1}$$

$$B_m = \frac{B_\delta S_{m1}}{S_{m2}} \tag{4-89}$$

极靴的弧形面积 S_{m1}（m^2 或 mm^2）为

$$S_{m1} = b_p L_{ef} \tag{4-90}$$

极靴的极身面积 S_{m2}（m^2 或 mm^2）为

$$S_{m2} = d_m L_{ef} \tag{4-91}$$

故式（4-89）又可写成

$$B_m = \frac{B_\delta \cdot b_p \cdot L_{ef}}{d_m \cdot L_{ef}} = B_\delta \cdot \frac{b_p}{d_m} \tag{4-92}$$

式中 b_p——极弧长度，单位为 m 或 mm；

d_m——极靴的极身宽度，单位为 m 或 mm。

3. 永磁靴式直流电动机极靴绕组的设计

1）用永磁有刷靴式直流电动机的线负荷计算出电动机的总导体数 N_a，由式（4-63）得

$$N_a = \frac{2a\pi D_a A}{I_a} \tag{4-93}$$

每个极靴绕组的导体数 N_S 为

$$N_S = \frac{N_a}{2aK}$$

$$= \frac{2a\pi D_a A}{2aI_a} = \frac{\pi D_a A}{I_a} \tag{4-94}$$

式中　D_a——永磁有刷靴式直流电动机转子直径，单位为 m 或 cm，$D_a = D_2$；

　　　A——永磁有刷靴式直流电动机的线负荷，单位为 A/cm；

　　　$2a$——永磁有刷靴式直流电动机极靴绕组并联支路数；

　　　I_a——永磁有刷靴式直流电动机绕组的总电流，单位为 A。

2）用永磁无刷靴式直流电动机的线负荷计算出电动机的总导体数 N_a，由式（4-64）得

$$N_f = \frac{2a\pi D_f A}{I_f} \tag{4-95}$$

每个极靴绕组的导体数 N_S 为

$$N_S = \frac{N_f}{2a}$$

$$= \frac{2a\pi D_f A}{2aI_f} = \frac{\pi D_f A}{I_f} \tag{4-96}$$

式中　D_f——永磁无刷靴式直流电动机的定子直径，单位为 m 或 cm，$D_f = D_{i1}$；

　　　A——永磁无刷靴式直流电动机的线负荷，单位为 A/cm；

　　　$2a$——永磁无刷靴式直流电动机极靴绕组并联支路数；

　　　I_f——永磁无刷靴式直流电动机绕组的总电流，单位为 A。

4. 永磁靴式直流电动机绕组线径

1）对于永磁无刷靴式直流电动机定子极靴绕组线径 d_f（mm）由式（4-97）给出，即

$$d_f = \sqrt{\frac{4I_f}{\pi j_a} \frac{1}{2a}} \tag{4-97}$$

式中　I_f——永磁无刷靴式直流电动机定子极靴绕组的总电流，单位为 A；

　　j_a——电流密度，单位为 A/mm^2；

　　$2a$——定子绕组并联支路数。

2）对于永磁有刷靴式直流电动机转子极靴绕组线径 d_a（mm）由式（4-98）给出，即

$$d_a = \sqrt{\frac{4I_a}{2a\pi j_a}} \tag{4-98}$$

式中　I_a——永磁有刷靴式直流电动机转子极靴绕组的总电流，单位为 A；

　　j_a——电流密度，单位为 A/mm^2；

　　$2a$——转子极靴绕组并联支路数。

3）求得导线直径之后，查表 4-1 常用漆包圆铜线数据表，查漆包线最大直径 d 及按第四节中的计算出绕组的长度、用导线量及电阻。

第五章

永磁有刷有槽
直流电动机

　　永磁有刷有槽直流电动机的结构简单、体积小、重量轻、效率高、温升低，具有良好的起动性和稳定运行特性，因而被广泛地应用在航天、航空、舰船、汽车自动控制、医疗器械、工业等诸多领域。比如，现代轿车的座位调整和车窗的升降等都用微、小型永磁有刷有槽直流电动机。kW级的永磁有刷有槽直流电动机被广泛地应用在工业生产的机械拖动中，如PLC控制的汽车密封件生产中的密封件挤出、轧钢厂的连轧机等都使用了永磁有刷有槽直流电动机。

第一节　永磁有刷有槽直流电动机的结构、起动、反转和转动机理

　　永磁有刷有槽直流电动机主要由机壳、定子、转子、机械换向器、轴、前后端盖、轴承等组成。定子由机壳及机壳内圆镶嵌或粘贴永磁体磁极构成，如图5-1所示。

1. 永磁有刷有槽直流电动机的结构

　　1）机壳是支撑整个电动机重量的部件，并且永磁体磁极就镶嵌或粘贴在机壳内圆壁上而构成电动机的定子。机壳也是定子永磁体磁极的磁路的磁导体。

　　W级微、小型永磁有刷有槽直流电动机的机壳多为低碳钢板冲压拉伸成型，前端盖又是电动机的固定座。对于kW级永磁有刷有槽直流电动机的机壳和前后端盖可以用铸铁铸成或低碳钢片焊接而成。

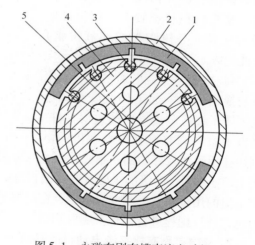

图5-1　永磁有刷有槽直流电动机
结构示意图
1—定子永磁体磁极　2—机壳　3—转子绕组
4—转子铁心　5—轴

　　2）永磁有刷有槽直流电动机的转子为了减少附加损耗，转子铁心采用0.5～1.0mm的硅钢片冲压成并叠在一起组成转子铁心，在转子铁心硅钢片上冲有转子槽，转子槽型如图5-2所示。

　　转子槽内嵌有转子绕组，绕组形式有多种。

　　转子绕组连接机械换向器，由机械换向器不断地、有规律地改变转子绕组的电流方向，

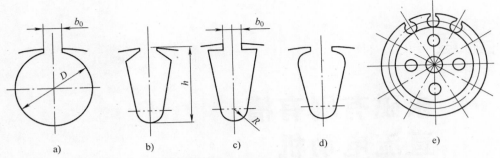

图 5-2　永磁有刷有槽直流电动机转子铁心的转子槽型和转子铁心

a）圆形槽　b）斜肩梨形　c）三角形　d）梨形　e）转子铁心

从而变换绕组磁极的极性，使其与定子永磁体磁极相互作用使电动机的转子转动。

　　3）机械换向器的结构有多种形式，图5-3所示为其中的一种。玻璃纤维酚醛树脂（或环氧树脂）将换向铜头与后 V 形钢座和前 V 形钢座粘接在一起并起到绝缘作用，同时与转子轴套过盈配合后将两个 V 形钢座用卡簧（档圈）限位，整体再过盈安装在转子轴上。铜头径向用云母或酚醛树脂（或环氧树脂）彼此绝缘。

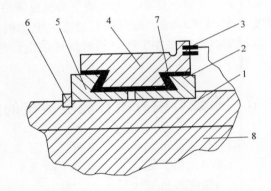

图 5-3　机械换向器铜头

1—转子轴套　2—后 V 形钢座　3—转子绕组端线卡紧在换向铜头上　4—换向铜头　5—前 V 形钢座　6—卡簧　7—玻璃纤维酚醛树脂（既固定换向铜头，又做绝缘层）　8—转子轴

　　4）电刷是直流电通往转子绕组并与换向铜头一起工作改变直流电进入转子绕组电流方向的重要部件。微型永磁有刷有槽直流电动机的电刷往往用弹性较好的铜片制成并用绝缘板固定在机壳上，以铜片自身的弹性压在换向器的铜头上。小型及 kW 级的永磁有刷有槽直流电动机的电刷，高转速的用电化石墨制成，低转速大电流的用金属石墨制成。电刷装在刷握里被压力弹簧压在换向器的铜头上，压力弹簧的压力可以通过螺栓进行调整。刷握和刷架固定在绝缘板上再固定在机壳上。

2. 永磁有刷有槽直流电动机的起动

　　永磁有刷有槽直流电动机的定子磁极是永磁体磁极，而其转子磁极是在转子槽内嵌入绕组输入通过换向器的交变的直流电形成的。当转子未转动时，转子绕组内的反电动势为零，所以起动时，转子绕组的电流很大，转子会立刻以很高的转矩转动，会造成转子的很大冲击。微、小型永磁有刷有槽直流电动机由于转子绕组励磁电流小，往往可以直接起动。对于 kW 级的，由于功率大，起动电流会达到额定电流的 10 ~ 20 倍，为此，常在电源与换向器之间安装一个供起动用的可变电阻。未起动时将可变电阻调到最大值，起动时使起动电流为额定电流的 1.5 ~ 2.5 倍，当电动机起动后，可将可变电阻调到 0。这种起动方式称作降压起动。

3. 永磁有刷有槽直流电动机的反转

永磁有刷有槽直流电动机的定子磁极是永磁体磁极，其极性不会改变。只有改变转子绕组的极性才会使电动机反转，这需要将直流电源接到电刷的极性改变，即原来接电源正极的电刷接到电源的负极上，将原来接电源负极的电刷接到电源的正极上，电动机就会反转。

电动机反转时，也应采取降压起动方式。

4. 永磁有刷有槽直流电动机的转动机理

永磁有刷有槽直流电动机的定子磁极是永磁体磁极，转子铁心有槽，槽可为偶数，亦可为奇数。为了起动方便和减少谐波附加损耗，转子槽与转子轴线可以成一定斜角。转子槽内按一定绕组形式嵌入绕组。当电动机运行时，机械换向器的电刷和换向铜头不断地改变转子绕组的电流方向，使转子绕组的电流磁场的磁力与定子永磁体磁极的磁力相互作用，从而使转子转动，转子轴对外输出转矩做功，将输入电动机的直流电能转变成机械能。

图 5-4 所示为两极 8 槽永磁有刷有槽直流电动机转子转动机理示意图。

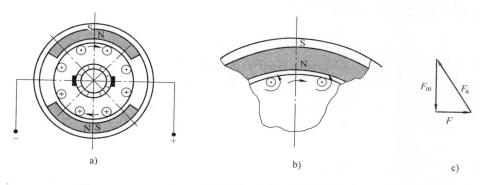

图 5-4 两极 8 槽永磁有刷有槽直流电动机转子转动机理示意图
a）转动机理 b）磁场相互作用 c）磁力合力

在磁场中的载流导体会受到磁场力的作用而移动，可以用左手定则来判断载流导体的运动方向。在图 5-4 中，接近定子永磁体 N 极的转子绕组的导体的电流方向从纸面流出，用左手定则判定转子按顺时针转动；接近定子永磁体 S 极的转子绕组的导体的电流方向是进入纸面，用左手定则判定转子按顺时针方向转动。

当转子转到换向位置时，换向器中的电刷和转子上的换向铜头将直流电的方向改变，电流进入纸面改为从纸面流出，从纸面流出的变为进入纸面，转子就不停地按着顺时针方向转动。

转子槽内的绕组即为载流导体，在定子永磁体磁场中的载流导体会移动的实质是什么？导体通以直流电时，在导体周围就会有不变的绕着导体的环形磁场；当给导体通以交流电时，在导体周围就会有交变的绕着导体的环形磁场。载流导体形成的磁场方向可以用右手定则来判定。图 5-4b 所示为接近定子永磁体 N 极的转子铁心内的绕组导体电流从纸面流出时的导体环形磁场的方向。图 5-4c 所示定子永磁体的磁力 F_m 和转子绕组导体磁场的磁力 F_a 及它们的合力 F 是使转子顺时针转动的力。

同理，接近永磁体 S 极的转子绕组的磁力与永磁体磁极的磁力的合力使转子顺时针转动。

永磁有刷有槽直流电动机转子转动的机理是定子永磁体磁极的磁力与转子绕组导体所形

成的磁场的磁力相互作用使其转子转动。

第二节 永磁有刷有槽直流电动机的反电动势和转矩、转速和调速

1. 永磁有刷有槽直流电动机的反电动势

在永磁有刷有槽直流电动机中，定子励磁磁极是永磁体磁极，定子永磁体磁极的气隙磁感应强度是不变的，而转子磁极则是通过电刷和换向铜头给转子绕组提供电流方向按换向频率变化的电流。在电动机未转动时，转子绕组没有切割定子永磁体磁极的磁通，在转子绕组中不会产生反电动势；当转子转动时，定子永磁体磁极的磁通切割转子绕组，在转子绕组产生反电动势。转子绕组的反电动势方向由定子永磁体磁极的磁通方向和转子旋转的方向来决定。两者之中，任何一个方向改变，反电动势的方向也随之改变。在永磁有刷有槽直流电动机中，反电动势的方向与转子（电枢）电流的方向相反。

永磁有刷有槽直流电动机的反电动势 $E(\mathrm{V})$ 由式（5-1）给出，即

$$E = \frac{pN}{60a}n\Phi \tag{5-1}$$

式中　p——永磁有刷有槽直流电动机的定子永磁体磁极的极对数；

　　　N——永磁有刷有槽直流电动机转子绕组的总导体数；

　　　a——转子绕组并联支路对数；

　　　n——转子转速，单位为 r/min；

　　　Φ——每极磁通，单位为 Wb。

每极磁通 $\Phi(\mathrm{Wb})$ 可以由式（5-2）求得，即

$$\Phi = B_\delta S_\mathrm{m} \tag{5-2}$$

式中　B_δ——气隙磁感应强度，单位为 T；

　　　S_m——定子永磁体的磁极面积，单位为 m^2 或 mm^2。

定子永磁体磁极面积 S_m（m^2 或 mm^2）为

$$S_\mathrm{m} = b_\mathrm{p} L_\mathrm{ef} \tag{5-3}$$

式中　b_p——永磁体磁极的弧长，单位为 m 或 mm；

　　　L_ef——永磁体磁极的有效长度，单位为 m 或 mm。

当定子永磁体磁极为径向布置时，气隙磁感应强度 $B_\delta(\mathrm{T})$ 为

$$B_\delta = K_\mathrm{m} \frac{B_\mathrm{r}}{\pi\sigma} \arctan \frac{a_\mathrm{m} b_\mathrm{m}}{2\delta \sqrt{4\delta^2 + a_\mathrm{m}^2 + b_\mathrm{m}^2}} \tag{5-4}$$

当定子永磁体磁极为切向布置时，气隙磁感应强度 B_δ（T）为

$$B_\delta = K_\mathrm{L} K_\mathrm{m} \frac{2B_\mathrm{r}}{\pi\sigma} \arctan \frac{a_\mathrm{m} b_\mathrm{m}}{2\delta \sqrt{4\delta^2 + a_\mathrm{m}^2 + b_\mathrm{m}^2}} \tag{5-5}$$

式中　K_m——矩形永磁体磁极面的端面系数，见表 2-1；

　　　σ——漏磁系数，永磁体磁极径向布置时，$\sigma = 1.0 \sim 1.1$；永磁体磁极为切向布置，且有非磁性材有效隔磁时 $\sigma = 1.4 \sim 1.6$，无非磁性材料隔磁时 $\sigma = 1.8 \sim 2.2$；

　　　a_m——矩形永磁体矩形极面的短边长，单位为 m 或 mm，在永磁有刷有槽直流电动机中，即为极弧长度 b_p，当极弧长 b_p 较长时会使永磁体中心的磁感应强度比周

边的磁感应强度低，这是由于永磁体的趋肤效应，应对永磁体磁极进行径向拼接，拼接的几块永磁体不能彼此接触，应彼此离开 1～2mm。

b_m——矩形永磁体矩形极面的长边长，单位为 m 或 mm。在永磁有刷有槽直流电动机中，$b_m = L_{ef}$；

δ——永磁有刷有槽直流电动机的气隙长度，单位为 m 或 mm；

K_L——系数，$K_L = \dfrac{a_m}{b_p}$。

永磁有刷有槽直流电动机的反电动势也可由式（5-6）给出，即

$$U_a = E + R_a I_a + \Delta U_b \qquad E = U_a - R_a I_a - \Delta U_b \tag{5-6}$$

或者可以由式（5-7）给出

$$U_a = E + I_a(R_a + R_b) \qquad E = U_a - I_a(R_a + R_b) \tag{5-7}$$

式中 U_a——转子绕组电路中外加直流电源电压，单位为 V；

E——永磁有刷有槽直流电动机的反电动势，单位为 V；

R_a——转子绕组的电阻，单位为 Ω；

R_b——电刷与换向铜头接触电阻，单位为 Ω；

I_a——绕组的电流，单位为 A；

ΔU_b——电刷与换向铜头接触电压降，单位为 V，ΔU_b 通常取 0.5～2V，电压高取大值，电压低取小值。

2. 永磁有刷有槽直流电动机的电磁转矩

在永磁有刷有槽直流电动机中，电磁转矩是由转子绕组电流磁场的磁力与定子永磁体磁极的磁力相互作用而形成的。电磁转矩使转子转动对外输出转矩，将电能转换成机械能。

电磁转矩的方向由定子永磁体磁通 Φ 和转子绕组电流 I_a 的方向来决定的，由于永磁体磁极的磁通 Φ 的方向是固定的，因此改变转子电流 I_a 的方向就改变了电磁转矩的方向。

在永磁有刷有槽直流电动机中，电磁转矩的方向与转子旋转的方向相同。

永磁有刷有槽直流电动机的电磁转矩 $M(\mathrm{N \cdot m})$ 由式（5-8）给出，即

$$M = \frac{pN}{2a\pi} \Phi I_a \tag{5-8}$$

式中 p——永磁有刷有槽直流电动机定子永磁体的极对数；

N——转子绕组的总导体数；

$2a$——转子绕组通电的支路数；

Φ——定子永磁体一个磁极的磁通量，单位为 Wb；

I_a——直流电源供给转子绕组的电流，单位为 A；

a——转子绕组通电的支路对数。

计算举例

一台永磁有刷有槽直流电动机，转子绕组总导体数 $N = 1400$，在电刷与换向铜头将转子绕组接成两条并联支路，即并联支路对数 $a = 1$。定子永磁体磁极为 $2p = 2$，每个磁极的磁通量 Φ 为 0.002Wb，当额定电流为 8A 时，电动机的电磁转矩为多少？

$$M = \frac{pN}{2a\pi} \Phi I_a$$

$$= \frac{1 \times 1400}{2 \times 1 \times \pi} \times 0.002 \times 8\text{N} \cdot \text{m} \approx 3.565\text{N} \cdot \text{m}$$

3. 永磁有刷有槽直流电动机转矩的变化

永磁有刷有槽直流电动机的转矩是定子永磁体磁极的磁力与转子绕组通以电流 I_a 所形成的磁力相互作用产生的，并对外输出转矩 M 拖动外负载转矩 M_L。

在永磁有刷有槽直流电动机中，仅在电磁转矩 M 与负载转矩 M_L 大小相等的工况下，电动机才能以恒定的额定转速转动。当负载转矩增大，即 $M_L > M$ 时，电动机的转速必然下降，从式（5-1）可以看到，转速 n 下降，反电动势必然减小。又从式（5-7）可以看到，反电动势减小，转子绕组的电流 I_a 必然增大才能使电动机的电磁转矩 M 增大，直到电动机的电磁转矩 M 与负载转矩 M_L 相等为止。这样永磁有刷有槽直流电动机才能在一个新的比原来转速低比原来转子绕组电流大比原来转矩大的工况下得到稳定运行。

由于永磁有刷有槽直流电动机定子永磁体磁极的气隙磁感应强度 B_δ 是不变的，转子绕组电流 I_a 在外负载转矩增大时增加也很有限，因而电动机转速下降很有限。

当外负载转矩 M_L 减小，即 $M_L < M$ 时，则电动机转速必然上升，从式（5-1）可以看出，电动机转速上升则其反电动势必然增加，又从式（5-7）可以看出，电动机反电动势增加则转子绕组电流 I_a 必然减小，使得电动机的电磁转矩也随之减小。当达到 $M = M_L$ 时，永磁有刷有槽直流电动机又在一个比原来高的转速 n 和比原来转子绕组电流低的及比原来输出转矩低的工况下达到稳定运行。永磁有刷有槽直流电动机的转子绕组的电流大小是由外负载转矩的大小决定的，但这种波动不大。

图 5-5 所示为永磁有刷有槽直流电动机转速随负载转矩变化的曲线。永磁有刷有槽直流电动机的这种转速随外负载转矩变化而转速变化不大的特性称作电动机的硬特性。

4. 永磁有刷有槽直流电动机的转速和调速

由式（5-1）、式（5-7）、式（5-8）可以推导出永磁有刷有槽直流电动机的转速 n（r/min）为

$$n = \frac{U_a}{C_e \Phi} - \frac{(R_a + R_b)M}{C_e C_m \Phi^2} \qquad (5\text{-}9)$$

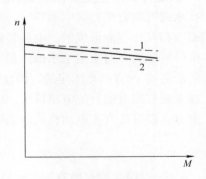

图 5-5　永磁有刷有槽直流电动机，随着外负载转矩的增加，转速略有下降
1—转矩为额定转矩
2—外负载转矩增加，转速略有下降

式中　U_a——加在永磁有刷有槽直流电动机电刷之间的直流电压，单位为 V；

　　　Φ——每极磁通，单位为 Wb；

　　　R_a——转子绕组并联支路数为 a 时的电阻，单位为 Ω；

　　　R_b——电刷与换向铜头之间的接触电阻，单位为 Ω；

　　　M——永磁有刷有槽直流电动机的转矩，单位为 N·m；

　　　C_e——电动机反电势系数，$C_e = \dfrac{PN}{60a}$，与电动机结构有关；

　　　C_m——电动机电磁转矩系数，$C_m = \dfrac{PN}{2a\pi}$，决定了电动机结构。

P——永磁有刷有槽直流电动机的极对数；

N——电动机转子绕组的总导体数；

a——电动机转子绕组并联支路对数。

式（5-9）中，$\dfrac{U_a}{C_e\Phi}$ 为永磁有刷有槽直流电动机空载转数 n_o，$\dfrac{(R_a+R_b)M}{C_eC_m\Phi^2}$ 是电动机有载时的速度降落，用 Δn 表示。很明显，永磁有刷有槽直流电动机的速度降落与负载转矩 M_L 成正比，如图 5-5 所示。

永磁有刷有槽直流电动机的转速 $n(\mathrm{r/min})$ 又可以表达为

$$n = n_o - \Delta n \qquad (5\text{-}10)$$

在永磁有刷有槽直流电动机中，当外负载转矩不变时，电动机的电磁转矩是一个恒定值。当电动机额定运行时，电磁转矩为额定转矩。当电动机转子绕组电压不同时输出的转矩也不同，如图 5-6 所示。永磁有刷有槽直流电动机可以通过调整转子绕组的电压进行调速。

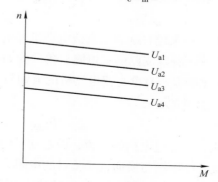

图 5-6 永磁有刷有槽直流电动机在电刷之间加不同的电压 U_{a1}、U_{a2}、U_{a3}、U_{a4} 时的机械特性。这 4 条直线的斜率相同，空载转速不同，转矩不同，但机械特性相同

第三节 永磁有刷有槽直流电动机的功率和效率

永磁有刷有槽直流电动机的输入功率是额定输出功率与各种损耗之和。损耗功率包括转子绕组的铜损耗、转子铁心的铁损耗、轴承的摩擦损耗及风阻损耗等。永磁有刷有槽直流电动机的效率是其输出功率与输入功率的百分比。

1. 永磁有刷有槽直流电动机的额定输出功率

通常永磁有刷有槽直流电动机的额定功率是给定的。当知道永磁有刷有槽直流电动机的额定转速 n_N 及额定转矩 M_N 时，额定功率 P_N（W）包括定子永磁体对外做的功可由式（5-11）给出，即

$$P_N = M_N\omega = \frac{2\pi}{60}n_N M_N \qquad (5\text{-}11)$$

式中 M_N——永磁有刷有槽直流电动机的额定输出转矩，单位为 N·m；

ω——永磁有刷有槽直流电动机转子旋转的角速度，单位为 rad/s；

n_N——永磁有刷直流电动机的额定转速，单位为 r/min。

2. 永磁有刷有槽直流电动机的输入功率

永磁有刷有槽直流电动机的输入功率是其电源供给转子绕组的励磁功率 U_aI_a 与电动机各种损耗之和，其输入功率 P_1（W）由式（5-12）给出，即

$$P_1 = U_aI_a = P_N - U_fI_f + P_{aCu} + P_{aFe} + P_{fw} + P_{aCub} + P_{afb} \qquad (5\text{-}12)$$

式中 P_{aCu}——永磁有刷有槽直流电动机转子绕组的铜损耗，单位为 W；

P_{aFe}——永磁有刷有槽直流电动机转子铁心的铁损耗，单位为 W；

P_{fw}——永磁有刷有槽直流电动机轴承摩擦损耗和风阻损耗，单位为 W；

P_{aCub}——永磁有刷有槽直流电动机电刷和换向铜头的铜损耗，单位为 W；

P_{afb}——电刷与换向铜头之间的摩擦损耗，单位为 W。

（1）永磁有刷有槽直流电动机的铜损耗、电刷损耗

1）永磁有刷有槽直流电动机转子绕组的铜损耗 P_{aCu}（W）由式（5-13）给出，即

$$P_{aCu} = I_a^2 R_a \tag{5-13}$$

式中　I_a——永磁有刷有槽直流电动机经电刷输入的电流，即总电流，单位为 A；

R_a——并联支路的总电阻，单位为 Ω。

2）永磁有刷有槽直流电动机的电刷与铜头接触，有电压降，也有电阻 R_b，因此，其铜损耗 P_{aCub}（W）为

$$P_{aCub} = 2I_a^2 R_b = 2I_a \Delta U_b \tag{5-14}$$

式中　I_a——经过电刷的电流，即电动机的总电流，单位为 A；

R_b——电刷与换向铜头接触的电阻，单位为 Ω；

ΔU_b——电刷与换向铜头接触的电压降，单位为 V。通常金属石墨电刷的电压降为 0.3V；电刷为碳石墨、电化石墨的电压降为 1～3V，电压高选大值。

3）永磁有刷有槽直流电动机的电刷与铜头之间的摩擦损耗 P_{afb}（W）为

$$P_{afb} = 2\mu_b P_b v_b S_b \tag{5-15}$$

式中　μ_b——电刷与换向铜头之间的摩擦系数，通常取 $\mu_b = 0.2 \sim 0.3$；

P_b——电刷的弹簧压力，通常取 $P_b = 2 \times 10^4 Pa$；

S_b——一个电刷与换向铜头的接触面积，即电刷的工作面积，单位为 m^2；

v_b——换向铜头的圆周速度，单位为 m/s。

（2）永磁有刷有槽直流电动机的铁损耗

永磁有刷有槽直流电动机在运行时，在转子铁心中会产生感应电流，这个感应电流称作涡流，由涡流产生的损耗称作涡流损耗。转子用硅钢片做铁心就是为了减小涡流损耗。同时在转子铁心中还存在由于磁场的变化引起的磁滞损耗。转子铁心中的涡流损耗和磁滞损耗统称为转子铁心的铁损耗。

1）为了统一转子铁心的涡流损耗和磁滞损耗，根据经验，转子铁心的铁损耗系数可以简化成式（5-16），即

$$p_{he} = P_{10/50} B^2 \left(\frac{f}{50}\right)^{1.3} \tag{5-16}$$

式中　p_{he}——转子铁心的铁损耗系数，单位为 W/kg；

$P_{10/50}$——磁感应强度 1.0T，电流频率 50Hz 时硅钢片单位重量的铁损值，单位为 W/kg，在设计时应根据选用的硅钢片查附录表中硅钢片的铁损值代入；

B——转子铁心中的磁通密度，单位为 T，当计算转子铁心的转子齿铁损系数 p_{het} 时，B 为转子齿磁感应强度 B_t；当计算转子轭铁损系数 p_{hej} 时，B 为转子轭磁感应强度 B_j；

f——永磁有刷有槽直流电动机的换向频率，即直流电变成交流电的频率，单位为 Hz。

2）永磁有刷有槽直流电动机的转子齿的铁损系数 p_{het}（W/kg）为

$$p_{\text{het}} = P_{10/50}B_{\text{t}}\left(\frac{f}{50}\right)^{1.3} \tag{5-17}$$

式中　B_{t}——转子齿的磁感应强度，单位为 T。

3）永磁有刷有槽直流电动机转子轭的铁损系数 p_{hej}（W/kg）为

$$p_{\text{hej}} = P_{10/50}B_{\text{j}}\left(\frac{f}{50}\right)^{1.3} \tag{5-18}$$

式中　B_{j}——转子轭的磁感应强度，单位为 T。

4）永磁有刷有槽直流电动机转子齿的铁损耗 P_{Fet}（W）为

$$P_{\text{Fet}} = K_{\text{d}}p_{\text{het}}G_{\text{Fet}} \tag{5-19}$$

式中　G_{Fet}——转子齿重，单位为 kg；

　　　K_{d}——经验系数，通常取 $K_{\text{d}} = 1.3 \sim 2$，大功率取小值，小功率取大值。

5）永磁有刷有槽直流电动机转子轭的铁损耗 P_{Fej}（W）为

$$P_{\text{Fej}} = K'_{\text{d}}p_{\text{hej}}G_{\text{Fej}} \tag{5-20}$$

式中　G_{Fej}——转子轭重，单位为 kg；

　　　K'_{d}——经验系数，通常 $K'_{\text{d}} = 1.2 \sim 1.5$，大功率取小值，小功率取大值。

6）永磁有刷有槽直流电动机转子铁心铁损耗是转子铁心转子齿的铁损耗和转子轭的铁损耗之和，铁损耗 P_{aFe}（W）为

$$\begin{aligned}P_{\text{aFe}} &= P_{\text{Fet}} + P_{\text{Fej}} \\ &= K_{\text{d}}p_{\text{het}}G_{\text{Fet}} + K'_{\text{d}}p_{\text{hej}}G_{\text{Fej}}\end{aligned} \tag{5-21}$$

（3）永磁有刷有槽直流电动机的机械损耗

永磁有刷有槽直流电动机的机械损耗包括轴承的摩擦损耗、自扇风冷损耗和转子旋转的风阻损耗等。机械损耗很难准确地计算，在设计中，可以用下面的经验公式初步进行计算。

1）轴承的摩擦损耗 P_{f}（W）可按式（5-22）求得，即

$$P_{\text{f}} = 0.15\frac{F}{d}v \times 10^{-2} \tag{5-22}$$

式中　F——滚动轴承的载荷，单位为 N；

　　　d——滚动轴承的滚珠中心或滚柱中心至转子转动中心的直径，单位为 m；

　　　v——滚珠或滚柱中心的圆周速度，单位为 m/s。

2）永磁有刷有槽直流电动自扇风冷与轴承摩擦损耗合并计算如下：

$$P_{\text{fw}} = 8 \times 2p\left(\frac{v}{40}\right)^{3}\sqrt{\frac{L_{\text{ef}}}{19}} \tag{5-23}$$

式中　P_{fw}——永磁有刷有槽直流电动机的机械损耗，单位为 W；

　　　v——转子旋转的圆周速度，单位为 m/s；

　　　L_{ef}——转子铁心总长度，单位为 m。

3. 永磁有刷有槽直流电动机的效率

永磁有刷有槽直流电动机的效率通常为额定功率与输出功率的百分比。在这种通常的计算中，没有将定子永磁体磁极做功计算在内，这也不是永磁有刷有槽直流电动机的真实效率。

通常永磁有刷有槽直流电动机的效率 η（%）由式（5-24）给出，即

$$\eta = \frac{P_N}{P_1} \times 100\%$$

$$= \frac{P_N}{P_N - U_f I_f + P_{aCu} + P_{aFe} + P_{aCub} + P_{afb} + P_{fw}} \times 100\% = \frac{P_N}{U_a I_a} \times 100\% \quad (5-24)$$

4. 永磁有刷有槽直流电动机的节能

永磁有刷有槽直流电动机的定子励磁是永磁体磁极，与常规定子电励磁的有刷有槽直流电动机相比，省去了电励磁的定子绕组的励磁功率。与同功率定子绕组电励磁的有刷有槽直流电动机相比，永磁有刷有槽直流电动机可以节能为

$$P = U_f I_f \quad (5-25)$$

式中　　P——节能量，单位为 W；

　　　　U_f——定子励磁电压，当并励时 $U_f = U_a$，单位为 V；

　　　　I_f——定子励磁电流，单位为 A。

第四节　永磁有刷有槽直流电动机与同功率电励磁直流电动机的比较

一台两极常规电励磁有刷有槽直流电动机的额定功率 $P_N = 800W$，额定直流电压为 220V，额定功率情况下转子电流 $I = 4.3A$，电动机为并励式。额定转速 $n_N = 3000r/min$。电刷与换向铜头及转子绕组并联支路总电阻为 2.0Ω。定子绕组励磁电流 0.62A。求此常规电励磁有刷有槽直流电动机的效率。

将这台常规两极定子绕组并励的有刷有槽直流电动机在额定数据不变的情况下，改为永磁有刷有槽直流电动机。①求永磁有刷有槽直流电动机的效率；②比较永磁有刷有槽直流电动机与改前的同功率电励磁有刷有槽直流电动机的效率；③节能比较；④当外负载转矩减少，永磁有刷有槽直流电动机总电流 $I = 3A$ 时，其转速是多少？⑤当外负载增加，总电流达到 4.9A 时，电动机的转速是多少？

1）电励磁有刷有槽直流电动机的效率为

$$\eta_1 = \frac{P_N}{P_1} \times 100\%$$

$$= \frac{800}{220(4.3 + 0.62)} \times 100\% = \frac{800}{1082.4} \times 100\% \approx 73.9\%$$

2）永磁有刷有槽直流电动机的效率为

$$\eta_2 = \frac{P_N}{P_1} \times 100\%$$

$$= \frac{P_N}{I_a U} \times 100\% = \frac{800}{4.3 \times 200} \times 100\% \approx 84.57\%$$

3）永磁有刷有槽直流电动机与同功率电励磁有刷有槽直流电动机的效率相比，提高的百分数

$$\eta = \eta_2 - \eta_1 = 84.57\% - 73.9\% = 10.67\%$$

4）永磁有刷有槽直流电动机的定子磁极为永磁体磁极，取代了定子绕组励磁功率，所以永磁有刷有槽直流电动机比同功率电励磁有刷有槽直流电动机节能为

$$P = UI_f$$
$$= 220 \times 0.62W = 136.4W$$

5）节能的百分比 $\Delta\eta$

$$\Delta\eta = \frac{UI_f}{UI_f + UI_a} \times 100\%$$

$$= \frac{220 \times 0.62}{220 \times 0.62 + 220 \times 4.3} \times 100\% = 12.6\%$$

永磁有刷有槽直流电动机比同功率电励磁有刷有槽直流电动机的效率高 10.67%；节省功率 $P = 136.4W$；节能 12.6%。

6）当外负载转矩减小时，永磁有刷有槽直流电动机的电流从额定功率时的 4.3A 减小到 3A，求电动机的转速 n_1。

① 当转子转动时，电动机的定子永磁体磁极的磁通切割转子绕组，在转子绕组中产生反电动势 $E_0(V)$ 为

$$E_0 = U - I_a(R_a + 2R_b) = I_a R$$

式中　R_a——转子绕组并联支路的电阻，单位为 Ω；

　　　R_b——电刷与换向铜头之间接触导电的电阻，单位为 Ω；

　　　R——电路中的总电阻，$R = 2.0\Omega$。

故转子绕组中的反电动势 $E_0(V)$ 为

$$E_0 = (220 - 4.3 \times 2)V = 211.4V$$

式中　E_0——永磁有刷有槽直流电动机在额定功率时转子绕组中的反电动势，单位为 V。

② 当外负载转矩减小时，电动机的电流从额定功率时的 4.3A 减小至 3A，其转子绕组中的反电动势 E_1（V）为

$$E_1 = U - I_{a1}(R_a + R_b) = U - I_{a1}R$$

式中，$I_{a1} = 3A$，$U = 220V$，$R = 2\Omega$，则

$$E_1 = (220 - 3 \times 2)V = 214V$$

③ 当外负载减小到转子电流为 3A 时，电动机的转速 $n_1(r/min)$ 为

$$E_0 = \frac{PN}{60a}\Phi n_0 \tag{1}$$

$$E_1 = \frac{PN}{60a}\Phi n_1 \tag{2}$$

用式（1）除以式（2），得

$$\frac{E_0}{E_1} = \frac{n_0}{n_1}$$

$$n_1 = \frac{E_1 n_0}{E_0} = \frac{214 \times 3000}{211.4}r/min \approx 3036.9r/min$$

④ 电流减小的百分比 $\Delta\eta_1$（%）为

$$\Delta\eta_1 = \frac{I_a - I_{a1}}{I_a} \times 100\%$$

$$= \frac{4.3 - 3}{4.3} \times 100\% = 30.23\%$$

⑤ 电动机转速提高的百分比 $\Delta\eta_1'$（%）

$$\Delta\eta_1' = \frac{n_1 - n_0}{n_0} \times 100\%$$

$$= \frac{3036.9 - 3000}{3000} \times 100\%$$

$$= 1.23\%$$

从以上分析可以看出，永磁有刷有槽直流电动机在电流比额定功率时的电流下降了30.23%时，电动机的转速仅比额定转速提高了1.23%，说明了永磁有刷有槽直流电动机具有很硬的机械特性。

7）当外负载转矩增大时，转子电流由额定功率时的4.3A增加至6.1A，求电动机的转速 n_2（r/min）。

① 永磁有刷有槽直流电动机在额定功率时，在转子绕组中的反电动势 $E_0 = 211.4\text{V}$。

② 当外负载转矩增大时，转子电流为6.1A，在转子绕组中的反电动 E_2（V）为

$$E_2 = U - I_{a2}(R_a + R_b) = U - I_{a2}R$$

式中，$I_{a2} = 6.1\text{A}$，$U = 220\text{V}$，$R = 2\Omega$，则 E_2 为

$$E_2 = (220 - 6.1 \times 2)\text{V} = 207.8\text{V}$$

③ 当外负载转矩增加到转子电流为6.1A时，电动机的转速 n_2（r/min）为

$$E_0 = \frac{PN}{60a}\Phi n_0 \tag{1}$$

$$E_2 = \frac{PN}{60a}\Phi n_2 \tag{2}$$

用式（1）除以式（2），得

$$\frac{E_0}{E_2} = \frac{n_0}{n_2}$$

$$n_2 = \frac{E_2 n_0}{E_0}$$

$$n_2 = \frac{207.8 \times 3000}{211.4}\text{r/min} = 2948.91\text{r/min}$$

④ 电流增加的百分比 $\Delta \eta_2$（%）为

$$\Delta \eta_2 = \frac{I_{a2} - I_a}{I_a} \times 100\%$$

$$= \frac{6.1 - 4.3}{4.3} \times 100\% \approx 41.86\%$$

⑤ 永磁有刷有槽直流电动机转速下降的百分比 $\Delta \eta_2'$（%）为

$$\Delta \eta_2' = \frac{n_0 - n_2}{n_0} \times 100\%$$

$$= \frac{3000 - 2948.91}{3000} \times 100\% \approx 1.7\%$$

以上分析可以看到，永磁有刷有槽直流电动机在外负载转矩增加使转子电流比额定功率时的电流增加了41.86%，电动机的转速仅下降了1.7%，这说明了永磁有刷有槽直流电动机的机械特性很硬。

第五节　永磁有刷有槽直流电动机的额定数据、主要参数

1. 永磁有刷有槽直流电动机的额定数据

在永磁有刷有槽直流电动机的设计中，通常给定以下 3 个额定数据。

1）额定功率 P_N（W 或 kW）是指永磁有刷有槽直流电动机在额定工况下输出的机械功率。设计时应考虑与电动机拖动的机械的功率相匹配。

2）额定电压 U_N（V）是指永磁有刷有槽直流电动机在额定功率运行时加在电刷之间的直流电压。

3）额定转速 n_N（r/min）是指永磁有刷有槽直流电动机在额定功率运行时的转速。设计时应考虑电动机的额定转速与其拖动的机械的转速相匹配或通过变速装置达到与电动机的额定转速相匹配。

2. 永磁有刷有槽直流电动机的主要参数、运行工况要求及性能指标

（1）永磁有刷有槽直流电动机的主要性能指标

1）永磁有刷有槽直流电动机的效率是设计中的一项重要指标。在设计中，效率指标应参考国际标准，不应低于国家标准。

供给永磁有刷有槽直流电动机的直流电压往往是由交流电通过整流直接供给的，低电压的直流电多为与电动机电压相匹配的开关电源供给的。在永磁有刷有槽直流电动的效率计算中，往往对电源的效率不计在内，这种计算出的电动机效率是电动机自身效率。将整流电源的效率与电动机自身效率一起计算是电动机的系统效率。

2）额定温升是指永磁有刷有槽直流电动机在额定运行时的温升，不应高于允许温升。允许温升与永磁有刷有槽直流电动机的绝缘等级、定子永磁体的工作温度及冷却有关。

3）永磁有刷有槽直流电动机在额定运行时，换向火花等级通常不应超过 $1\frac{1}{2}$ 级。

4）永磁有刷有槽直流电动机的运行特性是电动机转速与输出转矩的关系曲线 $n = f(M)$。

5）工作制式是指永磁有刷有槽直流电动机是连续运行还是非连续运行。

6）用户要求指的是对永磁有刷有槽直流电动机的要求，其中包括噪声、冷却、安装方式、是否需要对电火花产生的各种频率的电磁波进行屏蔽、是否需要调速及调速范围、是否需要反转等。

7）运行工况是指永磁有刷有槽直流电动运行时周围的地理环境、自然条件等，诸如海拔高度，环境周围的温度、湿度、盐雾、酸雾、碱雾、风沙等要求。

（2）永磁有刷有槽直流电动机的主要参数的确定

1）线负荷 A。设计永磁有刷有槽直流电动机时，应科学合理恰当地选择线负荷。线负荷 A 是永磁有刷有槽直流电动机很重要的一个参数，它表示电动机转子外径沿其圆周的单位长度上的安培导体数。由于永磁有刷有槽直流电动机的定子磁极是永磁体磁极，所以线负荷 A 和永磁体的气隙磁感应强度 B_δ 决定了电动机的主要尺寸。

线负荷 A（A/cm）由式（5-26）给出，即

$$A = \frac{N_a I_a}{2a\pi D_a} \tag{5-26}$$

式中　N_a——永磁有刷有槽直流电动转子绕组的总导体数；

　　　I_a——经过电刷给转子绕组输入的电流，单位为 A；

　　　$2a$——转子绕组并联支路数；

　　　a——转子绕组并联支路对数；

　　　D_a——转子外径，单位为 cm。

线负荷 A 的选择，对于微型 W 级，通常 $A = 30 \sim 100 \mathrm{A/cm}$；对于 kW 级，通常取 $A = 100 \sim 300 \mathrm{A/cm}$。

线负荷的选择要适当，在气隙磁感应强度一定时选择较大的线负荷 A，其一是减小转子直径 D_a，这会使电动机体积减小，节省铁和钢损耗量，但对散热不利，使电动机温升提高；其二是增加转子绕组的总导体数 N_a 或增加电流 I_a，这不仅会增加电动机的耗铜量，还会增加电动机的铜损耗 $P_{a\mathrm{Cu}}$，从而使电动机温升提高、换向困难，还会使电刷与换向铜头之间的电压增高。为了电动机运行时不致引起换向恶化，又不得不加大气隙，从而又会使电动机功率下降。

线负荷 A 也不能选择过小，当选择过小时，其一是增加转子直径，这会增大电动机的体积及增加铁和钢的损耗量；其二是减少转子总导体数 N_a 和电流 I_a，这会使功率下降。

2）永磁有刷有槽直流电动机的气隙磁感应强度。

① 当定子永磁体磁极为径向布置时，永磁有刷有槽直流电动机的气隙磁感应强度 B_δ（T）为

$$B_\delta = K_m \frac{B_r}{\pi\sigma}\arctan\frac{a_m b_m}{2\delta\sqrt{4\delta^2 + a_m^2 + b_m^2}} \tag{5-27}$$

式中　K_m——永磁体磁极的端面系数，见表 2-1；

　　　B_r——永磁体标称的剩磁，单位为 T；

　　　σ——漏磁系数，$\sigma = 1.0 \sim 1.10$；

　　　δ——气隙长度，单位为 m；

　　　a_m——矩形永磁体矩形极面的短边长，单位为 m；

　　　b_m——矩形永磁体矩形极面的长边长，单位为 m。

② 当永磁体磁极为切向布置时，永磁有刷有槽直流电动机的气隙磁感应强度 B_δ（T）为

$$B_\delta = K_L K_m \frac{2B_r}{\pi\sigma}\arctan\frac{a_m b_m}{2\delta\sqrt{4\delta^2 + a_m^2 + b_m^2}} \tag{5-28}$$

式中　σ——漏磁系数，当有非磁性材料有效隔磁时 $\sigma = 1.4 \sim 1.6$；当无非磁性材料隔磁时 $\sigma = 1.8 \sim 2.2$；

　　　K_L——系数，$K_L = \dfrac{a_m}{b_p}$。

③ 在定子永磁体磁极下的转子绕组并联支路通电形成的磁感应强度 B_m（T 或 Gs）为

$$B_m = \frac{\Phi_a}{S_a} \tag{5-29}$$

式中　Φ_a——转子绕组并联支路通电时的磁通量，单位为 Wb；

　　　S_a——转子绕组并联支路所占的转子外圆的面积，单位为 m^2。

转子绕组并联支路所占的面积 S_a（m^2）为

$$S_a = 2a'_p \tau L_{ef} \tag{5-30}$$

式中　a'_p——极弧系数，通常 a'_p 可取 $0.637 \sim 0.78$；

　　　τ——转子极距，单位为 m，通常为转子绕组并联支路所占转子外圆的弧长；

　　　L_{ef}——转子的有效长度，也是设计计算长度，单位为 m。

转子极距 τ（m）可由式（5-31）给出，即

$$\tau = \frac{\pi D_a}{2p} \tag{5-31}$$

式中　D_a——转子外径，$D_a = D_2$，单位为 m；

　　　$2p$——永磁有刷有槽直流电动机的极数。

在永磁有刷有槽直流电动机中，转子之所以在通电时会旋转是因为定子永磁体磁极的磁力与转子绕组磁极的磁力相互作用。在电动机额定运行时，定子永磁体磁极的气隙磁感应强度 B_δ 应该与转子绕组磁极的磁感应强度相等。在线负荷一定时，如果选择转子绕组的磁感应强度 B_m 过大，则会增加转子绕组的总导体数或增加绕组电流，这将增加绕组的铜耗量，并使电动机铜损耗增加，使电动机温升提高，使电动机效率下降。

经验证明，永磁有刷有槽直流电动在额定运行时，$B_\delta = B_m$ 是科学、合理、节能和高效的。当 $B_m > B_\delta$ 时，会使电动机效率降低；当 $B_m < B_\delta$ 时，会降低永磁有刷有槽直流电动机的功率。

3）永磁有刷有槽直流电动机的发热系数。是衡量永磁有刷有槽直流电动机在运行时的发热程度，它是电动机线负荷 A 与转子绕组电流密度的乘积。

发热系数 A_j（A/cm·A/mm²）由式（5-32）给出，即

$$A_j = A j_a \tag{5-32}$$

式中　A——永磁有刷有槽直流电动机的线负荷，单位为 A/cm；

　　　j_a——转子绕组的电流密度，单位为 A/mm²。通常取 $j_a = 3.5 \sim 7.5 \text{A/mm}^2$。连续运转的电动机取小值，不连续运转的取大值。

发热系数与永磁有刷有槽直流电动机的冷却和定子永磁体磁极的物理性质有关。发热系数 A_j 通常取 $1500 \sim 2000 \text{A/cm·A/mm}^2$。

4）永磁有刷有槽直流电动机的利用系数。永磁有刷有槽直流电动机的利用系数表示电动机单位体积、单位额定转速的计算功率的多少，它代表了永磁有刷有槽直流电动机材料的利用程度，它是电动机设计中的一个重要的比较参数。

永磁有刷有槽直流电动机的利用系数 c（kW·min/m³ 或 W·min/m³）由式（5-33）表示，即

$$c = \frac{P_1}{D_a^2 L_{ef} n_N} \approx 0.116 K_{dp} A B_\delta \tag{5-33}$$

式中　P_1——永磁有刷有槽直流电动机的计算功率，单位为 W；

　　　D_a——转子外径，单位为 m；

　　　L_{ef}——转子工作长度，也是计算长度，单位为 m；

　　　n_N——永磁有刷有槽直流电动机的额定转速，单位为 r/min；

　　　K_{dp}——转子的绕组系数，设计时初选 $0.96 \sim 0.98$；

　　　A——永磁有刷有槽直流电动机的线负荷，单位为 A/cm；

B_δ——气隙磁感应强度，单位为 T。

从式（5-33）可以看出，当计算功率 P_1 和额定转速 n_N 不变时，欲提高利用系数 c，则应减少转子工作长度 L_{ef} 或减小转子直径 D_a。减小转子工作长度会使电动机尺寸缩短，减小转子直径 D_a 会使电动机变细。同时减小转子工作长度 L_{ef} 和转子直径 D_a 会使电动机体积缩小。电动机体积缩小会减少电动机的铁、钢的消耗量，但相对必须增加线负荷 A 或气隙磁感应强度 B_δ，这又会增加电动机的铜耗量和铜损耗，使电动机温升提高。因此，利用系数不是越高越好，应有一定范围。永磁有刷有槽直流电动机的利用系数通常为 $C = 1.5 \sim 5.0 kW \cdot min/m^3$。

第六节　永磁有刷有槽直流电动机主要尺寸的确定

1. 确定永磁有刷有槽直流电动机转子外径

永磁有刷有槽直流电动机的主要尺寸是转子直径 D_a 和转子铁心的有效长度 L_{ef}。

首先要初步确定电动机的转子直径 D_a，在初步确定转子直径后，可以参考同功率的他励或并励直流有刷电动机的相关资料来初步确定永磁有刷有槽直流电动机的转子直径 D_a。如果电动机功率不大，则可以参考同类或相似的永磁电动机的转子直径来初步确定永磁有刷有槽直流电动机的转子直径 D_a。

对于一种成型的永磁有刷有槽直流电动机，在设计和样机制造试验中要经过多次计算、样机改进，绕组试验才能最后确定转子外径、槽数、绕组形式等。对于永磁有刷有槽直流电动机转子直径 D_a 的选择也不是唯一的，在电动机功率一定时，转子直径 D_a 大一些，其转子铁心工作长度 L_{ef} 可以短一些；转子直径 D_a 小一些，转子工作长度 L_{ef} 可以长一些。

永磁有刷有槽直流电动机在多次改进、试验成功之后，可以最后确定转子直径 D_a。以确定的转子直径 D_a 为基础，采取不同的转子工作长度可以得到不同功率的系列永磁有刷有槽直流电动机，这样有利于降低制造成本。

2. 确定永磁有刷有槽直流电动机转子的工作长度 L_{ef}

在永磁有刷有槽直流电动机转子直径 D_a 初步确定后，再根据选定电动机的线负荷 A 和定子永磁体磁极的气隙磁感应强度 B_δ 来计算电动机转子的工作长度 L_{ef}。

永磁有刷有槽直流电动机转子工作长度 $L_{ef}(m)$ 由式（5-34）给出，即

$$L_{ef} = \frac{6.1}{a'_p A B_\delta D_a^2} \frac{P_1}{n_N} \tag{5-34}$$

式中　P_1——永磁有刷有槽直流电动机的计算功率，也是电动机的输入功率，单位为 W；

　　A——永磁有刷有槽直流电动机的线负荷，单位为 A/cm 或 A/m；

　　a'_p——计算极弧系数，通常取 $a'_p = 0.637 \sim 0.78$；

　　B_δ——气隙磁感应强度，单位为 T 或 Gs；

　　D_a——转子直径，单位为 m；

　　n_N——永磁有刷有槽直流电动机的额定转速，单位为 r/min。

永磁有刷有槽直流电动机的计算功率 $P_1(W)$ 由式（5-35）求得，即

$$P_1 = U_a I_a \tag{5-35}$$

也可由式（5-36）求得

$$P_1 = \frac{P_N}{\eta} \tag{5-36}$$

式中 U_a——加在电刷两端的电压，单位为 V；

I_a——经过电刷输送给转子绕组的电流，单位为 A；

P_N——永磁有刷有槽直流电动机的额定功率，单位为 W；

η——永磁有刷有槽直流电动机的效率，单位为%。

初步计算出转子的工作长度 L_{ef} 之后，可以通过电动机的尺寸比来校核是否合适。

永磁有刷有槽直流电动机的尺寸比 λ 表达为

$$\lambda = \frac{L_{ef}}{\tau} \tag{5-37}$$

式中 τ——永磁有刷有槽直流电动机的极距，单位为 m。

极距 $\tau(m)$ 为

$$\tau = \frac{\pi D_a}{2p}$$

当初选转子外径 D_a 之后，也可以利用式（5-37）来求出转子的工作长度 L_{ef}。

通常 λ 取 $0.6 \sim 1.2$，如果计算结果超出这个范围，则可以重新选择转子铁心直径 D_a 或转子长度 L_{ef}，使 λ 在应取值范围内。

如果设计的永磁有刷有槽直流电动机的功率较大，则需要轴向和径向对转子铁心通风冷却，对转子径向通风开槽时，转子铁心的工作长度 L_{ef}（m）为

$$L_{ef} = L_a + N b_v \tag{5-38}$$

式中 L_a——转子的实际长度，单位为 m；

N——转子铁心径向通风槽数量；

b_v——转子铁心径向通风槽宽度，单位为 m。

3. 确定永磁有刷有槽直流电动机的极数

永磁有刷有槽直流电动机的转速与极数没有固定的数学关系，电动机的转速只与换向频率有关。通常永磁有刷有槽直流电动机 W 级的以两极的居多，kW 级的有四极的。在永磁有刷有槽直流电动机中，在转子直径 D_a 和气隙磁感应强度确定之后，气隙总磁通量是一个定值，当极数增加时，每极的磁通量变小，可缩短换向器与转子绕组的端部长度，使铜耗量减少并可缩短电动机的尺寸。但极数增加会使转子铁心中交变磁化频率增大，从而使转子铁心铁损耗及附加损耗增加，也会使电动机的温升提高。

4. 永磁有刷有槽直流电动机定子永磁体的极弧长度及磁极长度

永磁有刷有槽直流电动机的极距 $\tau(m)$ 为

$$\tau = \frac{\pi D_{i1}}{2p} \tag{5-39}$$

式中 D_{i1}——永磁有刷有槽直流电动机的定子永磁体磁极的内径，单位为 m；

$2p$——永磁有刷有槽直流电动机的极数。

定子永磁体磁极的极弧长度 b_p（m）为

$$b_p = a'_p \tau \tag{5-40}$$

式中　a'_p——定子永磁体磁极的极弧系数，通常取 $a'_p = 0.637 \sim 0.78$；

　　　τ——定子永磁体磁极的极距，单位为 m。

定子永磁体磁极的长度 L_m（m）与转子的工作长度 L_{ef}（m）相等，也是设计长度。

5. 永磁有刷有槽直流电动机气隙长度的选择

永磁有刷有槽直流电动机的气隙长度对电动机的性能有一定影响。气隙小，可以减少转子绕组的安匝数，会增加电动机的功率，但也会增加电动机的磁噪声，还会使电动机换向不良造成电动机运行不稳定，同时也增加了加工和安装的难度。但气隙也不能太大，太大虽然有利于加工安装，但会降低电动机的功率。

通常 W 级永磁有刷有槽直流电动机的气隙长度为 $\delta = 0.6 \sim 0.9$mm，kW 级通常取 $\delta = 0.7 \sim 1.2$mm；如果永磁有刷有槽直流电动机功率在百 kW 以上，则通常气隙长度 $\delta = 1.2 \sim 2.0$mm。

第七节　永磁有刷有槽直流电动机的绕组设计

在永磁有刷有槽直流电动机中，载流的转子绕组的磁力与定子永磁体磁极的磁力相互作用，产生电磁转矩，使转子转动对外输出转矩，将直流电能转换成机械能。因此，永磁有刷有槽直流电动机转子绕组在电动机电能转换成机械能的过程中起到了重要作用。

1. 永磁有刷有槽直流电动机转子绕组的基本参数

（1）永磁有刷有槽直流电动机转子绕组的总导体数

可以由转子绕组的反电动势 E(V)求出转子绕组的总导体数 N

$$E = \frac{PN}{60a}\Phi n_N$$

由式（5-1）得

$$N = \frac{60aE}{P\Phi n_N} \tag{5-41}$$

式中　P——永磁有刷有槽直流电动机的极对数；

　　　n_N——永磁有刷有槽直流电动机的额定转速，单位为 r/min；

　　　Φ——每极磁通，单位为 Wb。

每极磁通 Φ（Wb）为

$$\Phi = B_\delta a'_p \tau L_{ef} \tag{5-42}$$

式中　B_δ——永磁有刷有槽直流电动定子永磁体磁极的气隙磁感应强度，单位为 T；

　　　a'_p——极弧系数，通常 $a'_p = 0.637 \sim 0.78$；

　　　τ——极距，单位为 m；

　　　L_{ef}——转子工作长度，也是定子永磁体的工作长度及设计计算长度，单位为 m。

永磁有刷有槽直流电动机转子的反电动势 E（V）也可以用转子回路中电气损耗占总损耗的 1/3 来计算出转子反电动势 E，由式（5-43）表达，即

$$E = U\left(1 - \frac{1 - \eta_N}{3}\right) \tag{5-43}$$

式中 U——加在转子绕组的电刷两端的直流电压，单位为 V；

η_N——永磁有刷有槽直流电动机的额定效率。

（2）永磁有刷有槽直流电动机转子每槽导体数

转子绕组总导体数为 N，则每槽导体数 N_s 由式（5-44）给出，即

$$N_s = \frac{N}{z} \tag{5-44}$$

式中 z——转子槽数。

每槽导体数 N_s 求出之后，应圆整成整数，而后再重新计算总导体数 N。

永磁有刷有槽直流电动机的转子绕组是由多个元件组成的，绕组元件嵌放在转子槽内，并以一定规律将元件与换向器连接成闭合回路。由这些元件所组成的闭合回路通过换向器被正负电刷分成若干个并联支路，并通过电刷与直流电源连接。每一个支路各元件的对应边通常都处于相同极性的磁场下，以获得支路最大的电磁转矩。转子绕组每个元件的匝数可以是单匝、多匝，也可以是分数匝。

转子绕组元件的两个线圈边，分别嵌入不同槽的上下层内。每槽每层嵌入的绕组元件的边数 u 通常为 1~4 个，常被采用的是 1、2、3、4，图 5-7 所示为 $u=1$ 和 $u=2$ 的元件边的嵌入示意图。

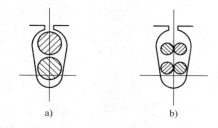

图 5-7 转子绕组元件边在转子槽内的放置
a) 元件数 $u=1$ b) 元件数 $u=2$

永磁有刷有槽直流电动机的元件总数 n_a 是转子槽数 z 与绕组元件数 u 的乘积且与电动机换向器的换向铜头数 k 相等。

即

$$n_a = zu = k \tag{5-45}$$

转子总导体数 N 为元件的匝数 W_a 与元件总数 n_a 乘积的 2 倍，即

$$N = 2W_a n_a \tag{5-46}$$

式中 W_a——绕组元件匝数。

永磁有刷有槽直流电动机转子绕组的基本数据是元件总数 n_a、换向铜头数 k、转子槽数 z、转子绕组元件数 u 及转子总导体数 N 和绕组元件匝数 W_a。

根据永磁有刷有槽直流电动机的功率不同，转子绕组采用的绕组方式也不同。绕组元件的线圈边可以放在同槽内，也可以嵌放在异槽内。

永磁有刷有槽直流电动机的转子绕组总导体数可以由式（5-47）验证，即

$$A = \frac{NI_a}{2a\pi D_a}$$

$$N = \frac{2a\pi D_a A}{I_a} \tag{5-47}$$

式中 A——已选定的线负荷 A，单位为 A/cm；

D_a——转子外径，单位为 cm；

I_a——转子绕组的总电流，单位为 A；

$2a$——转子组绕组并联支路数。

（3）永磁有刷有槽直流电动机转子绕组电流及绕组导体。

1）永磁有刷有槽直流电动机转子绕组总电流是指给电刷进入转子绕组的电流，转子绕组的总电流 I_a（A）由式（5-48）给出，即

$$I_a = \frac{P_N}{U_N} \qquad (5\text{-}48)$$

式中　P_N——永磁有刷有槽直流电动机的额定功率，单位为 W；

U_N——永磁有刷有槽直流电动机额定功率时的额定电压，单位为 V。

2）转子绕组并联支路中每个支路的电流 I_1（A）为

$$I_1 = \frac{I_a}{2a} \qquad (5\text{-}49)$$

3）转子绕组中每根导线的截面积是指导体导电的截面积 S_a（mm²）为

$$S_a = \frac{I_1}{J_a} \qquad (5\text{-}50)$$

式中　J_a——电流密度，单位为 A/mm²。通常永磁有刷有槽直流电动机的电流密度取 $J_a = 3 \sim 7\text{A/mm}^2$，功率大取大值，功率小取小值。

每个导体可以是一根导线，电流大时，可以是几根导线并绕，则每根导线的截面积为

$$S_{a1} = \frac{I_1}{nJ_a} = \frac{S_a}{n} = \frac{\pi d^2}{4} \qquad (5\text{-}51)$$

式中　n—— n 根导线并绕组成一个导体；

S_{a1}——每根导线导电截面积，单位为 mm²；

d——每根导线导电的直径，单位为 mm。

2. 永磁有刷有槽直流电动机转子绕组的节距

1）永磁有刷有槽直流电动机转子槽节距 y_s 为一个元件的两个边在转子圆周上的槽跨距，槽节距等于或近于转子一个极距内的槽数，用转子槽数来表示的槽节距 y_s 为

$$y_s = \frac{z}{2p} \pm \varepsilon \qquad (5\text{-}52)$$

式中　z——转子槽数；

$2p$——永磁有刷有槽直流电动机转子极数；

ε——槽节距修正值。当 $\varepsilon = 0$ 时为整节距；当 ε 取 " – " 号时为短节距；取 " + " 号时为长节距。

在永磁有刷有槽直流电动机中，$\varepsilon = 0$，即整节距时，转子绕组的反电动势和电磁转矩最大；短节距时绕组的端部连线短、用铜少、铜损耗小，但会使一些转子槽中的不同元件电流方向相反，使电动机反电动势和电磁转矩减小。

2）转子绕组一个元件的两个线圈边在转子圆周上的槽跨距用换向器的换向铜头数来表示的节距称为第一节距。第一节距 y_1 为

$$y_1 = \frac{k}{2p} \pm \varepsilon_k \qquad (5\text{-}53)$$

式中　k——换向器换向铜头数。当转子绕组元件数 $u = 1$ 时，$k = z$；当 $u = 2$ 时，$k = 2z$；

ε_k——换向铜头的修正系数；

$2p$——转子极数。

3）换向器节距 y_k 是一个元件的两个线圈边在转子圆周上的跨距用换向铜头数来表示，其值取决于绕组形式。换向器节距 y_k 为

$$y_k = k \tag{5-54}$$

4）合成节距 y 是两个串联元件的对应边在转子圆周上的跨距，也是用换向器的换向铜头数来表示，其值与 y_k 相同。

$$y = y_k = y_1 - y_2 \tag{5-55}$$

5）第二节距 y_2 是接在同一个换向铜头上的两个元件边在转子圆周上的跨距，用换向铜头数来表示。其值与绕组形式、y_1 和 y_k 有关。

3. 永磁有刷有槽直流电动机的绕组形式及相关数据

永磁有刷有槽直流电动机的转子绕组形式有单叠式、复叠式、单波式、复波式及蛙式绕组等形式，常用的有单叠式和单波式绕组等绕组形式。

这些绕组形式各有特点，但目的只有一个，即载流的转子绕组的磁感应强度与定子永磁体磁极的气隙磁感应强度相互作用使转子转动，对外输出转矩，将直流电能转换成机械能。

（1）单叠式绕组

现以两极转子 8 槽 8 个换向器铜头的永磁有刷有槽直流电动机为例来说明单叠式绕组的嵌线和绕组相关的一些数据。

图 5-8 所示为两极转子 8 槽 8 个换向铜头的永磁有刷有槽直流电动机转子绕组嵌线和转子绕组的展开图。电刷位于两极磁极的中心位置。

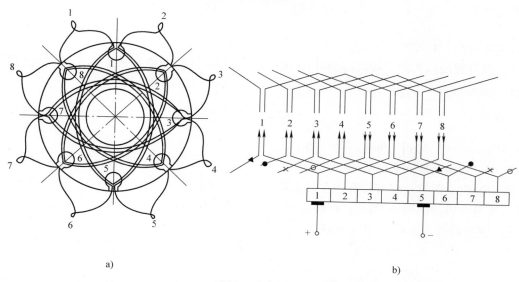

a)   b)

图 5-8 永磁有刷有槽直流电动机转子两极 8 槽转子绕组单叠式绕组展开图

a）绕组嵌线示意图 b）绕组展开图

（2）单叠绕组的相关数据

1）绕组的第一节距 y_1 为

$$y_1 = \frac{z \pm \varepsilon}{2p} \tag{5-56}$$

101

式中　z——转子槽数，$z=8$；

$2p$——转子极数，$2p=2$；

ε——修正数，将 y_1 修正成整数。当 $\varepsilon \leqslant 1$ 时，取"－"号，转子绕组为短节距；取"＋"号时，转子绕组为长节距；等于 0 时为整距绕组，整距绕组的反电动势和电磁转矩最大。短节距时对换向有利，绕组端部连线短，减少铜损耗。

2）第一节距 y_1 为

$$y_1 = \frac{z+\varepsilon}{2p}$$
$$= \frac{8}{2} = 4$$

3）绕组的第二节距 y_2 表示在同一个换向铜头上两个元件边在转子圆周上的跨距，从图 5-8b 可以看到 $y_2 = 3$。

4）绕组的合成节距 y 为两个串联元件的对应边在转子圆周上的跨距，用换向器的换向铜头数来表示，其值与换向器节距 y_k 相同，由下式表示：

$$y = y_1 - y_2$$
$$= 4 - 3 = 1$$

5）换向器节距 y_k 为一个元件的两个线端在换向器上的节距，用换向铜头数来表示。从图 5-8b 可以看出，换向器节距 y_k 为

$$y_k = 1$$

6）通常换向器的换向铜头数 k 与转子槽数相等，即

$$k = z$$

转子槽数 $z=8$，故 $k=z=8$。

7）换向器的铜头距是换向器的外径 D_k 的圆周上布置换向铜头数 k 的距离。换向器铜头距 t_k（mm）为

$$t_k = \frac{\pi D_k}{k} \tag{5-57}$$

式中　D_k——换向器铜头外径，单位为 mm；

k——换向器铜头数。

换向器铜头距与永磁有刷有槽直流电动机的功率及换向电流有关，对于 W 级永磁有槽直流电动机换向铜头距 $t_k > 3$mm；对于 kW 级的换向器铜头距 $t_k > 4.5$mm。

8）换向器铜头的弧长 b_k（mm）

$$b_k = b_k' \frac{\pi D_k}{k} \tag{5-58}$$

式中　b_k'——换向铜头弧长系数，通常 $b_k' = 0.7 \sim 0.75$。

9）单叠式绕组的嵌线。如图 5-8a 所示。首先在转子铁心上确定 1 号槽的位置，再按顺时针方向确定 2 号槽、3 号槽……直至 8 号槽。将在绕组模上绕制好的 8 个单元绕组中的一个单元绕组的首边嵌入转子铁心的 1 号槽内，其尾边嵌入转子铁心的 5 号槽内。将首边的首头去绝缘漆后穿入第 1 个换向铜头压紧线的孔内，将尾边的尾头去掉绝缘漆后插入第 2 个换向铜头压紧线的孔内。必须注意的是第一号换向铜头必须对准转子铁心的 3 号槽，这样才能保证电刷安装时在转子磁极的中心线上。

再将另一个单元的首边嵌入转子铁心的 2 号槽内，其尾边嵌入转子铁心的 6 号槽内。首边的首头去掉绝缘漆插入第 2 号铜头压紧线的孔内、将尾边的尾头去掉绝缘漆插入第 3 号换向铜头压紧线的孔内。

再将另一个单元绕组的首边嵌入转子铁心的 3 号槽内，其尾边嵌入转子铁心的 7 号槽内。首边的首头去掉绝缘漆插入第 3 号换向铜头压紧线的孔内，将尾边的尾头去掉绝缘漆插入第 4 号换向铜头压紧线的孔内。

以此规律，直到第 8 个单元绕组的首边嵌入转子铁心的 8 号槽内，其尾边嵌入转子铁心 4 号槽内。首边的首头去掉绝缘漆插入第 8 个换向铜头压紧线的孔内，将尾边的尾头去掉绝缘漆插入第 1 号换向铜头压紧孔内。

检查无误后，用专用工具将各孔内的首头、尾头压紧在孔内。

这样，在转子铁心的每个槽内都有两个单元的绕组边。

整个转子槽中嵌入 8 个单元绕组，通过换向铜头连成一个闭合回路，而电刷使转子绕组分成两条并联支路，如图 5-9 所示。

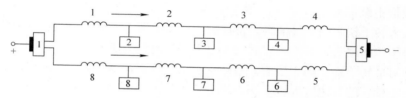

图 5-9　电刷将单叠式绕组分成两条并联支路

（3）单波式绕组

1）单波式绕组的节距。单波式绕组也是永磁有刷有槽直流电动机常采用的绕组形式之一。

图 5-10 所示为永磁有刷有槽两极转子 8 槽单波式绕组的嵌线和绕组展开图。

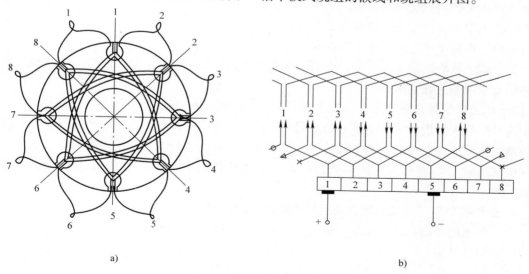

a)

b)

图 5-10　永磁有刷有槽直流电动机转子两极 8 槽转子绕组单波绕组
展开图及嵌线示意图 $2p = 2$　$z = s = k$
a）绕组嵌线示意图　b）绕组展开图

绕组的第一节距 y_1

$$y_1 = \frac{z + \varepsilon}{2p}$$
$$= \frac{8}{2} = 4$$

绕组的第二节距 $y_2 = 3$

绕组的合成节距 y

$$y = y_1 - y_2 = 4 - 3 = 1$$

换向器节距 y_k

$$y_k = 1$$
$$y = y_k = 1$$

2）单波绕组的嵌线如图 5-10a 所示。

先在转子铁心上确定 1 号槽的位置，再按顺时针方向确定 2 号槽、3 号槽……直至 8 号槽。

将在绕线模上绕制好的 8 个单元绕组中的一个单元绕组的首边嵌入转子铁心的 1 号槽内，其尾边嵌入转子铁心的 4 号槽内。将首边的首头去掉绝缘漆后穿入第 1 个换向铜头压紧线的孔内，将尾边的尾头去掉绝缘漆后插入第 2 个换向铜头压紧孔内。必须注意的是第 1 号换向铜头必须对准转子铁心的 3 号槽，这样才能保证电刷安装在转子磁极的中心线上。

再将另一个单元的首边嵌入转子铁心的 2 号槽内，其尾边嵌入转子铁心 5 号槽。首边的首头去掉绝缘漆后插入第 2 号换向铜头压紧线的孔内，将尾边的尾头去掉绝缘漆插入第 3 个换向铜头压紧线孔内。

以此规律，直到第 8 个单元绕组的首边嵌入转子铁心的 8 号槽内，尾边嵌入转子铁心 3 号槽内。首边的首头去掉绝缘漆后插入第 8 个换向铜头压紧线孔内，将尾边的尾头去掉绝缘漆插入第 1 个换向铜头压紧孔内。

检查无误后，用专用工具将各孔内的首头、尾头压紧在孔内。

这样，在转子铁心的每个槽内都有两个单元的绕组边。

整个转子铁心中嵌入 8 个单元绕组，并通过换向铜头连成一个闭合回路，而电刷又使转子绕组分成两条并联支路。

3）单波绕组展开图如图 5-10b 所示。从展开图可以看到，在转子的 8 个槽中，有两个槽即 4 号槽和 8 号槽槽中两个单元的不同绕组边的电流方向相反，这两个槽的不同单元的绕组虽然有电流通过但没有为转子转动输出转矩出力。这两个槽正在转子磁极的中心线上，不会对电动机输出功率有太大的影响，因为定子永磁体磁极的极弧长尚未达到这两个槽的位置。

4. 永磁有刷有槽直流电动机绕组的对称条件

为了使永磁有刷有槽直流电动机有良好的运行性能和换向性能，转子绕组应对称。转子绕组的对称条件是

$$\frac{z}{a} = 整数$$

$$\frac{k}{a} = 整数$$

$$\frac{p}{a} = 整数$$

式中　z——转子槽数；

　　　k——换向器的换向铜头数；

　　　p——永磁有刷有槽直流电动机的极对数；

　　　a——转子绕组并联支路对数。

绕组电流、换向铜头距等与单叠式绕组相同，不再赘述。

第八节　永磁有刷有槽直流电动机的转子槽及其参数和磁路计算

永磁有刷有槽直流电动机的转子槽型有多种，如图 5-2a、b、c、d 所示，经常被采用的有梨形槽、梯形梨形槽等，如图 5-11 所示。以梨形槽为例，计算其各部尺寸及参数。

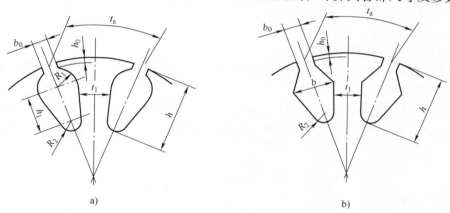

a)　　　　　　　　　　　　　　　　　b)

图 5-11　永磁有刷有槽直流电动机常用的转子槽形

a）梨形槽　b）梯形梨形槽

1. 梨形槽的尺寸

梨形槽和梯形梨形槽均为等齿宽槽，槽口为半闭口式，漏磁少，适用于绕组圆漆包铜线元件分散嵌入槽内，其圆漆包铜线直径不宜超过 1.68mm。单根导线截面不足时可以两根或多根导线并绕，即每一个导体由两根或多根导线组成。下面以梨形槽为例给出其各尺寸及其参数。

1）梨形槽槽口高度 h_0 通常取 0.6～1.0mm。

2）梨形槽的槽口宽度 b_0 视槽面积及导线直径而定，通常 $b_0 = 3 \sim 5$mm，导线粗、槽面积大取大值，反之取小值。

3）梨形槽齿宽 t_1（mm）由式（5-59）给出，即

$$KB_t t_1 = B_\delta t_a \tag{5-59}$$

于是 t_1 为

$$t_1 = \frac{B_\delta t_a}{KB_t} \tag{5-60}$$

式中 B_t——转子齿磁感应强度，单位为 T；通常 B_t 不应大于 1.5T，当 $B_t > 1.5$T 时应重新
调整参数，使 $B_t \leqslant 1.5$T；

t_a——转子齿距，单位为 m；

B_δ——气隙磁感应强度，单位为 T；

K——转子铁心重叠系数，常取 $K = 0.95 \sim 0.97$。

2. 梨形槽的槽面积

（1）梨形槽槽顶半圆的半径 R_1

如图 5-11a 所示，梨形槽槽顶半圆半径 R_1（mm）为

$$R_1 = \frac{\pi(D_a - 2h_0) - t_1 z}{2z + 2\pi} = \frac{1}{2} \cdot \frac{\pi(D_a - 2h_0) - t_1 z}{(z + \pi)} \tag{5-61}$$

式中 D_a——转子铁心外径，单位为 mm；

h_0——槽口高，单位为 mm；

z——转子槽数；

t_1——转子齿宽，单位为 mm。

（2）梨形槽槽底半圆半径 R_2

对于槽底半圆半径 R_2 的确定有两种方法，其一是先确定槽高 h，再计算 R_2；其二是先
估算 R_2 再求槽高 h。

1）由经验公式求出槽高 h（mm），当各尺寸计算完之后经校核再行修正。

$$\frac{h}{D_a} = \frac{0.05 \sim 0.06}{D_a + 0.2} \tag{5-62}$$

$$h = \frac{(0.05 \sim 0.06)D_a}{D_a + 0.2}$$

2）槽底半圆半径 R_2（mm）

$$R_2 = \frac{1}{2} \frac{\pi(D_a - 2h) - t_1 z}{(z - \pi)} \tag{5-63}$$

式中 D_a——转子铁心外径，单位为 mm；

t_1——转子齿宽，单位为 mm；

z——转子槽数。

3）槽底半圆半径 R_2（mm）也可由经验公式（5-64）求得，即

$$R_2 = (0.5 \sim 0.68)R_1 \tag{5-64}$$

4）等齿宽的高度 h_1（mm）由式（5-65）给出，即

$$h_1 = h - (h_0 + R_1 + R_2) \tag{5-65}$$

5）转子槽的有效面积 S_{ef}（mm^2）指的是转子槽面积减去绝缘面积再减去槽楔面积，它
是可以容纳圆漆包铜线的面积。

转子槽有效面积 S_{ef} 由式（5-66）求得，即

$$S_{ef} = \pi(R_1 - \Delta)^2 \cdot \frac{1}{2} + \frac{\pi}{2}(R_2 - \Delta)^2 + \frac{1}{2}[2(R_1 - \Delta) + 2(R_2 - \Delta)]h_1 + b_0 h_0$$

$$- \left[b_0 h_0 + \frac{1}{2}(2b_0 + b_0)h_2 \right]$$

$$= \frac{\pi}{2}(R_1 - \Delta)^2 + \frac{\pi}{2}(R_2 - \Delta)^2 + (R_1 + R_2 - 2\Delta)h_1 - \frac{3}{2}b_0 h_2 \tag{5-66}$$

式中 $\frac{\pi}{2}(R_1-\Delta)^2$——槽顶半圆的有效面积，单位为 mm^2；

$\frac{\pi}{2}(R_2-\Delta)^2$——槽底半圆的有效面积，单位为 mm^2；

$\frac{1}{2}[2(R_1-\Delta)+2(R_2-\Delta)]h_1$——槽上、下半圆中间梯形的有效面积，单位为 mm^2；

b_0h_0——槽口面积，单位为 mm^2；

$b_0h_0+\frac{1}{2}[2b_0+b_0)h_2]$——槽楔面积，单位为 mm^2；

Δ——槽内绝缘面积，单位为 mm^2，绝缘厚度 $\Delta=0.1\sim0.3mm$；

h_2——槽楔高度，$h_2=2\sim3mm$。

3. 梨形槽的槽满率

1）每槽绕组导体所占面积是指带有绝缘漆的圆铜线所占的面积 S_d（mm^2）为

$$S_d=nN_Sd^2 \tag{5-67}$$

式中 n——导体并绕根数；

N_S——每槽导体数；

d——每根圆漆包铜线的直径，单位为 mm。

2）永磁有刷有槽直流电动机槽满率 S_f（%）由式（5-68）给出，它表示转子槽内允许填充绝缘导体的程度，即

$$S_f=\frac{S_d}{S_{ef}}\times100\% \tag{5-68}$$

槽满率 S_f 允许选取 75% ~ 80%。槽满率超过 80% 会导致嵌线困难，低于 75% 会使槽中导线松动，散热不良。

4. 梨形槽的磁路计算

梨形槽的磁路计算主要是对转子齿和转子轭的磁通密度进行计算。梨形槽是等齿宽槽，对于不等齿宽槽，应以转子外径进入 2/3 转子齿的长度处为计算齿宽。转子齿磁感应强度不应超过 1.5T，超过 1.5T 应重新设计转子槽。对于转子轭磁也不应超过 1.5T。

1）梨形槽为等齿宽槽，转子齿的磁感应强度 B_t（T）为

$$B_\delta t_a L_{ef}=B_t t_1 L_{ef}$$
$$B_t=\frac{B_\delta t_a}{t_1} \tag{5-69}$$

式中 B_δ——气隙磁感应强度，单位为 T；

t_a——转子齿距，单位为 m 或 mm；

t_1——转子齿宽，单位为 m 或 mm。

2）进入转子齿的磁感应强度全部进入转子轭，则转子轭的磁感应强度 B_j（T）为

$$\frac{D_a-2h}{2}B_j L_{ef}=B_t t_1 L_{ef}=B_\delta t_a L_{ef}$$
$$B_j=\frac{2B_\delta t_a}{D_a-2h}=\frac{2B_t t_1}{D_a-2h} \tag{5-70}$$

式中　D_a——转子外径，单位为 m 或 mm；

　　　h——转子槽深，单位为 m 或 mm。

当定子永磁体磁极为径向布置时，B_δ（T）为

$$B_\delta = K_m \frac{B_r}{\pi\sigma} \arctan \frac{a_m b_m}{2\delta \sqrt{4\delta^2 + a_m^2 + b_m^2}}$$

当定子永磁体磁极为切向布置时，B_δ（T）为

$$B_\delta = K_u K_m \frac{2B_r}{\pi\sigma} \arctan \frac{a_m b_m}{2\delta \sqrt{4\delta^2 + a_m^2 + b_m^2}}$$

5. 转子尺寸

转子主要尺寸是转子外径 D_a 及其工作长度 L_{ef}。其工作长度也是其有效长度，也是设计长度。转子嵌线后应进行动静平衡。

第九节　永磁有刷有槽直流电动机定子永磁体磁极的设计

永磁体磁极对外做功不消耗其自身磁能，因此，用永磁体磁极做永磁有刷有槽直流电动机的定子磁极，不仅节省了电励磁的电能，而且也省去了电励磁的绕组和极靴，减少了耗铜和耗铁及铜损耗和铁损耗。用永磁体磁极做定子磁极的永磁有刷有槽直流电动机与同容量的定子电励磁的有刷直流电动机相比，体积小、重量轻、效率高、温升低、噪声低并且节能。

1. 永磁有刷有槽直流电动机定子永磁体磁极的尺寸的确定

1）永磁体磁极的极弧长度 b_p（mm）由式（5-71）给出，即

$$b_p = \tau a'_p \tag{5-71}$$

式中　τ——定子永磁体磁极的极距，单位为 mm；

　　　a'_p——定子永磁体磁极的极弧系数，a'_p 常取 0.637 ~ 0.78。

定子永磁体磁极的极距 τ（mm）为

$$\tau = \frac{\pi D_{i1}}{2p} \tag{5-72}$$

式中　D_{i1}——定子永磁体磁极内径，单位为 mm；

　　　$2p$——定子永磁体磁极的极数。

2）定子永磁体磁极的长度 L_m（mm）与转子铁心的工作长度 L_a 及它们的计算长度 L_{ef} 相同，即

$$L_m = L_a = L_{ef} \tag{5-73}$$

3）定子永磁体两极面之间的距离 h_m（mm）与永磁体磁极面上的磁感应强度 B_m 密切相关。通常由永磁体的材料、磁综合性能、永磁体的极弧长度、磁感应强度的要求确定。

2. 永磁有刷有槽直流电动机定子永磁体磁极的布置

永磁体磁极的磁感应强度不是永磁体体积的函数，永磁体磁极的磁感应强度在一定范围

内是永磁体极面与两极面之间距离的函数。当永磁体两极面确定后,两极面距离增加到一定数值,永磁体磁极的磁感应强度不再增加。因此,欲使定子永磁体磁极有更高的磁感应强度,从而使永磁体耗量少,电动机制造成本低,对定子永磁体磁极的尺寸确定和定子永磁体磁极的布置是十分重要的。

永磁有刷有槽直流电动机定子永磁体磁极的布置基本上有两个结构形式,其一是永磁体磁极的径向布置;其二是永磁体磁极的切向布置。

微、小型永磁有刷有槽直流电动机多为两极,基本上都采用永磁体磁极径向布置的结构形式。功率较大的四极以上的永磁有刷有槽直流电动机有的采用切向布置永磁体磁极的结构形式。永磁体磁极切向布置需要专用工具,安装永磁体磁极时应注意安全。

(1)定子永磁体磁极的径向布置

图 5-12 所示为两极永磁体磁极的永磁有刷有槽直流电动机的定子永磁体磁极径向布置的几种结构形式。

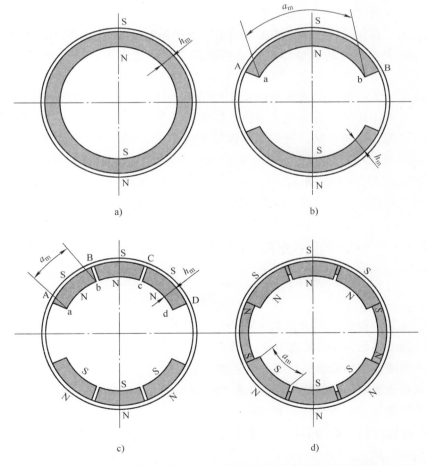

图 5-12 永磁有刷有槽直流电动机定子永磁体磁极径向布置

a)永磁体磁极整体式 b)永磁体磁极分立式 c)拼接分立式 d)串联拼接分立式

图 5-12a 所示为永磁体磁极的整体式径向布置的结构形式。这种定子永磁体磁极为环

状，径向充磁，在微型永磁有刷有槽直流电动机中有使用这种径向布置永磁体磁极的。这种整体式径向布置永磁体磁极结构形式，既浪费永磁体材料又不会使永磁体磁极的磁感应强度增强，但其制造容易、安装方便。

图 5-12b 所示为永磁有刷有槽直流电动机常用的定子永磁体磁极径向布置的结构形式。机壳为低碳钢板拉伸而成或用低碳钢管加工而成，机壳为磁路的磁导体。

永磁体磁极的磁感应强度是永磁体极面与两极面之间距离的函数，即与永磁体的端面系数 K_m 有关。在图 5-12b 中，两极面之间的距离 h_m 与永磁体磁极短边弧长 a_m 之比会很小，因而在永磁体的极弧 b_p 内的磁极的磁感应强度 B_m 不会高。

图 5-12c 所示为定子永磁体磁极的径向拼接的磁极结构形式，这种永磁体磁极径向拼接永磁体磁极径向布置的优点是永磁体磁极的磁感应强度比图 5-12b 所示结构形式的高得多。

但应注意的是，每极的几块径向拼接的永磁体磁极彼此不能接触，应彼此离开 1～2mm 距离。如果径向拼接的永磁体磁极彼此接触，则会形成一块永磁体磁极，由于永磁体磁极的趋肤效应会使径向拼接的中间的永磁体磁极的磁感应强度低于其两边的永磁体磁极的磁感应强度，这就失去了径向拼接永磁体磁极提高定子永磁体磁极的磁感应强度的目的。

在图 5-12c 中，机壳是永磁体磁极磁路的磁导体，设计时不应使机壳的磁通密度超过 1.5T。

图 5-12d 是永磁有刷有槽直流电动也常用的另一种定子永磁体磁极径向布置的结构形式。它的特点是两个极的永磁体磁极用价格低廉的铁氧体串联起来，铁氧体磁极的 N 极与定子磁极的非气隙 S 极相串联，铁氧体磁极的 S 极与定子磁极的非气隙 N 极相串联，并且铁氧体磁极的厚度 h_m 必须是定子永磁体磁极厚度的 1/2 之内。径向拼接的永磁体磁极彼此不能接触，彼此应有 1～2mm 距离。这 1～2mm 距离可以用少于定子永磁体厚度 h_m 一半的铁氧体磁极或低碳钢连接，这样机壳就不再是定子永磁体磁极磁路的磁导体，它起到隔磁罩的作用。

1）图 5-12a 和 b 所示的径向布置的永磁体磁极的磁感应强度 B_m(T) 为

$$B_m = K_m \frac{B_r}{\pi\sigma} \arctan \frac{a_m b_m}{2\delta \sqrt{4\delta^2 + a_m^2 + b_m^2}} \tag{5-74}$$

式中　B_r——永磁体标称的剩磁，单位为 T；

σ——漏磁系数，σ 通常为 1.0～1.1；

a_m——永磁体磁极的极弧长度，也是矩形永磁体的短边长度，单位为 m 或 mm；

b_m——永磁体磁极的轴向长度，单位为 m 或 mm，$b_m = L_{ef}$；

δ——气隙长度，单位为 m 或 mm；

K_m——永磁体磁极的端面系，见表 2-1。

永磁体极弧长度 a_m（m 或 mm）为

$$a_m = \tau a_p'$$

$$= \frac{\pi D_{i1}}{2p} \tag{5-75}$$

式中　τ——定子永磁体的极距，单位为 m 或 mm；

a'_{p}——定子永磁体的极弧系数，通常 $b'_{\mathrm{p}} = 0.637 \sim 0.78$；

D_{i1}——定子永磁体极磁的内径，单位为 m 或 mm；

$2p$——定子永磁体磁极的极数。

2）图 5-12c 所示的径向布置的永磁体磁极的磁感应强度 B_{m}（T）为

$$B_{\mathrm{m}} = K_{\mathrm{m}} \frac{B_{\mathrm{r}}}{\pi\sigma} \arctan \frac{a_{\mathrm{m}} b_{\mathrm{m}}}{2\delta \sqrt{4\delta^2 + a_{\mathrm{m}}^2 + b_{\mathrm{m}}^2}} \qquad (5\text{-}76)$$

式中　B_{r}——永磁体标称的剩磁，单位为 T；

σ——漏磁系数，σ 通常取 $1.0 \sim 1.1$；

a_{m}——定子永磁体磁极的极弧长度，单位为 m 或 mm；

b_{m}——定子永磁体磁极的轴向长度，单位为 m 或 mm，$b_{\mathrm{m}} = L_{\mathrm{ef}}$；

δ——气隙长度，单位为 m 或 mm；

K_{m}——永磁体磁极的端面系数，按表 2-1 查取。先计算 $h_{\mathrm{m}}/a_{\mathrm{m}}$ 的值，再按此值查表 2-1，查取 K_{m} 值。

图 5-12c 与图 5-12a、b 不同的是，图 5-12c 为永磁体磁极径向拼接、每块永磁体磁极的极弧长度 a_{m} 远小于图 5-12a、b 的极弧长度，故 $h_{\mathrm{m}}/a_{\mathrm{m}}$ 的值比图 5-12a、b 大，所以 B_{m} 也比图 5-12a 和 b 大。

3）图 5-12d 所示的径向布置的永磁体磁极的磁感应强度 B_{m}（T）为

$$B_{\mathrm{m}} = K_{\mathrm{m}} \frac{B_{\mathrm{r}}}{\pi\sigma} \arctan \frac{a_{\mathrm{m}} b_{\mathrm{m}}}{2\delta \sqrt{4\delta^2 + a_{\mathrm{m}}^2 + b_{\mathrm{m}}^2}} \times (110\% \sim 120\%) \qquad (5\text{-}77)$$

式中　K_{m}——永磁体磁极的端面系数，查表 2-1。由于图 5-12d 的 a_{m} 要比图 5-12a、b 的极弧长度 a_{m} 小得多，故其 $h_{\mathrm{m}}/a_{\mathrm{m}}$ 比图 5-12a、b 大得多，所以端面系数 K_{m} 也比图 5-12a 和 b 大得多。

计算举例 1

有两台永磁有刷有槽直流电动，除定子永磁体磁极径向布置如图 5-12b 和 c 两种结构形式不同之外，其余各参数和尺寸完全相同。永磁体两极面之间的距离 $h_{\mathrm{m}} = 6\mathrm{mm}$，定子永磁体磁极弧长图 5-12b 为 60mm，图 5-12c 中 a_{m} 为 18.3mm；气隙 $\delta = 0.8\mathrm{mm}$，永磁体磁极轴向长 $b_{\mathrm{m}} = L_{\mathrm{ef}} = 60\mathrm{mm}$。永磁体相同 $B_{\mathrm{r}} = 1.3\mathrm{T}$。按图 5-12b 和 c 计算永磁体磁极的磁感应强度 B_{m}。

1）按图 5-12b 计算定子永磁体磁极的磁感应强度 B_{m}（T）为

$$\frac{h_{\mathrm{m}}}{a_{\mathrm{m}}} = \frac{6}{60} = 0.1$$

查表 2-1，得 $K_{\mathrm{m}} = 0.5$，其磁感应强度 B_{m}（T）为

$$B_{\mathrm{m}} = K_{\mathrm{m}} \frac{B_{\mathrm{r}}}{\pi\sigma} \arctan \frac{a_{\mathrm{m}} b_{\mathrm{m}}}{2\delta \sqrt{4\delta^2 + a_{\mathrm{m}}^2 + b_{\mathrm{m}}^2}}$$

$$B_m = 0.5 \times \frac{1.3}{180 \times 1.05} \arctan \frac{60 \times 60}{2 \times 0.8 \sqrt{4 \times 0.8^2 + 60^2 + 60^2}} T \approx 0.3T$$

2）按图 5-12c 计算，定子永磁体磁彼此间距 2.5mm，则每块定子永磁体磁极 $a_m = 18.3mm$。

$$\frac{h_m}{a_m} = \frac{6}{18.3} \approx 0.33$$

查表 2-1 得 $K_m = 0.67$，于是

$$B_m = K_m \frac{B_r}{\pi\sigma} \arctan \frac{a_m b_m}{2\delta \sqrt{4 \times \delta^2 + a_m^2 + b_m^2}}$$

$$= 0.67 \times \frac{1.3}{180 \times 1.05} \arctan \frac{18.3 \times 60}{2 \times 0.8 \sqrt{4 \times 0.8^2 + 18.3^2 + 60^2}} T \approx 0.4T$$

3）图 5-12c 的磁感应强度是图 5-12b 磁感应强度的倍数

$$\frac{0.3T}{0.4T} = 0.75 \quad 图 5-12b 的磁感应强度是图 5-12c 磁感应强度的 0.75；$$

$$\frac{0.4T}{0.3T} \approx 1.33 \quad 图 5-12c 的磁感应强度是图 5-12b 磁感应强度的 1.33 倍。$$

计算举例 2

两台永磁有刷有槽直流电动机，除定子永磁体径向布置如图 5-12b 和 d 两种结构形式不同之外，其他参数和尺寸完全相同。永磁体两极面之间的距离 $h_m = 6mm$，定子磁极弧长 $a_m = 60mm$，气隙长 $\delta = 0.8$，永磁体磁极长 $L_{ef} = 60mm$，剩磁 $B_r = 1.3T$，漏磁系数 $\sigma = 1.05$。图 5-12b 的定子永磁体磁极的磁感应强度 B_m 为 0.3T。

图 5-12d 为永磁体径向拼接且为两个极的永磁体通过铁氧体永磁体直接串联，笔者自 1973 年开始研究永磁体及永磁电机，对永磁磁体直接串联后的磁感应强度进行测试表明，永磁体磁极直接串联或通过其他永磁体直接串联，磁感应强度比未串联前单个永磁体磁极的磁感应强度增加至少 20%。

按图 5-12d 计算其 B_m 为

$$B_m = K_m \frac{B_r}{\pi\sigma} \arctan \frac{a_m b_m}{2\delta \sqrt{4\delta^2 + a_m^2 + b_m^2}} \times 120\%$$

$$= 0.67 \times \frac{1.3}{180 \times 1.05} \arctan \frac{18.3 \times 60}{2 \times 0.8 \sqrt{0.8^2 \times 4 + 18.3^2 + 60^2}} \times 120\% T \approx 0.48T$$

图 5-12d 的磁感应强度是图 5-12b 磁感应强度的倍数为

$$\frac{0.48T}{0.3T} = 1.6$$

图 5-12d 的磁感应强度是图 5-12c 磁感应强度的倍数为

$$\frac{0.48T}{0.4T} = 1.2$$

（2）永磁有刷有槽直流电动机定子永磁体磁极的切向布置

图 5-13 所示为常被采用的定子永磁体磁极的切向布置的结构形式。永磁体磁极的切向

布置是两个永磁体的同性磁极贡献给一个磁极的布置形式。永磁体磁极切向布置时的磁感应强度 $B_m(\mathrm{T})$ 为

$$B_m = K_L K_m \frac{2B_r}{\pi\sigma}\arctan\frac{a_m b_m}{2\delta\sqrt{4\delta^2 + a_m^2 + b_m^2}} \tag{5-78}$$

式中 K_m——永磁体磁极的端面系数，见表 2-1；

$\quad B_r$——永磁体磁极标称的剩磁，单位为 T；

$\quad \sigma$——漏磁系数，在有非磁性材料有效隔磁时，漏磁系数 $\sigma = 1.4 \sim 1.6$；在没有非磁性材料隔磁时 $\sigma = 1.8 \sim 2.2$；

$\quad a_m$——定子永磁体的短边长，单位为 m 或 mm；

$\quad b_m$——定子永磁体的长边长，单位为 m 或 mm；

$\quad K_L$——系数，$K_L = \dfrac{a_m}{b_p}$。

在定子永磁体磁极切向布置中，只有当 $2a_m$ 与公共磁极的极弧长度 b_p 相等时，式（5-78）才成立。当公共磁极的极弧长度不等于 $2a_m$ 时，公共磁极的磁感应强度 $B_\delta(\mathrm{T})$ 可以由式（5-69）求得，即

$$B_\delta a_m L_{ef} = B_m b_p L_{ef} \tag{5-79}$$

$$B_\delta = \frac{B_m b_p}{a_m} \tag{5-80}$$

式中 B_m——单个定子永磁体的磁感应强度，单位为 T，B_m 由式（5-78）求得；

$\quad a_m$——单个定子永磁体磁极的短边长，单位为 m 或 mm；

$\quad b_p$——公共磁极的极弧长度，单位为 m 或 mm。

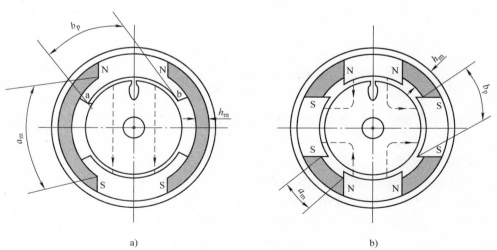

图 5-13 永磁有刷有槽直流电动机定子永磁体磁极切向布置

a) 两极定子永磁体磁极的切向布置 b) 4 极定子永磁体磁极的切向布置

第十节　永磁有刷有槽直流电动机换向器的设计

永磁有刷有槽直流电动机的换向器是通过电刷在转子转动的过程中按一定规律经换向器铜头不断地改变转子绕组的电流方向的重要部件。

换向器的结构根据电动机的转数、功率的不同，有多种结构形式。但不论哪种结构形式，其目的都是电动机正常运行时保证换向器在安全运行中不断地按一定规律改变转子绕组的电流方向，使转子转动，对外输出转矩，将直流电能转换成机械能。

1. 永磁有刷有槽直流电动机换向器结构及尺寸的确定

换向器主要由换向铜头、电刷、刷握及刷架等组成。图 5-14 所示为环氧树脂或酚醛树脂增强塑料作为粘合剂和绝缘的换向器换向铜头结构示意图。

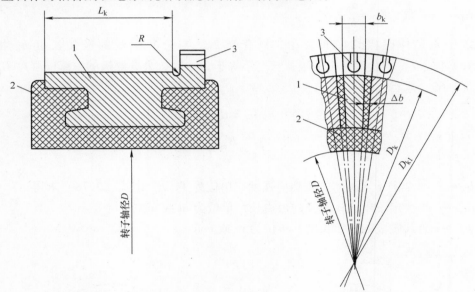

图 5-14　用环氧树脂或酚醛树脂增强塑料为母体的换向器结构示意图
1—换向器铜头　2—增强塑料　3—压紧线孔

换向器铜头由换向铜头、增强塑料及转子绕组端头的压紧孔等组成。在铜头之间的绝缘也有用云母的。

2. 换向器的尺寸

1）换向铜头与电刷的接触面积是电刷将直流电经过换向铜头送入转子绕组所必须经过的导电面积，换向铜头的面积要比电刷接触铜头的面积大。

换向铜头与电刷接触面积 S_k（mm^2）由式（5-81）给出，即

$$S_k = (L_k - 5)b_k \tag{5-81}$$

式中　$L_k - 5$——电刷与换向铜头的接触长度，单位为 mm；

　　　　L_k——换向铜头的轴向长度，单位为 mm；

　　　　b_k——一个换向铜头的宽度，单位为 mm。也就是换向铜头的弧长。

2）电刷与换向铜头的接触面积 S_b（mm^2）也可以用电刷与换向铜头接触面上允许的电

流进行计算，为

$$S_b = \frac{I_a}{J_b}$$

(5-82)

式中　I_a——经过电刷的电流，单位为 A，这个电流是绕组支路的总电流；

J_b——电刷与换向铜头接触面上允许的电流密度，单位为 A。通常取 $J_b = 10 \sim 15 \text{A/}$ cm^2，实际可取 $38 \sim 53 \text{A/cm}^2$。当电动机为低电压大电流时，电刷材料宜采用金属石墨电刷；当电压超过 110V 时，宜采用电化石墨电刷。

3）永磁有刷有槽直流电动机所采用的绕组形式不同，电刷宽度也不同。对于单波、单叠式绕组通常其覆盖的换向铜头数为 $1.5 \sim 2.5$，电刷宽度 b_b（mm）为

$$b_b = (1.5 \sim 2.5) b_k$$

(5-83)

对于复波、复叠式等多重闭合回路绕组，电刷宽度 b_b（mm）为

$$b_b = (m+1) t_k$$

(5-84)

式中　b_b——电刷宽度，单位为 mm；

b_k——换向铜头宽度，单位为 mm；

t_k——换向铜头距，单位为 mm；

m——复波式、复叠式转子绕组的重路数。

对于单波、单叠式转子绕组电刷覆盖换向铜头数不应少于 1.5 个铜头数。

通常电刷宽度 $b_b = 8 \sim 15\text{mm}$ 的范围，如果电刷超过 20mm，则电刷会与换向铜头接触不良，发生火花。如果绕组电流很大，则电刷导电面积不够可以采用多刷供电。多刷也根据转子绕组形式不同可采用电刷并联。

4）换向铜头距 t_k（mm）可由式（5-85）求得，即

$$t_k = \frac{\pi D_k}{k} = b_k + \Delta$$

(5-85)

式中　D_k——换向铜头外径，单位为 mm；

k——换向铜头数；

b_k——换向铜头宽度，单位为 mm；

Δ——换向铜头之间的绝缘厚度，单位为 mm，Δ 不得少于 0.5mm。

当换向铜头外径不能满足式（5-81）和式（5-82）时，应重新选择换向铜头外径 D_k，重新计算各尺寸。

5）电刷的长度 L_b（mm）通常为 $10 \sim 20\text{mm}$，不宜过长，过长会造成电刷与换向铜头表面接触不良，会造成火花，且接触不良还会造成不必要的损耗，使冷却困难。

当永磁有刷有槽直流电动机转子绕组电流超过单个电刷允许的电流时，可以采用多电刷结构，根据转子绕组形式不同，电刷可以并联。当电刷并联时，n_b 个电刷由式（5-86）给出，即

$$n_b = \frac{S'_b}{2PL_b b_b} = \frac{I_a}{S_b J_a}$$

(5-86)

6）换向器换向铜头的直径 D_k（mm）应小于转子槽底直径，不至于因铜头直径 D_k 影响转子绕组嵌线，即

$$D_k < D_a - 2h$$

(5-87)

式中　D_a——转子铁心外径，单位为 mm；

　　　h——转子槽深，单位为 mm。

换向器换向铜头外径也受到其最大圆周速度的限制，这是因为固定换向铜头的环氧树脂或酚醛树脂的强度限制。换向铜头的外径 D_k 的线速度 v_k（m/s）为

$$v_k = \frac{\pi D_k n_{max}}{60} \leqslant 35(\text{m/s})$$

式中　n_{max}——永磁有刷有槽直流电动机转子的最大转速，单位为 r/min。

当 $v_k > 35\text{m/s}$ 时，应修正 D_k 的值。

7）当电刷并联使用时，换向铜头的长度 L_k（mm）为

$$L_k = (L_b + 5)n_k + 5 \tag{5-88}$$

3. 换向器换向铜头的热负荷

换向器的各尺寸确定后，应计算电刷与换向铜头接触面上的热负荷。其热负荷 q_k（W/cm²）为

$$q_k = \frac{2(P_{fb} + P_{Cub})}{\pi D_k L_k} \tag{5-89}$$

式中　P_{fb}——电刷与换向铜头的摩擦损耗，单位为 W；

　　　P_{Cub}——电刷与换向器换向铜头的电能损耗，单位为 W。

1）电刷与换向铜头之间的摩擦损耗 P_{fb}（W）由式（5-90）给出，即

$$P_{fb} = \mu_b P_b S_b' v \tag{5-90}$$

式中　μ_b——电刷与换向铜头之间的摩擦系数；

　　　P_b——电刷对换向铜头的压力，P_b 通常为 $1.5 \sim 2\text{N/cm}^2$；

　　　S_b'——电刷总的工作面积，单位为 cm²；

　　　v——换向铜头的圆周速度，单位为 m/s。

2）永磁有刷有槽直流电动机一个电刷与换向铜头之间的电能损耗 P_{Cub}（W）为

$$P_{Cub} = \Delta U_b I_a \tag{5-91}$$

式中　ΔU_b——电刷与换向铜头之间的电压降，单位为 V。通常 W 级的永磁有刷有槽直流电动机 $\Delta U_b = 0.2 \sim 2.5\text{V}$；kW 级的 $\Delta U_b = 2.5 \sim 3.8\text{V}$。$\Delta U_b$ 与电刷材料、电机功率等有关；

　　　I_a——经过电刷的转子绕组电流，单位为 A。

对于电刷和换向铜头的热负荷 q_k（W/cm²）：对于 kW 级的 $q \leqslant 150 \sim 300\text{W/cm}^2$；对于 W 级的通常 $q_k < 0.5 \sim 10\text{W}$。

第六章

永磁无刷有槽直流电动机

永磁无刷有槽直流电动机体积小、重量轻、效率高、运行可靠、噪声小、温升低、结构简单，因而被广泛地应用在航天、航空、高铁机车、电动汽车、电动自行车、工业生产自动控制、无人机、医疗机械等领域。

永磁无刷有槽直流电动机的本质是逆变器将直流电逆变成矩形波或正弦波驱动由位置传感器或由位置传感器和速度传感器反馈信号控制的 PWM 脉冲调制的驱动器控制的交流电动机。

用矩形波驱动的永磁无刷有槽直流电动机，它的反电动势也是矩形波，称作矩形波永磁同步电动机，亦称永磁无刷有槽直流电动机；用正弦波驱动的永磁无刷有槽直流电动机，它的反电动势也是正弦波，称作正弦波同步电动机，亦称永磁无刷有槽交流电动机。

永磁无刷有槽直流电动机分为有位置传感器、有位置传感和有速度传感器及无位置传感器三种。这三种永磁无刷有槽直流电动机不论是矩形波驱动还是正弦波驱动，它们虽然都是直流电供电，但直流电已经被逆变器逆变成了交流电，所以它们的本质是交流同步电动机。

第一节　永磁无刷有槽直流电动机的结构及转动机理

1. 永磁无刷有槽直流电动机的结构

永磁无刷有槽直流电动机分为有位置传感器、有位置传感器和速度传感器及无位置传感器三种，而在这三种电动机中又有内转子和外转子之别。

永磁无刷有槽直流电动机的转子是永磁体磁极。

近年来，永磁无刷有槽直流电动机发展很快。内转子式永磁无刷有槽直流电动机多为微型，常用于自动控制伺服电机、步进电机等。而小型、中型及大型多用于电动自行车的后轮驱动用电动机，电动汽车驱动机构就是安装在轮毂内的外转子无刷有槽有位置传感器的永磁直流电动机。如图 6-1 所示，它的外转子毂就是汽车的轮毂，轮毂外圆安装轮胎、轮毂内圆镶嵌永磁体磁极，轮毂与轴用轴承连接。定子铁心固定在定子毂上，定子铁心用硅钢片冲成并冲有定子槽且叠加而成。定子槽内嵌放定子绕组，位置传感器和速度传感器分别固定在定子毂上，而位置感应器和速度感应器分别固定在外端盖上或外转子毂上，同外转子一起转动。当位置感应器转到位置传感器的位置时，位置传感器将位置信号传送给位置控制器，而后输入到 PWM 调制器，再送入驱动器去驱动逆变器的开关管导通或关断，为永磁无刷有槽直流电动机提供矩形波或正弦波电流驱动永磁电动机转动。当速度感应器转到速度传感器的位置时，速度传感器将速度信号传送到速度控制器，然后再传送到 PWM 调制器中，调制逆变器的驱动器的驱动频率，即调制驱动器控制逆变器中的开关管的导通、关断频率以实现对永磁无刷有槽直流电动调速，如图 6-2 所示。

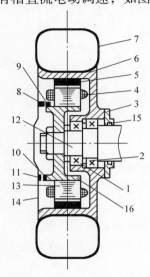

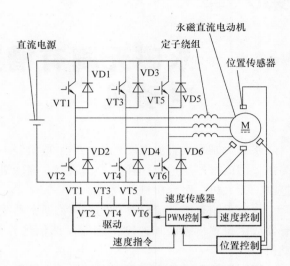

图 6-1　永磁无刷直接驱动电动汽车轮毂的
外转子直流电动机结构示意图

1、2—轴承　3—轴承盖　4—定子绕组
5—永磁体磁极　6—轮毂　7—轮胎
8—位置传感器的感应器　9—位置传感器
10—速度传感器　11—速度传感器的感应器
12—轴　13—定子铁心　14—外端盖
15—油封　16—定子毂

图 6-2　永磁无刷有位置传感器和速度传感器
的直流电动机的调相调速系统

而永磁有刷有槽直流电动机的调速是通过电刷和换向器铜头对转子绕组的电压电流进行调整来实现的。

永磁无刷有槽直流电动机的机械特性与永磁有刷有槽直流电动机的机械特性相似。

图 6-2 所示为 6 开关 3 相桥式逆变器驱动的永磁无刷有槽直流电动机且有位置传感器和速度传感器及其控制系统。三个位置传感器，当位置感应器转到位置传感器的位置时，位置信号经位置控制器进入到 PWM 脉宽调制控制驱动器去控制 6 个功率开关管按三个位置传感器的信号导通或关断。速度传感器按速度指令将速度信息送到速度控制器后送入 PWM 去调整 6 个功率开关管的开通或关断时间，即调整逆变器调相的时间，达到调速的目的。

图 6-3 所示为无刷有槽有位置传感器和速度传感器的内转子永磁直流电动机的结构示意图。

永磁无刷有槽有位置传感器和速度传感器的直流电动机由永磁体磁极、转子铁心转子轴等组成的转子、定子铁心及绕组组成的定子、端盖、轴承、机壳、位置传感器和位置感应器，速度传感器及速度感应器等组成。

转子是由硅钢片或导磁性良好的低碳钢片冲成并叠成转子铁心，永磁体磁极就镶嵌或粘贴在转子铁心上，转子铁心固定在转子轴上。转子轴两端用轴承安装在前后端盖上，前后端盖用螺栓固定在机壳上。位置感应器通常安装在转子的铁心上，位置传感器安装在端盖的电路板上。速度传感器也安装在端盖的电路上。

定子是由硅钢片冲成带有定子槽的冲片并叠成定子铁心，定子绕组就嵌放在定子槽内。定子绕组接成与三相交流电动机绕组相同的星形联结或三角形联结，绕组的输入端接在逆变器的输出端。

　　当转子转动时，安装在转子铁心上的位置感应器随转子转动，当转动到位置传感器位置时，位置传感器的信号经位置控制器传送到 PWM 中，再送到驱动器去驱动逆变器中的功率开关管的导通或关断。

　　速度传感器固定在端盖的线路板上，速度感应器固定在转子铁心的线路板上。当速度感应器随转子转到速度传感器的位置时，速度传感器将电动机速度信息传递到速度控制器中，再根据速度指令送到 PWM 去控制驱动器，驱动器按调

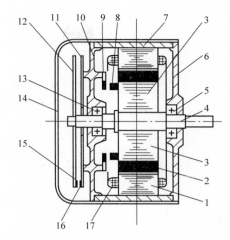

图 6-3　永磁无刷有槽有位置传感器和速度传感器的内转子式直流电动机

1—定子铁心　2—永磁体磁极　3—转子铁心　4—转子轴
5、13—轴承　6、10—端盖　7—机壳　8—位置感应器
9—位置传感器　11—电路板　12—测速盘　14—磁屏蔽壳
15—测速感应器　16—速度传感器　17—定子绕组

制的指令驱动逆变器功率开关管的导通和关断时间，即调制逆变器功率开关管调相的频率，以达到调速的目的。

　　还有一种无位置传感器的永磁无刷有槽直流电动机，它是以定子绕组的反电动势等为逆变器功率开关管的导通或关断提供换相信息达到调相的目的。

2. 永磁无刷有槽直流电动机转动机理

　　驱动永磁无刷有槽直流电动机的电流有两种，其一是矩形波电流；其二是正弦波电流。图 6-4 所示为矩形波驱动和正弦波驱动的永磁无刷有槽直流电动机的气隙磁感应强度 B_δ、相电势 E 和相电流 I 的波形图。

　　现以矩形波驱动的永磁无刷有槽直流电动机为例来说明永磁无刷有槽直流电动机的转动机理。

　　图 6-5a 所示为三相桥式 6 状态逆变器输出矩形波电流驱动的两极有位置传感器和速度传感器的永磁无刷有槽直流电动机的电路原理图，三相定子绕组为星形联结。位置感应器转到位置传感器的位置时，位置传感器将信息送到位置控制器经处理后进行 PWM 后送给驱动器，驱动器按照位置传感器的经过处理和调制的信息去驱动 6 个功率开关管导通或关断。同时速度传感器将速度信息及速度指令传给速度控制器，经处理输送给 PWM 以控制换相时间，即控制驱动器 6 个功率开关管的导通和关断的时间，或者说控制逆变器的换相频率来调速，以达到速度指令的要求。

　　当转子永磁体磁极在图 6-5b 的位置时，位置传感器向位置控制器输入外转子磁极的位置信息并经位置控制器的逻辑处理再送到 PWM，经调制的信息输送给驱动器，驱动器驱动 VT1 和 VT4 导通，使定子绕组 A 相和 B 相导通，电流从绕组 A 相的首端进入，从绕组 B 相的首端流出。这时电流由电源正极出来经 VT1→A 相绕组→B 相绕组→VT4→电源负极。此过程定子绕组磁极拖动外转子永磁体磁极顺时针转动了 60°机械角。

119

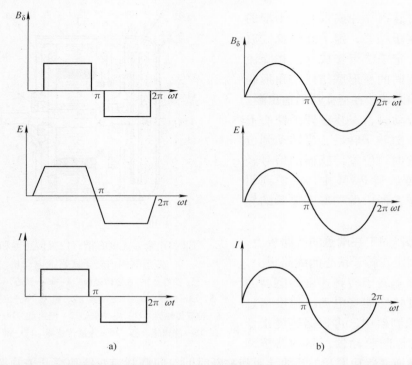

图6-4　矩形波和正弦波驱动的无刷有槽直流电动机的气隙磁感应强度 B_δ、相电势 E 和相电流 I 的波形图

　　a) 矩形波驱动的无刷有槽直流电动机的气隙磁感应强度 B_δ、相电势 E 和相电流 I

　　b) 正弦波驱动的无刷有槽直流电动机的气隙磁感应强度 B_δ、相电势 E 和相电流 I

　　当外转子永磁体磁极顺时针转过 60° 机械角之后，到达如图 6-5c 所示的位置时，位置传感器的信息经位置控制器等逻辑处理使驱动器关断 VT4，VT4 截止而驱动 VT6 导通，而 VT1 仍然导通，接通定子绕组 A 相和 C 相，电流 A 相进 C 相出。此过程电流从电源正极出来经 VT1→A 相绕组→C 相绕组→VT6→电源负极。此过程定子绕组磁极拖动外转子永磁体磁极顺时针转动 60° 机械角。

　　当外转子永磁体磁极顺时针转过 60° 机械角之后，到达如图 6-5d 所示的位置时，位置传感器输出信息经位置控制器及 PWM 处理后去驱动器，驱动器关断 VT1，VT1 截止，导通 VT3，VT6 仍然导通，接通定子绕组 B 相和 C 相，电流 B 相进 C 相出。电流从电源正极出来经 VT3→B 相绕组→C 相绕组→VT6→电源负极。此过程定子绕组磁极拖动外转子永磁体磁极顺时针转动了 60° 机械角。

　　当外转子永磁体磁极顺时针转过 60° 机械角之后，到达如图 6-5e 所示的位置时，位置传感器的信息经位置控制器及 PWM 等逻辑处理后去驱动器，驱动器关断 VT6，导通 VT2，接通定子绕组 B 相和 A 相，电流 B 相进 A 相出。电流从电源正极出来经 VT3→B 相绕组→A 相绕组→VT2→电源负极。此过程定子绕组磁极拖动外转子永磁体磁极顺时针转动了 60° 机械角。

　　当外转子永磁体磁极顺时针转过 60° 机械角之后，位置传感器输出转子磁极的位置信息经位置控制器及 PWM 等逻辑处理给驱动器，驱动器关断 VT3，导通 VT5，VT2 仍然导通，电流 C 相进 A 相出。电流从电源正极出来经 VT5→C 相绕组→A 相绕组→VT2→电源负极。

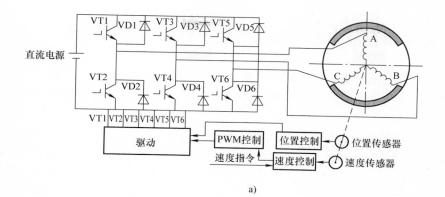

a)

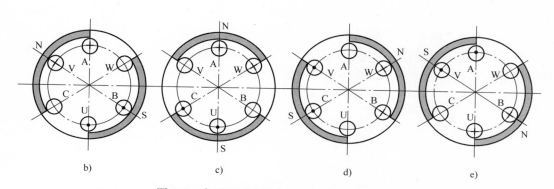

图 6-5　永磁无刷有槽直流电动机转动机理

a）三相桥式 6 状态逆变器输出矩形波驱动两极有位置传感器和速度传感器的永磁无刷有槽直流

电动机的电原理图，电动机为绕组星接的外转子式

b）c）d）e）永磁无刷有槽直流电动机转动机理

此过程定子绕组磁极拖动外转子永磁体磁极顺时针转动了 60°机械角。

当外转子永磁体磁极顺时针转动 60°机械角之后，位置传感器将转子磁极的位置信息送到位置控制器及 PWM 中并经逻辑处理后给驱动器，驱动器关断 VT2，VT5 仍然导通，导通 VT4，电流 C 相进 B 相出。电流从电源正极出来经 VT5→C 相绕组→B 相绕组→VT4→电源负极。此过程定子绕组磁极拖动外转子永磁体磁极顺时针转动了 60°机械角。

当外转子永磁体磁极顺时针转动 60°机械角之后，又回到了图 6-5 的位置，转子转动一圈 360°。这就是永磁无刷有槽直流电动机的转动机理。

这是每隔 60°机械角就有一个位置传感器的例子，它需要 6 个位置传感器。可以通过位置控制器的逻辑处理成每隔 120°机械角用 1 个位置传感器，则需要 3 个位置传感器。

三相 6 状态逆变器矩形波驱动的永磁无刷有槽直流电动机不论是 3 个位置传感器还是 6 个位置传感器，转动机理是相同的，即定子绕组磁极拖动转子永磁体磁极转动，属于同步拖动，所以永磁无刷有槽直流电动机是永磁交流同步电动机。

有速度传感器的永磁无刷有槽直流电动机接到调速指令和速度传感器的信息送到 PWM 脉宽调制中，PWM 依速度指令和速度传感器信息进行逻辑处理后送给驱动器，驱动器调整换相时间达到调速的目的。

第二节 永磁无刷有槽直流电动机的定子槽、起动和转速

永磁无刷有槽直流电动机的定子槽数与电动机的起动密切相关，不合理的定子槽数与转子永磁体磁极的配合可能使电动机无法起动。因此，选择合理的定子槽数与转子永磁体磁极配合在永磁无刷有槽直流电动机的设计中十分重要。

1. 永磁无刷有槽直流电动机的定子槽型的形式

永磁无刷有槽直流电动机的定子铁心是用冲有定子槽的导磁性良好的硅钢片叠加而成的。定子又分为内定子（外转子式）和外定子（内转子式）两种。不论是内定子式还是外定子式的永磁无刷有槽直流电动机的定子槽型，原则上可以采用异步交流电动机的定子槽型做永磁无刷有槽直流电动机的外定子槽型，如图 6-6a 和 b 所示；及采用交流有刷电动机的转子槽型做永磁无刷有槽直流电动机的内定子槽型，如图 6-6c、d、e 所示。

常用的外定子槽型有梨形槽，如图 6-6a 所示；梯形槽，如图 6-6b 所示。常用的内定子槽型有梨形槽如图 6-6c 所示，梯形梨形槽如图 6-6d 所示及圆形槽如图 6-6e 所示。

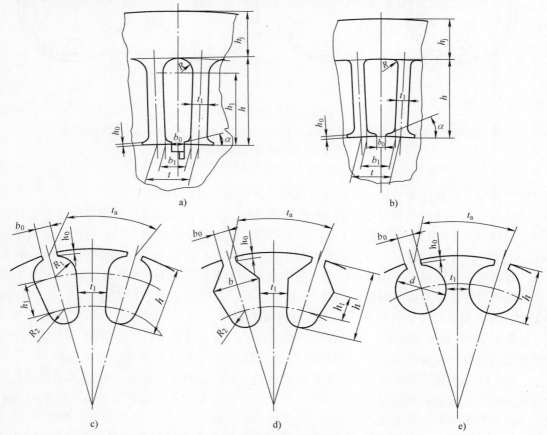

图 6-6 永磁无刷有槽直流电动机定子槽型

a）c）梨形槽 b）梯形槽 d）梯形梨形槽 e）圆形槽

图 6-6a、b、c、d 为等齿宽槽，即定子齿的齿宽 t_1 相等。等齿宽定子槽的槽口宽 b_0 往往取 b_1 的 1/2 左右。h_0 一般取 $0.8 \sim 1.0$mm，对于大功率常取 $h_0 = 1.0 \sim 1.2$mm。α 角通常

取 $30°$。h 为定子槽深，常取 $h = (3.5 \sim 5.5) \, b_1$，$b_1 = (0.55 \sim 0.65) \, t_1$，$b_1$ 为定子内径的槽宽圆弧长，t 为定子齿距。在图 6-6b 梯形槽的槽底应有 $R = 3 \sim 5\text{mm}$ 的圆角，这样既会使冲定子铁心的冲头寿命增长，又会避免定子绕组绝缘不会被破坏。对于定子轭 h_j 常取 $h_j = (b + 2) \, t_1 \sim (b + 3) \, t_1 \, \text{mm}$，$b$ 为 $q = b + \dfrac{c}{d}$ 中的整数部分 b。

在设计定子槽时，不应使定子齿磁感应强度达到饱和，定子齿磁感应强度 B_t 应小于 1.5T，当定子齿磁感应强度 $B_t > 1.5\text{T}$ 时应重新设计定子齿宽 t_1。

设计定子槽时，对于微、小型永磁无刷有槽直流电动机的定子轭高 h_j 应不使定子轭磁感应强度 B_j 达到 1.5T，当 $B_j > 1.5\text{T}$ 时，应重新设计定子轭高 h_j。对于中、大型永磁无刷有槽直流电动机，不仅要考虑定子轭磁感应强度 $B_j < 1.5\text{T}$，更要考虑定子轭的刚性，不能因为定子轭高不足使整个定子铁心发生过大变形而影响电动机转子的转动。

对于外定子永磁无刷有槽直流电动机大多数为微、小型，如伺服电机等，主要是定子齿和定子轭的磁感应强度小于 1.5T。

2. 永磁无刷有槽直流电动机的起动

永磁无刷有槽直流电动机定子槽的选择对电动机的起动影响很大。由于永磁无刷有槽直流电动机的转子磁极是永磁体磁极，永磁体磁极有一个特殊性质，就是永磁体磁极的磁通会自动寻找磁路最短、导磁性最好的路径通过。当永磁无刷有槽直流电动机的转子镶嵌或粘贴永磁体磁极之后，由于转子两端安装了轴承，转子可以自由转动，在这种情况下，转子的永磁体磁极会自动地寻找与其相对应的磁路最短、导磁性比空气好的定子齿。当转子永磁体磁极没有完全对准其应对准的定子齿时，转子永磁体磁极会拉动转子转动，直到转子永磁体磁极完全对准其应对准的定子齿，甚至达到转子永磁体磁极的中心线完全对准其应对准的定子齿的中心线。

如果永磁无刷有槽直流电动机的定子槽数为偶数，则由于转子永磁体磁极为偶数不可能为奇数，这样，转子永磁体磁极会一一对应地吸引其相对应的定子齿，这将使永磁无刷有槽直流电动机起动十分困难。如果永磁无刷有槽直流电动机的极数较多，则甚至无法起动。

（1）为了便于永磁无刷有槽直流电动机的起动，定子槽数与转子永磁体磁极的极数应遵循的原则如下

笔者经 40 多年对永磁体和永磁电机的研究发现，为了便于永磁无刷有槽直流电动机的起动，定子槽数与转子永磁体磁极的商不为整数，永磁无刷有槽直流电动机才能顺利起动。

$$\frac{z}{2p} \neq 整数 \tag{6-1}$$

式中　z——定子槽数；

　　　$2p$——永磁无刷有槽直流电动机转子永磁体磁极数。

举例：如果永磁无刷有槽直流电动机的定子槽数是 12 槽，则表 6-1 列出了转子永磁体磁极数相对应的电动机起动状况。

表 6-1　永磁无刷有槽直流电动机定子槽数为 12 槽与转子永磁体磁极数相对应的起动状况

转子永磁体磁极数 $2p$	$\dfrac{z}{2p}$ 值	每个转子磁极吸引的定子齿数	起动状况
2	6	每个磁极吸引 6 个定子齿	无法起动
4	3	每个磁极吸引 3 个定子齿	无法起动

（续）

转子永磁体磁极数 $2p$	$\dfrac{z}{2p}$ 值	每个转子磁极吸引的定子齿数	起动状况
6	2	每个转子磁极吸引 2 个定子齿	无法起动
8	$1\dfrac{4}{12}$	只有 4 个转子磁极每个磁极吸引 1 个齿	起动顺利
10	$1\dfrac{2}{10}$	只有 2 个转子磁极每个磁极吸引一个定子齿	起动顺利
12	1	每个转子磁极分别吸引 1 个定子齿	无法起动

再举例：电动自行车的定子槽数 $z = 51$，49，47，45 等，当外转子永磁体为 10 极时，它们的 $z/2p$ 分别为 $5\dfrac{1}{10}$，$4\dfrac{9}{10}$，$4\dfrac{7}{10}$，$4\dfrac{5}{10}$。甚至达到在外转子磁极数 $2p$ 可以选择的范围内都不会是整数槽，这样定子槽数的选择是合理的。

定子槽数除以转子极数不能为整数，即为分数。在分母为极数 $2p$，代分数的分子越小起动越顺利，分子越大，越难起动。

（2）用每极每相槽数来辨别起动状况

在永磁无刷有槽直流电动机中，为了顺利起动，每极每相槽数 q 必须是分数才能使电动机起动。

$$q = \frac{z}{2pm} \neq 整数 \tag{6-2}$$

q 的分数部分、分母为极数 $2p$ 时，其分子越小则电动机起动越顺利，分子越大，则电动机起动越困难。

（3）当定子槽数与转子永磁体极数之商为整数时的起动

1）当定子槽数与转子永磁体极数之商为整数时，可以采取永磁体磁极与转子轴线倾斜一定角度的永磁体布置方式或永磁体磁极阶梯错位与转子轴线成一定的倾斜角度的措施。如图 8-2a 和 b 所示。

2）当定子槽数与转子极数之商为整数时，也可以使定子槽与定子轴线成一定倾斜角来使电动机起动顺利。

（4）转子永磁体磁极不对称布置的方式也可以改善永磁无刷有槽直流电动机的起动性能。

利用转子永磁体磁极不对称布置如图 6-7 所示，虽然能改善电动机的起动性能，但会引起转子的振动，转速越高，振动越严重，同时还会引起输出转矩的波动和单边磁拉力。

3. 永磁无刷有槽直流电动机的转速

永磁无刷有槽直流电动机的转速 n 与电动机的极数没有固定的数学关系，并不像交流电动机那样 $n_N = 60f/p$ 的固定关系。这是因为供给交流电动机的交流电的频率 f 是固定的，例如在中国交流电的频率 $f = 50\text{Hz}$，在美国交流电的频率为 60Hz，当频率给定时，电动机的额定转速 n_N（r/min）为

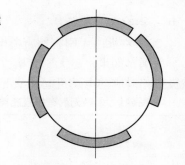

图 6-7　转子永磁体磁极不对称布置

$$n_N = \frac{60f}{p} \tag{6-3}$$

式中 p——电动机的极对数。

对于永磁无刷有槽直流电动机的转速 n，主要是由逆变器的换相频率和用户要求决定的。因此，永磁无刷有槽直流电动机转速 n 的设计要根据用户要求、逆变器的工作频率即逆变器中功率开关管的开关频率来决定。永磁无刷有槽直流电动机的转数 n（r/min）可由式（6-4）求得，即

$$n = \frac{60f'}{p} \tag{6-4}$$

式中 f'——永磁无刷有槽直流电动机的逆变器的换相频率，也就是逆变器中功率开关管导通、关断的频率，也就是经逆变器将直流电逆变成交流电的频率，单位为 Hz；

p——转子的极对数。

设计永磁无刷有槽直流电动机的转速，可以根据用户给定的转速通过不同的换相频率和转子极数得到满足。

举例：要求转速 $n = 6000$r/min，用不同的转子极对数和逆变器换相的不同频率满足 $n = 6000$r/min 要求，计算表如下：

序号	转子永磁体磁极对数 p	逆变器换相频率 f'/Hz	序号	转子永磁体磁极对数 p	逆变器换相频率 f'/Hz
1	1	100	4	4	400
2	2	200	5	5	500
3	3	300	6	6	600

第三节 永磁无刷有槽直流电动机的反电动势和电磁转矩

在永磁无刷有槽直流电动机中，转子是由转子铁心镶嵌或粘贴永磁体磁极及转子轴等组成的。转子永磁体磁极被定子绕组磁极吸引拖动，按定子绕组磁极旋转方向与定子绕组磁极同步旋转，输出转矩。电磁转矩的方向与转子转动的方向相同。

由于永磁无刷有槽直流电动机的转子磁极是永磁体磁极，因此当转子转动时，转子磁极的磁通切割定子绕组，在定子绕组中会产生反电动势。由于转子转动是靠定子绕组磁极吸引拖动转子永磁体磁极同步转动，因此不论是电源供给定子绕组的电流使定子绕组产生的磁极还是在定子绕组中的反电动势都不会对转子永磁体磁极有去磁作用。

1. 永磁无刷有槽直流电动机定子绕组的反电动势

当镶嵌或粘贴永磁体磁极的转子转动时，永磁体磁极的磁通切割定子绕组，会在定子绕组中产生电动势。

（1）永磁无刷有槽直流电动机的气隙磁感应强度

1）当转子永磁体磁极为径向布置时，气隙磁感应强度 B_δ（T）为

$$B_\delta = K_m \frac{B_r}{\pi\sigma} \arctan \frac{a_m b_m}{2\delta \sqrt{4\delta^2 + a_m^2 + b_m^2}} \tag{6-5}$$

式中 K_m——永磁体磁极的端面系数，见表2-1；

B_r——永磁体磁极标称的剩磁，单位为 T；

σ——漏磁系数，$\sigma = 1.0 \sim 1.1$；

a_m——永磁体矩形极面的短边长，单位为 m 或 mm；

b_m——永磁体矩形极面的长边长，单位为 m 或 mm；

δ——气隙长，单位为 m 或 mm。

2）当转子永磁体磁极为切向布置时，气隙磁感应强度 B_δ（T）为

$$B_\delta = K_L K_m \frac{2B_r}{\pi\sigma}\arctan\frac{a_m b_m}{2\delta\sqrt{4\delta^2 + a_m^2 + b_m^2}} \tag{6-6}$$

式中　σ——漏磁系数。当有非磁性材料有效隔磁时，$\sigma = 1.4 \sim 1.6$；当没有非磁性材料隔磁时，$\sigma = 1.8 \sim 2.2$；

$2B_r$——切向布置的永磁体磁极是两块同性磁极共同贡献给一个磁极，故在 B_r 前乘以 2；

K_L——系数，$K_L = \dfrac{a_m}{b_p}$。

（2）永磁无刷有槽直流电动机的每极磁通

转子永磁体磁极的每极磁通 Φ（Wb）为

$$\Phi = B_\delta a_p' \tau L_{ef} \tag{6-7}$$

式中　B_δ——气隙磁感应强度，单位为 T；

a_p'——极弧系数，$a_p' = 0.637 \sim 0.78$；

τ——极距，单位为 m 或 mm；

L_{ef}——永磁体磁极的工作长度，单位为 m 或 mm，也是定子计算长度。

（3）永磁无刷有槽直流电动机的反电动势

永磁无刷有槽直流电动机的反电动势 E（V）由式（6-8）给出，即

$$E = 4K_{Nm}fNK_{dp}\Phi \tag{6-8}$$

式中　K_{Nm}——气隙波形系数，当波形为正弦波时，$K_{Nm} = 1.11$；当气隙波形为非正弦波时，$K_{Nm} < 1.10$；

f——逆变器功率开关管的换向频率，单位为 Hz；

N——定子绕组每相串联导体数；

K_{dp}——定子基波绕组系数；

Φ——转子永磁体磁极每极磁通，单位为 Wb。

2. 永磁无刷有槽直流电动机定子励磁电流

永磁无刷有槽电动机的转子磁极是永磁体磁极，其气隙磁感应强度是不变的。当外负载转矩增大时，定子绕组电流会增大使电动机电磁转矩与外负载转矩达到平衡；当外负载减小时，定子绕组电流会减小，以达到电磁转矩与外负载转矩的平衡。定子绕组的励磁电流是随着外负载转矩的变化而变化的。

永磁无刷有槽直流电动机的定子绕组的励磁电流 I_f（A）由式（6-9）给出，即

$$U = E + R_f I_f \tag{6-9}$$

式中　U——电源电压，指逆变器输出给定子绕组的电压，单位为 V；

E——定子绕组中的反电动势，单位为 V；

R_f——定子绕组的电阻，定子绕组指参与工作的绕组，单位为 Ω。

3. 永磁无刷有槽直流电动机的电磁转矩

永磁无刷有槽直流电动机的定子绕组磁极拖动转子永磁体磁极同步转动对外输出功率，其电磁转矩的方向与转子转动的方向相同。其电磁转矩 M_m（N·m）由式（6-10）给出，即

$$M_m = \frac{P_1}{\omega}$$

$$= \frac{60P_1}{2\pi n} \tag{6-10}$$

式中　M_m——电磁转矩，单位为 N·m；

ω——转子旋转的角速度，单位为 rad/min；

P_1——设计功率，单位为 W；

n——转子转速，单位为 r/min。

永磁无刷有槽直流电动机对外输出的转矩 T_n（N·m）为

$$T_n = M_m \eta_N \tag{6-11}$$

式中　η_N——永磁无刷有槽直流电动机的额定效率。

在永磁无刷有槽直流电动机中，定子绕组磁极拖动转子永磁体磁极同步旋转对外输出功率，直流电能经过逆变再由电动机转换成机械能。

当电动机输出转矩 M 与外负载转矩 T_n 大小相等时，电动机才会以恒定转速拖动外负载。如果外负载发生变化，则当外负载转矩大于永磁无刷有槽直流电动机的输出转矩，即 $M_m < T_n$ 时，电动机的转速 n 必然下降。由于电动机转速下降，因此定子绕组中产生的反电动势 E 必然下降，由式（6-9）可以看出，反电动势 E 减小，定子绕组的励磁电流必然增加。从式（6-10）又可以看到，当转速 n 减小时，电动机输出转矩 M_m 会增大，此时永磁无刷有槽直流电动机输出转矩与外负载转矩又重新获得平衡，即 $M_m = T_n$。电动机又在一个比原来转速低，比原来定子绕组励磁电流大，比原来输出转矩大的工况下稳定运转。

当外负载转矩减小，即 $M_m > T_n$ 时，永磁无刷有槽直流电动机的转速 n 必然上升，定子绕组中的反电动势必然会增加。由式（6-9）可以看到，反电动势 E 增加，定子绕组的励磁电流 I_f 会减小，又从式（6-10）可以看到，当电动机转速 n 增加时，电动机对外输出的转矩 M_m 会减小。此时，永磁无刷有槽直流电动机输出转矩与外负载转矩又重新获得平衡，即 $M_m = T_n$。电动机又在一个比原来转速高，比原来定子绕组励磁电流小，比原来输出转矩小的工况下稳定运转。

在永磁无刷有槽直流电动机中，由于其转子永磁体磁极的气隙磁感应强度是不变的，因此，定子绕组励磁电流的大小是由转子输出转矩的大小而定的，即随着外负载转矩的大小而改变。但永磁无刷有槽直流电动机的转速随外负载转矩的变化不大，这说明永磁无刷有槽直流电动机的外特性很硬。

第四节　永磁无刷有槽直流电动机的相数、极数及绕组

永磁无刷有槽直流电动机的工作过程，就是将直流电经逆变器逆变成矩形波或正弦波交流电驱动永磁无刷有槽直流电动机的过程。在逆变器将直流电逆变成交流电的过程中，可以将直流电逆变成两相、三相、四相或更多相的交流电。而永磁无刷有槽直流电动机的转速与

相数、定子极数没有固定关系，其转速是由逆变器的功率开关管的导通和关断的时间来决定的，即由换相频率决定。

1. 永磁无刷有槽直流电动机的相数

永磁无刷有槽直流电动机的相数可以根据用户的要求、逆变器的换相频率、逆变器的制造工艺、成本等，分为两相、三相、四相或更多相，但常用的多为三相。定子绕组三相有星形联结和三角形联结两种方式，常用星形联结。

（1）逆变器输出两相为两相永磁无刷有槽直流电动机供电

图 6-8 所示为逆变器输出两相为具有两相定子绕组的永磁无刷有槽直流电动机供电的原理图。

逆变器两相输出，定子有两相绕组需要 8 个功率开关管，不仅逆变器的成本高，而且又不具有优越性，已很少被采用。

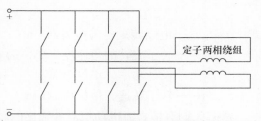

图 6-8　逆变器输出两相为有两相定子绕组的永磁无刷有槽直流电动机供电的原理图

（2）逆变器输出三相为定子具有三相绕组的永磁无刷有槽直流电动机供电

图 6-9 所示为逆变器输出三相为定子有三相绕组的永磁无刷有槽直流电动机供电的电原理图。它是三相桥式 6 状态逆变器，可以输出三相矩形波或三相正弦波交流电。

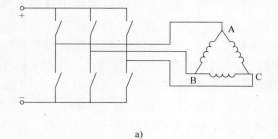
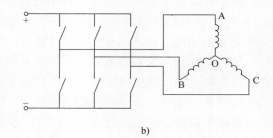

a)　　　　　　　　　　　　　　b)

图 6-9　逆变器输出三相为定子三相绕组供电示意图

a）逆变器三相输出定子三相绕组三角形联结　b）逆变器三相输出定子三相绕组星形联结

永磁无刷有槽直流电动机的三相定子绕组可以用三角形联结，如图 6-9a 所示，也可以用星形联结，如图 6-9b 所示。通常定子三相绕组为星形联结。

在矩形波驱动的永磁无刷有槽直流电动机中，任何时刻都有两相定子绕组导通、有一相未通电。三相电流可以相差 60°、120°、180°电角度。在正弦波驱动的无刷有槽直流电动机中，可以像三相交流电那样三相电同时工作，三相正弦波电流彼此相差 60°、120°、180°电角度。

三相桥式 6 状态逆变器，输出三相交流电，有 6 个功率开关管，是常用的逆变器之一。

（3）三相星形联结非桥式逆变器

这种三相星形联结非桥式逆变器输出三相，但只用 3 个功率开关管，成本较低，三相电流彼此可以相差 60°、120°、180°电角度导通或关断。三相定子绕组为星形联结，如图 6-10 所示。

（4）四相或多相输出的逆变器为定子绕组四相或多相绕组供电

输出四相或多相的逆变器为四相或多相定子绕组供电，定子绕组可以接成三角形联结或星形联结形式，通常为星形联结。

2. 永磁无刷有槽直流电动机定子的三相绕组形式、极数和转矩的波动

永磁无刷有槽直流电动机的转子是永磁体，多为两极或四极，定子绕组多为三相绕组，为了便于起动，遵循 $z/2p \neq$ 整数的原则。

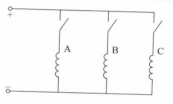

图 6-10　三相绕组星形联结非桥式逆变器

永磁无刷有槽直流电动机的极数与转速没有固定关系，但对电动机的性能和制造成本有影响。

（1）极数对永磁无刷有槽直流电动机的性能和制造成本的影响

1）随着极数的增加，永磁无刷有槽直流电动机的耗铁量和定子励磁绕组的耗铜量将减少，因为在转子永磁体磁极气隙磁感应强度和定子励磁绕组磁通量不变及定子和转子直径不变的情况下，通过气隙总的磁通量 $2p\phi$ 是不变的，所以电动机极数的增加会使每极的磁通量减少，可以使定子轭的尺寸减小，从而减少铁损耗量；极数增加，使定子绕组端部缩短，从而减少了定子绕组的耗铜量和减少定子绕组的电阻，在同样的电流密度下，绕组的铜损耗会减少。

2）在同样的电流密度下，极数的增加会使定子绕组的导体数增加，使绕组的散热表面增加，便于绕组的散热。

3）定子绕组极数增加，低速的永磁无刷有槽直流电动机的效率会有所提高；而高转速的效率会有所降低。

（2）永磁无刷有槽直流电动机定子绕组形式

永磁无刷有槽直流电动机不论是矩形波驱动还是正弦波驱动的，它们的本质都是交流电动机。其定子绕组形式完全可以采用交流感应异步电动机的定子绕组形式。三相交流电动机定子绕组的形式很多，常用的单层同心式、单层链式、单层交叉式、双层叠绕式等形式。

1）单层绕组。图 6-11 所示为三相 12 槽 10 极永磁无刷有槽直流电动机单层定子绕组且为矩形波驱动。图 6-11a 所示为定子单层绕组电流从 A 相进入 B 相出来，绕组三相星形联结。可以看到定子绕组的 12 个槽中只有 8 个槽的磁极拖动转子磁极转动，而另外 4 个槽的绕组没有通电，没有为转子转动出力，这会使电动机转矩发生波动。

图 6-11b 中的转子转过 60°且逆变器换相后，绕组三相星形联结，电流从 A 相进入 C 相流出来。从图 6-11b 中的绕组展开图可以看到，在 12 个定子槽中定子绕组只有 8 个槽的定子绕组拖动转子永磁体磁极转动，而另外 4 个槽的定子绕组没有通电，这 4 个槽的定子绕组没有为转子转动出力，这会使电动机转矩发生波动。

其他依次 60°换向后的定子绕组及电流展开图从略。

从这个例子可以看到，矩形波驱动的无刷有槽直流电动机每次换向在定子的三相绕组中有两相绕组处于通电工作状态，总有一相未通电，不处于工作状态。从展开图就能看出转矩的波动。

图 6-11c（见书后彩色插页）所示为三相绕组相间彼此相差或 60°或 120°或 180°电角度导通的定子绕组及电流的展开图。从图 6-11 中可以看到，12 个定子槽内的定子绕组全部通电工作，并且 6 槽和 7 槽及 12 槽和 1 槽的定子绕组分别各形成一个极，其他 8 个槽的定子绕组形成 8 个极，共 10 个极工作。定子绕组的 10 个旋转磁极拖动转子永磁体磁极转动。由

129

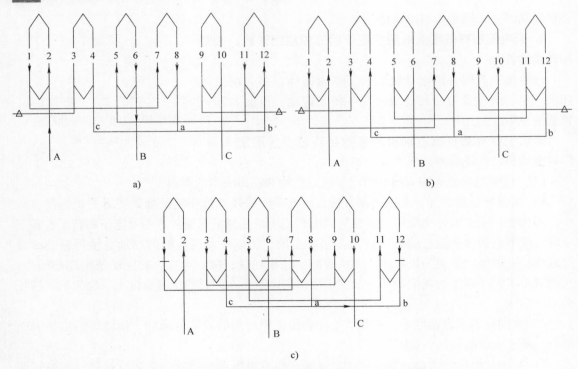

图 6-11　永磁无刷有槽直流电动机定子槽单层绕组展开图

a）10 极 12 槽三相矩形波驱动永磁无刷有槽直流电动机的单层绕组展开图，定子绕组三相星形联结，

电流 A 相绕组进入 B 相绕组流出　b）电流从 A 相绕组进入 C 相绕组流出

c）为正弦波驱动的永磁无刷有槽直流电动机 12 槽 10 极，三相同时工作的原理图

于 8 个定子槽内的定子绕组单独形成 8 个极，而另外 4 个槽的定子绕组分别形成 2 个极，磁极分布虽然不均匀，但是对称，因此永磁无刷有槽直流电动机转矩波动极小。

2）双层绕组。图 6-12（见书后彩色插页）所示为矩形波驱动的定子绕组星形联结的三相 12 槽 10 极永磁无刷有槽直流电动机双层定子绕组展开图。

图 6-12a 所示为电流从定子绕组 A 相进入从定子绕组 B 相出来，从图 6-12a 中可以看到在定子 12 个槽中，由于 C 相没有通电，因此有 4 槽和 10 槽没有为转子转动出力。定子绕组磁极虽然分布不均匀，但对称，这样会使转矩波动。

图 6-12b 所示为电流从 A 相定子绕组进入从 C 相定子绕组出来，从图 6-12b 可以看到，由于 B 相没有通电，因此在定子的 12 槽中有槽 6 和槽 12 没有为转子转动出力。定子绕组磁极虽然分布不均匀，但对称，这样会使转矩波动。

其余从略。

图 6-12c 所示为正弦波驱动的永磁无刷有槽直流电动机双层绕组展开图。

绕组为三相 12 槽 10 极双层绕组，三相的相位差为 60°、120°、180°。从展开图中可以看到不同相的两个线圈边在槽 3 和槽 9 的电流方向相反，这两个槽的绕组边虽然有电流通过，但由于电流方向相反没为转子转动出力，却消耗了电能，这会使电动机效率降低。

将双层不同相的绕组线圈边置于同槽中，这种不同相绕组的线圈边电流方向相反在不同相双层中是不可避免的。笔者认为应采用同相双层，避免一个槽中两相绕组边电流方向相反

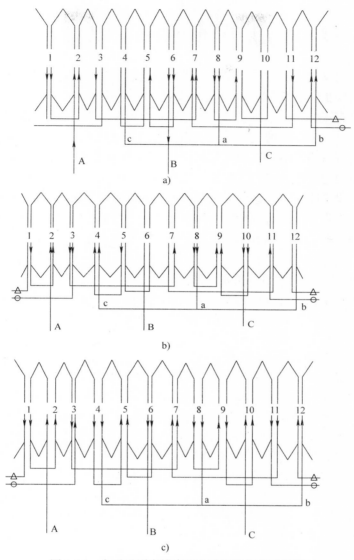

图 6-12　永磁无刷有槽直流电动双层绕组展开图

a）矩形波驱动的永磁无刷有槽直流电动机三相 12 槽 10 极双层绕组，电流从 A 相绕组进入从 B 相绕组出来

b）矩形波驱动的永磁无刷有槽直流电动机三相 12 槽 10 极双层绕组，电流从 A 相绕组进入从 C 相绕组出来

c）正弦波驱动的三相 12 槽 10 极永磁无刷有槽直流电动机绕组展开图

的情况产生。

对于永磁无刷有槽直流电动的双层绕组应尽量采用同相双层短节距绕组形式。同相双层短节距绕组可以改善定子绕组的旋转磁场的波形，使其更接近正弦波，更好地改善电动机的性能。

采用同相双层短节距绕组还会使绕组端部连线变短，这不仅会节省导线的消耗，还会降低电动机的附加损耗和铜损耗，同时降低电动机的温升并提高效率。

同相双层短节距绕组便于绕组端部扭转换位。不用同槽的相间绝缘，以提高定子槽的利用率。

第五节 永磁无刷有槽直流电动机的位置传感器及其安装位置

用矩形波驱动的永磁无刷有槽直流电动机称作无刷永磁直流电动机，用正弦波驱动的永磁无刷有槽直流电动机称作无刷永磁交流电动机。不论是矩形波驱动的，还是正弦波驱动的，永磁无刷有槽直流电动机本质上都是永磁同步交流电动机。永磁无刷有槽直流电动机与常规三相交流同步电动机不同的是，常规三相交流同步电动机的电源是频率为50Hz的交流电源，而永磁无刷有槽直流电动机的电源是由直流电经电动机位置传感器信息控制的PWM去控制驱动器去驱动逆变器，将直流电逆变成交流电的电源，它的频率不是固定的50Hz而是由逆变器换相频率来决定的。速度指令及速度传感器控制了逆变器的换相频率。常规交流同步电动机的极数决定了电动机的转速，而永磁无刷有槽直流电动机的转速与其极数无固定关系。常规交流同步电动机的相数基本上是三相，而永磁无刷有槽直流电动机的相数可以是两相、三相、四相或更多相。

1. 永磁无刷有槽直流电动机的位置传感器

用矩形波驱动的永磁无刷有槽直流电动机常用的位置传感器主要有霍尔位置传感器，磁敏式、光电式、电磁式位置传感器等；用正弦波驱动的永磁无刷有槽直流电动机常用的位置传感器有旋转变压器式、光电脉冲编码器等。

（1）霍尔位置传感器

霍尔位置传感器是霍尔开关集成电路，当有磁场作用时会输出信号，它是一种利用霍尔效应制造的能进行磁电转换的磁敏元件。霍尔开关集成电路有四个端子，其中两个端子为输入电流端子，另两个端子为输出电压端子，如图6-13所示。在磁场的作用下，霍尔位置传感输出位置信号使晶体管VT1和VT2交换地导通与关断，使VT1和VT2的集电极可输出相位相反的电压和电流直接驱动微型永磁无刷有槽直流电动机。当需要驱动功率较大的永磁无刷有槽直流电动机时可外接功率放大管。霍尔位置传感器——霍尔开关集成电路如SL3020、SL3030、SL3075等。

图6-13b所示为三端子霍尔位置传感器，它可以通过两个晶体管输出相位相反的电压和电流，可直接驱动微型永磁无刷有槽直流电动机。

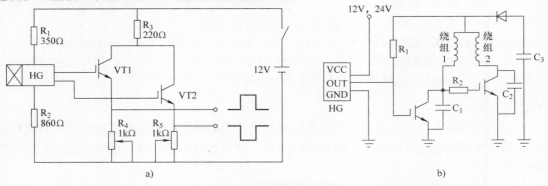

图6-13 霍尔位置传感器

a）霍尔传感器——霍尔开关集成电路HG b）霍尔位置传感器HG

（2）磁敏式位置传感器

磁敏式位置传感器有磁敏二极管、磁敏晶体管等，它们都是在磁场的作用下使电路导通或关断，它们也可以做永磁无刷直流电动机的位置传感器。

（3）光电式位置传感器

光电式位置传感器是以光电效应原理来进行光电转换信息的。发光器发光后受光器收到光波而导电，将位置信息传递出去，如光敏二极管、光敏晶体管，如图 6-14 所示。图6-14a 所示为光敏晶体管，图 6-14b 所示为光敏二极管。

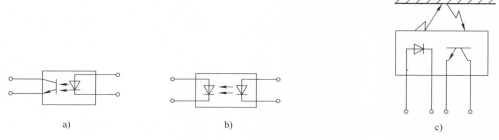

图 6-14　光电式位置传感器

a）光敏晶体管　b）光敏二极管　c）光反射型位置传感器

光电式位置传感器也有反射型的，如图 6-14c 所示。由发光体发出的光被挡光板反射回来由受光器接收发出位置信息。在使用中，挡光板安装在转子上随转子转动，而发光体则安装在定子绕组需要换相的位置上，当挡光板转到发光体的位置时，挡光板将光反射到受光体上，受光体的光敏晶体管便输出换向的位置信号。

（4）电磁式位置传感器

电磁式位置传感器有多种，如变压器式、谐振式、干簧管式、接近开关等。干簧管式位置传感器结构简单，运行可靠，它是在磁场作用下由原来的常闭变成开启，或常开变成闭合导通。使用时可将其安装在定子绕组需要换向的位置，而转子上安装一个小块永磁体作为位置传感器的感应器，当转子上这个小块永磁体转到安装在定子上的干簧管的位置时，干簧管关断或导通，从而将位置信息传递到位置控制器中。

2. 永磁无刷有槽直流电动机位置传感器的安装位置

永磁无刷有槽直流电动机的定子绕组形式多种多样，相数也不一而足，但总的原则是凡是换相的位置即换相电流流进新的绕组的位置应该是位置传感器的位置。考虑到转子转动时的惯性，有时也将位置传感器的安装位置向前一个角度，如图 6-15（见书后彩色插页）所示，为三相 12 槽，槽距角为 30°机械角。A 向电流从槽 2 进，可以在槽 2 安装位置传感器，考虑到转子的转动惯性，提前 15°机械角将位置传感器安装在槽前边定子齿的位置。也可以提前 30°机械角将位置传感器安装在槽 1 的位置。图 6-15 所示为三相 12 槽 10 极 6 状态位置传感器的安装位置。

图 6-15a（见书后彩色插页）所示为位置传感器提前 15°机械角的安装位置；图 6-15b（见书后彩色插页）所示为位置传感器安装在换相位置上，没有提前角度。

3. 无位置传感器的永磁无刷有槽直流电动机

永磁无刷有槽直流电动机可分为矩形波驱动和正弦波驱动两种。由于矩形波驱动的位置传感器和控制系统比较简单，运行可靠、制造成本也较低，因而得到广泛应用。而正弦波驱动的位置传感器需要价格很贵的旋转变压器或者光电编码器等高分辨率的位置传感器，并且

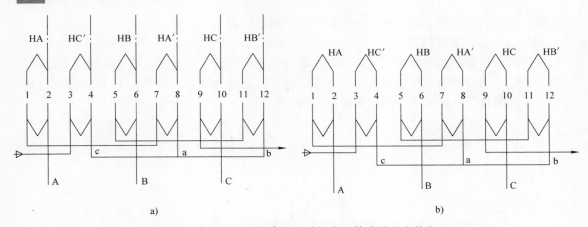

图 6-15　永磁无刷有槽直流电动机位置传感器的安装位置

a）位置传感器提前 15°机械角安装位置传感器　b）位置传感器在换相位置上

其控制系统也比矩形波驱动的控制系统复杂得多，生产成本也比矩形波驱动的生产成本高得多。

正弦波驱动的位置传感器及控制系统虽然造价高，但其性能较好，主要用于军事、航天、航空、舰船、机器人、无人机等的伺服系统中。

随着科学的发展，技术的进步，近年来世界工业发达国家研发出一些不需要高分辨率的新一代正弦波驱动技术，它主要依靠软件计算获得正弦波换相控制信号。利用的信号主要有反电动势法、电感法等所获得的低分辨率的转子位置信号，然后以软件计算方法产生高分辨率的转子位置信息，实现正弦波的换向。

工业发达国家也为这些新一代正弦波驱动技术制造了体积小、集成度高的集成电路芯片供无位置传感器永磁无刷有槽直流电动机使用。当需要驱动比芯片输出功率大的无位置传感器无刷有槽直流电动机时，又可外接功率驱动电路以满足需要。

图 6-16 所示为无位置传感器的无刷有槽直流电动机原理图。

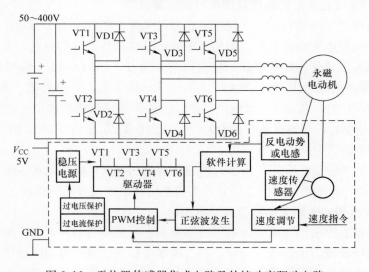

图 6-16　无位置传感器集成电路及外接功率驱动电路

无位置传感器的无刷有槽直流电动机的起动仍应遵循 $z/2p \neq$ 整数的原则，或定子应斜槽或转子永磁体磁极布置成与转子轴有一定倾斜角，否则无位置传感器的永磁无刷有槽直流电动机将无法起动。

第六节 永磁无刷有槽直流电动机的主要参数及尺寸

在永磁无刷有槽直流电动机的设计中，通常要给出额定数据及主要性能指标，以这些额定数据及主要性能指标为基础去设计、计算出电动机的主要尺寸、极数、绕组形式、转矩、各种损耗和效率等。

1. 额定数据及主要性能指标

（1）额定数据

1）额定功率 P_N（W）是指永磁无刷有槽直流电动机在额定运行时转子轴输出的机械功率，它包括转子永磁体做功的功率。

2）额定电压 U_N（V）是指永磁无刷有槽直流电动机在额定运行时的输入电压。

3）额定转速 n_N（r/min）是指电动机额定运行的转速。

（2）主要性能指标

在设计永磁无刷有槽直流电动机时，除了给定的额定数据外，还要给出一些电动机的性能指标。

1）永磁无刷有槽直流电动机的效率 η。设计时，永磁无刷有槽直流电动机的效率不得低于国家标准的规定。电动机的效率包括电动机自身效率和系统效率。永磁无刷有槽直流电动机的自身效率是其输出功率与其输入功率的百分比。输入功率不包括直流电逆变成矩形波或正弦波及控制所消耗的功率。而永磁无刷有槽直流电动机系统效率为其输出功率与直流电输入功率的百分比。其中永磁无刷有槽直流电动机的损耗包括直流电逆变成矩形波或正弦波及其控制等的损耗，电动机自身的铜损耗、铁损耗、机械损耗等。

2）永磁无刷有槽直流电动机运行工况。设计永磁无刷有槽直流电动机时应有使用工况的条件，如是连续运转还是间歇运转；还对自然环境如酸气、碱气、烟尘、风沙、盐雾、环境温度、湿度、海拔高度等有要求。

3）温升。永磁无刷有槽直流电动机在额定运行时，电动机的温升不应超过国家标准规定的温升和绝缘等级。因为永磁无刷有槽直流电动机有的在低电压下工作，有的工作电压则达到 400V 或更高。

4）永磁无刷有槽直流电动机运行时的机械特性。

2. 永磁无刷有槽直流电动机的主要参数

（1）永磁无刷有槽直流电动机的气隙磁感应强度

1）永磁无刷有槽直流电动机转子永磁体磁极径向布置时的气隙磁感应强度 B_δ（T）为

$$B_\delta = K_m \frac{B_r}{\pi\sigma} \arctan \frac{a_m b_m}{2\delta \sqrt{4\delta^2 + a_m^2 + b_m^2}} \tag{6-12}$$

式中 K_m——永磁体磁极的端面系数，见表 2-1；

B_r——永磁体标定的剩磁，单位为 T；

σ——漏磁系数，$\sigma = 1.0 \sim 1.1$；

δ——气隙长度，单位为 m；

a_m——矩形永磁体磁极的矩形极面的短边长，单位为 m；

b_m——矩形永磁体磁极的矩形极面的长边长，单位为 m。

2）永磁无刷有槽直流电动机转子永磁体磁极的切向布置属永磁体磁极并联，其两块永磁体的同性磁极同时供给一个导磁性良好的磁极，当这个导磁性良好的磁极面积小于或等于一个永磁极同性磁极的极面积时，其气隙磁感应强度 B_δ（T）为

$$B_\delta = K_m \frac{2B_r}{\pi\sigma} \arctan \frac{a_m b_m}{2\delta \sqrt{4\delta^2 + a_m^2 + b_m^2}} \tag{6-13}$$

式中　σ——漏磁系数。当有非磁性材料有效隔磁时，$\sigma = 1.4 \sim 1.6$；当没有非磁性材料隔磁时，$\sigma = 1.8 \sim 2.2$。

3）当永磁无刷有槽直流电动机额定运行，定子绕组的磁极的磁感应强度 B_m 为

$$B_m = B_\delta \tag{6-14}$$

当外负载转矩大于额定转矩时

$$B_m > B_\delta \tag{6-15}$$

当外负载转矩小于额定转矩时

$$B_m < B_\delta \tag{6-16}$$

（2）线负荷 A

线负荷 A 和气隙磁感应强度 B_δ 是永磁无刷有槽直流电动机两个极其重要的参数。

线负荷 A 表示永磁无刷有槽直流电动机沿定子圆周上单位长度的安培导体数，线负荷 A 由式（6-17）给出，即

$$A = \frac{mNI_N}{\pi D_{i1}} \tag{6-17}$$

式中　A——永磁无刷有槽直流电动机的线负荷，单位为 A/cm；

　m——相数；

　I_N——定子绕组的额定电流，单位为 A；

　N——定子绕组每相串联导体数；

　D_{i1}——对内转子为定子内径，对于外转子式为定子外径，单位为 cm。

线负荷 A 在永磁无刷有槽直流电动机中，微型功率 W 级 $A = 50 \sim 150$A/cm；对于 kW 级自扇风冷或强迫风冷的 $A = 300 \sim 600$A/cm。

当永磁无刷有槽直流电动机的额定功率 P_N 及定子内径（内转子式）或定子外径（外转子式）D_{i1} 确定后，增大线负荷 A 需要增加定子绕组每相串联导体数 N 或增加电流 I_N。增加定子绕组每相串联导体数会增加绕组的耗铜量和铜损耗；增加电流 I_N 会增加铜损耗，两者都会使电动机温升提高。增加线负荷 A，也可以减小定子直径 D_{i1}，这会使永磁无刷有槽直流电动机体积减小，但又得增加电动机长度，虽然铁耗量减少了，但电动机加长了，会增加下线难度。

如果线负荷选的小，则必须增大电动机定子直径 D_{i1}，这会使电动机体积变大，增加电动机的耗铁量。或者减小电流 I_N 或减少定子绕组每相串联导体数，但这又会增加定子槽数，增大加工难度。

永磁无刷有槽直流电动机的线负荷 A 要合理、科学地选择。当其他参数计算与线负荷 A

有不相适应时，应重新选择 A 并重新计算其他参数。

（3）永磁无刷有槽直流电动机的输入功率 P_1

永磁无刷有槽直流电动机的输入功率 P_1（W）为

$$P_1 = mEI_N = mU_NI_N \tag{6-18}$$

式中　E——永磁无刷有槽直流电动机绕组的相电压，单位为 V；

　　　m——永磁无刷有槽直流电动机定子绕组的相数；

　　　I_N——额定电流，单位为 A；

　　　U_N——额定定子绕组电压，单位为 V。

（4）永磁无刷有槽直流电动机的发热系数 A_j

永磁无刷有槽直流电动机的发热系数是衡量其运行时发热程度的参数，它是线负荷 A 与定子绕组电流密度 j_a 的乘积。发热系数 A_j（A/cm·A/mm²）由式（6-19）给出，即

$$A_j = Aj_a \tag{6-19}$$

式中　j_a——定子绕组的电流密度，单位为 A/mm²。

　　　A——线负荷，单位为 A/cm。

发热系数 A_j 与电流密度 j_a 和线负荷 A 有关，也与冷却有关。当永磁无刷有槽直流电有轴向冷却时，发热系数可取 1500 ~ 2000A/cm·A/mm²。

（5）永磁无刷有槽直流电动机的利用系数 c

永磁无刷有槽直流电动机的利用系数 c 是电动机有效部分的单位体积、单位同步转速的输入功率。利用系数 c（W·min/m³）由式（6-20）给出，即

$$c = \frac{P_1}{D_{i1}^2 L_{ef} n_N} \doteq 0.116 K_{dp} A B_\delta \tag{6-20}$$

式中　P_1——输入功率，单位为 W；

　　　D_{i1}——定子直径，单位为 m；

　　　L_{ef}——定子铁心有效长度，单位为 m；

　　　n_N——永磁无刷有槽直流电动机的同步转速即额定转速，单位为 r/min；

　　　K_{dp}——定子基波绕组系数；

　　　A——永磁无刷有槽直流电动机的线负荷，单位为 A/cm；

　　　B_δ——气隙磁感应强度，单位为 T。

永磁无刷有槽直流电动机的利用率表明其材料的利用程度，利用系数越高，则说明电动机的材料利用率越高，材料消耗少，制造成本低。由于永磁体磁极的应用，使永磁无刷有槽直流电动机的材料利用率有很大提高，可以达到 2 ~ 8kW·min/m³。

（6）永磁无刷有槽直流电动机的尺寸比

永磁无刷有槽直流电动机的尺寸比 λ 是定子的有效长度 L_{ef} 与其极距 τ 之比。当电动机有效部分的体积不变时，尺寸比 λ 值越大则电动机越细长，反之电动机则短粗。尺寸比通常为 0.5 ~ 4。对于功率较大的永磁无刷有槽直流电动机，由于转子线速度大而材料受到限制，因此通常 λ 值较大，可达到 3 ~ 4；对于微、小型机的线速低一些，λ 可以选择小一些，通常取 0.5 ~ 1.5。尺寸比 λ 为

$$\lambda = \frac{L_{ef}}{\tau} \tag{6-21}$$

λ 值大会使极距 τ 减小，定子端部连线短，耗铜少；但 λ 值太大会增加制造难度，也会使冷却困难，因此，尺寸比 λ 也应合理。

3. 永磁无刷有槽直流电动机的主要尺寸的确定

（1）初选定子直径 D_{i1}

永磁无刷有槽直流电动机主要尺寸的确定，就是在给定额定功率、额定转速的基础上确定电动机定子直径 D_{i1} 和定子有效长度 L_{ef}。可以根据相近功率的电动机定子直径初步确定永磁无刷有槽直流电动机的定子直径，在设计计算中再行修正。也可以根据电动机的转速要求验证初选的定子直径 D_{i1} 或用转数求出转子直径 D_2 再加上气隙长度（或减气隙长度）求出定子直径 D_{i1}。转子允许转速 v_a（m/s）为

$$v_a = \frac{\pi D_2 n_N}{60} \tag{6-22}$$

$$D_2 = \frac{60 v_a}{\pi n_N}$$

式中　D_2——永磁无刷有槽直流电动机转子直径，单位为 m；

$\quad\quad n_N$——永磁无刷有槽直流电动机的额定转速，单位为 r/min。

微、小型机中 $v_a \leqslant 35\text{m/s}$，在中、大型机中 $v_a \leqslant 55\text{m/s}$。

（2）确定定子铁心的有效长度——即设计长度 L_{ef}

定子的有效长度 L_{ef}（m）由式（6-23）求得，即

$$L_{ef} = \frac{P_1}{c D_{i1}^2 n_N} \tag{6-23}$$

式中　P_1——永磁无刷有槽直流电动机的输入功率，单位为 W；

$\quad\quad c$——电动机的利用系数，单位为 $\text{W} \cdot \text{min/m}^3$；

$\quad\quad n_N$——电动机的额定转速，单位为 r/min；

$\quad\quad D_{i1}$——定子直径，单位为 m。

定子有效长度 L_{ef} 也可以由式（6-24）求得，即

$$L_{ef} = \frac{6.1 P_1}{n_N} \frac{1}{a_p' A B_\delta D_2^2} = \frac{P_1}{n_N} \frac{6.1}{a_p' A B_\delta D_2^2} \tag{6-24}$$

式中　a_p'——极弧系数，通常 $a_p' = 0.637 \sim 0.78$；

$\quad\quad A$——线负荷，单位为 A/cm；

$\quad\quad B_\delta$——气隙磁感应强度，单位为 T；

$\quad\quad D_2$——转子直径，单位为 cm；

$\quad\quad n_N$——额定转速，单位为 r/min。

定子有效长度亦可由式（6-25）验证，即

$$L_{ef} = \lambda \tau \tag{6-25}$$

式中　λ——永磁无刷有槽直流电动机的尺寸比；

$\quad\quad \tau$——极距，单位为 m 或 mm。

永磁无刷有槽直流电动机定子的极距 τ（m 或 mm）由式（6-26）给出，即

$$\tau = \frac{\pi D_{i1}}{2p} \tag{6-26}$$

式中 $2p$——定子极数；

  D_{i1}——永磁无刷有槽直流电动机定子直径，单位为 m 或 mm。

第七节 永磁无刷有槽直流电动机的定子槽尺寸、槽满率及磁路计算

1. 定子槽形尺寸及槽满率

  永磁无刷有槽直流电动机有内转子和外转子两种结构形式，相对应的定子槽有外定子槽和内定子槽之分。图 6-6a、b 所示为内转子的定子槽常用的梨形槽和梯形槽，它们都是等齿宽槽；图 6-6c、d、e 所示为外转子的定子槽常用的梨形槽、梯形梨形槽和圆形槽，它们也是等齿宽槽。现以图 6-6a 为例来说明定子槽尺寸及槽满率。

  （1）永磁无刷有槽直流电动机的定子槽参数

  1）每极每相槽数 q 由式（6-27）给出，即

$$q = \frac{z}{2pm} \tag{6-27}$$

式中 z——永磁无刷有槽直流电动机的定子槽数；

  $2p$——定子极数；

  m——定子绕组相数。

  为了使永磁无刷有槽直流电动机顺利起动，每极每相槽数应为分数，即

$$q = b + \frac{c}{d} \tag{6-28}$$

式中 b——分数槽的整数部分；

  $\dfrac{c}{d}$——分数槽的分数部分。

  2）永磁无刷有槽直流电动机的定子齿距 t（m 或 mm）为

$$t = \frac{\pi D_{i1}}{z} \tag{6-29}$$

  定子齿距 t 也可表达为

$$t = b_1 + t_1 \tag{6-30}$$

式中 D_{i1}——定子直径，单位为 m 或 mm；

  b_1——定子槽在定子内圆的弧长，单位为 m 或 mm；

  t_1——定子齿宽，单位为 m 或 mm；

  z——定子槽数。

  3）轴向强迫风冷的永磁无刷有槽直流电动机的微小型机的线负荷 A 为 $50 \sim 150 \mathrm{A/cm}$，中大型机的线负荷 A 为 $300 \sim 600 \mathrm{A/cm}$。由线负荷 A 可以求得永磁无刷有槽直流电动机每相串联导体数 N。

$$A = \frac{mNI_N}{\pi D_{i1}}$$

$$N = \frac{\pi D_{i1}A}{mI_N} \tag{6-31}$$

4）永磁无刷有槽直流电动机每槽导体数 N_S 可由式（6-32）求得，即

$$N_S = \frac{Nma}{z}$$ (6-32)

式中　z——定子槽数；

$\quad\quad m$——定子绕组相数；

$\quad\quad a$——定子绕组并联支路数；

$\quad\quad N$——每相串联导体数。

5）永磁无刷有槽直流电动机定子绕组电流密度 j_a 通常取 $j_a = 3.5 \sim 7.5 A/mm^2$，功率小取小值，功率大取大值，取大值会使电动机发热严重，选择电流密度时应给予注意。

（2）定子槽尺寸

1）定子槽有效面积，亦称定子槽可利用面积。所谓定子槽有效面积 S_{ef} 是指定子槽面积减去绝缘面积，再减去槽楔面积之后可以嵌放定子绕组的面积。以图 6-6a 为例求定子有效面积 S_{ef}（m^2 或 mm^2）为

$$S_{ef} = \frac{1}{2}(b_1 - 2\Delta + 2R - \Delta)h_1 + \frac{\pi(R-\Delta)^2}{4} - \left[b_1 h_0 + \frac{(b_1 - h_0)^2}{4}\tan 30°\right] - \frac{(2b_0 + b_0)}{2}h'$$ (6-33)

式中　b_1——定子内径定子槽弧长，$b_1 = (0.55 \sim 0.65)\ t$，单位为 m 或 mm；

$\quad\quad b_0$——定子槽口宽，单位为 m 或 mm；

$\quad\quad h_1$——槽底半圆 R 的中心至定子内径之矩，单位为 m 或 mm；

$\quad\quad h'$——槽楔高，单位为 m 或 mm；

$\quad\quad R$——梨形槽底半圆的半径，单位为 m 或 mm；

$\quad\quad \Delta$——绝缘层厚，单位为 m 或 mm；

$\quad\quad t$——定子齿距，单位为 m 或 mm。

2）定子槽内可容纳绝缘漆包导线的面积 S_1 可由式（6-34）给出，即

$$S_1 = d^2 N_S$$ (6-34)

式中　d——绝缘导线的直径，单位为 m 或 mm；

$\quad\quad S_1$——定子槽内可容纳的绝缘漆包导线的面积，单位为 m^2 或 mm^2。

3）槽满率表示定子槽有效面积内可容纳的绝缘漆包导线的程度，槽满率 S_f（%）为

$$S_f = \frac{S_1}{S_{ef}} \times 100\%$$ (6-35)

槽满率一般控制在 75% ~ 80%。

4）定子齿距 t（内转子式）和 t_a（外转子式）（m 或 mm）为

$$t = \frac{\pi D_{i1}}{z}$$ (6-36)

式中　D_{i1}——永磁无刷有槽直流电动机定子直径（内转子为定子内径，外转子式为定子外径，单位为 m 或 mm）。

等齿宽定子齿宽 t_1（m 或 mm）为

$$t_1 = t - b_1$$ (6-37)

5）定子槽高 h（m 或 mm）为

$$h = h_1 + R \tag{6-38}$$

6）定子轭高 h_{j}（m 或 mm）为

$$h_{\mathrm{j}} = \frac{1}{2}(D_{\mathrm{i}2} - D_{\mathrm{i}1}) - h \tag{6-39}$$

式中　$D_{\mathrm{i}2}$——外转子式为转子轴的直径，h_{j} 为负值，取其绝对值；内转子式为定子外径，单位为 m 或 mm。

如果计算结果不能满足 $t_1 = t - b_1$，则应重新计算和确定定子直径 $D_{\mathrm{i}1}$，使其能满足槽满率 S_{f} 及 $t_1 = t - b_1$ 等尺寸要求，用式（6-40）重新计算 $D_{\mathrm{i}1}$，即

$$D_{\mathrm{i}1} = \frac{zt}{\pi} \tag{6-40}$$

2. 定子齿、定子轭的磁路计算

当定子槽尺寸确定后，应对定子齿、定子轭的磁路进行计算。当定子齿和定子轭的磁感应强度达到或超过 1.5～1.6T 时，应重新计算和确定定子槽尺寸及定子直径，使之满足其磁感应强度小于 1.5～1.6T。

（1）定子槽的定子齿磁感应强度

气隙磁感应强度完全进入定子齿，进入定子槽的定子齿的磁通量 Φ_{t}（Wb）为

$$\Phi_{\mathrm{t}} = B_{\mathrm{t}}(b+1)t_1 L_{\mathrm{ef}} \tag{6-41}$$

对应 $(b+1)t_1$ 的气隙磁通 Φ_{δ}（Wb）为

$$\Phi_{\delta} = B_{\delta} b_{\mathrm{p}} L_{\mathrm{ef}} \tag{6-42}$$

因 $\Phi_{\mathrm{t}} = \Phi_{\delta}$，则

$$B_{\mathrm{t}}(b+1)t_1 L_{\mathrm{ef}} = B_{\delta} b_{\mathrm{p}} L_{\mathrm{ef}} \tag{6-43}$$

式中，$(b+1)t_1 L_{\mathrm{ef}} = S_{\mathrm{t}}$ 为气隙磁通进入定子齿的面积，单位为 m^2 或 mm^2；$b_{\mathrm{p}} L_{\mathrm{ef}} = S_{\delta}$ 为磁极的进入 $(b+1)t_1$ 面积与对应的磁通面积，单位为 m^2 或 mm^2。

由于 $S_{\mathrm{t}} = S_{\delta}$，则定子齿磁感应强度 B_{t}（T 或 Gs）为

$$B_{\mathrm{t}} = \frac{B_{\delta} b_{\mathrm{p}}}{(b+1)t_1} \tag{6-44}$$

式中　B_{δ}——气隙磁感应强度，单位为 T 或 Gs；

　　　b_{p}——极弧长度，单位为 m 或 mm；

　　　L_{ef}——气隙轴向计算长度也是定子铁心有效长度，单位为 m 或 mm；

　　　t_1——定子齿宽，单位为 m 或 mm；

　　　b——定子每极每相槽数 $q = b + \dfrac{c}{d}$ 中的整数部分 b。

（2）定子轭磁感应强度

若定子齿出来的磁通全部进入定子轭，则进入定子轭的磁通 Φ_{j}（Wb）为

$$\Phi_{\mathrm{j}} = B_{\mathrm{j}} h_{\mathrm{j}} L_{\mathrm{ef}} \tag{6-45}$$

因为 $\Phi_{\mathrm{j}} = \Phi_{\mathrm{t}}$，则

$$B_{\mathrm{j}} h_{\mathrm{j}} L_{\mathrm{ef}} = B_{\mathrm{t}}(b+1)t_1 L_{\mathrm{ef}} = B_{\delta} b_{\mathrm{p}} L_{\mathrm{ef}} \tag{6-46}$$

故定子轭磁感应强度 B_{j}（T 或 Gs）为

$$B_{\mathrm{j}} = \frac{B_{\mathrm{t}}(b+1)t_1}{h_{\mathrm{j}}} = \frac{B_{\delta} b_{\mathrm{p}}}{h_{\mathrm{j}}} \tag{6-47}$$

式中　h_j——定子轭高，单位为 m 或 mm；

　　　L_{ef}——定子轭轴向长度，单位为 m 或 mm。

（3）气隙磁感应强度

1）当转子永磁体磁极为径向布置时，其气隙磁感应强度 B_δ（T）为

$$B_\delta = K_m \frac{B_r}{\pi\sigma} \arctan \frac{a_m b_m}{2\delta \sqrt{4\delta^2 + a_m^2 + b_m^2}}$$

2）当转子永磁体磁极为切向布置时，其气隙磁感应强度 B_δ（T）为

$$B_\delta = K_L K_m \frac{2B_r}{\pi\sigma} \arctan \frac{a_m b_m}{2\delta \sqrt{4\delta^2 + a_m^2 + b_m^2}}$$

3. 永磁无刷有槽直流电动机的基波绕组系数

永磁无刷有槽直流电动机的基波绕组系数 K_{dp} 为

$$K_{dp} = K_d K_p \tag{6-48}$$

式中　K_d——定子绕组分布系数；

　　　K_p——定子绕组短距系数。

永磁无刷有槽直流电动机宜采用短节距绕组或双层同相短节距绕组，短节距绕组不仅会使绕组端部连线短，耗铜量少、铜损耗减少，还会减少附加损耗，增加定子绕组的短距系数 K_p，有利于电动机功率的提高。

（1）定子绕组分布系数

定子绕组分布系数 K_d 由式（6-49）给出

$$K_d = \frac{\sin \dfrac{\alpha}{2} q}{q \sin \dfrac{\alpha}{2}} \tag{6-49}$$

式中　α——用电角度表示的槽距角，单位为（°），其表达式为

$$\alpha = \frac{2p\pi}{z} \tag{6-50}$$

（2）定子绕组短距系数

定子绕组短距系数 K_p 由式（6-51）求得

$$K_p = \sin \frac{\beta\pi}{2} \tag{6-51}$$

式中　$\beta = \dfrac{y}{mq}$；

　　　y——绕组节距；

　　　m——相数；

　　　q——每极每相槽数。

第八节　永磁无刷有槽直流电动机的功率及效率

永磁无刷有槽直流电动机是由逆变器将直流电逆变成矩形波或正弦波驱动的，其本质是由交流电驱驱动的电动机。流入定子绕组的交流电不仅会造成绕组的铜损耗，还会在定子铁

心中造成铁损耗。因而永磁无刷有槽直流电动机存在两种效率，其一是电动机自身效率和自身损耗，自身损耗包括定子绕组的铜损耗、铁损耗和机械损耗等；其二是永磁无刷有槽直流电动机的系统效率和系统损耗，系统损耗除包括电动机自身损耗外还包括逆变器及整流部分的损耗。

1. 永磁无刷有槽直流电动机的自身损耗

（1）永磁无刷有槽直流电动机的铜损耗

永磁无刷有槽直流电动机的转子磁极是永磁体磁极，在电动机运行中没有铜损耗。而电动机定子绕组通以矩形波或正弦波交流电，因此，定子绕组的铜损耗 P_{Cu}（W）为

$$P_{\mathrm{Cu}} = m I_{\mathrm{N}}^2 R_{\mathrm{f}} a \tag{6-52}$$

式中　　m——相数；

　　　　I_{N}——定子绕组每相的额定电流，单位为 A；

　　　　R_{f}——定子每相绕组的电阻，单位为 Ω，由于交流电阻很难测定，因此，此电阻通常以 75℃ 时的导线直流电阻作为计算电阻；

　　　　a——绕组并联支路数。

每个支路的电阻 R_{f}（Ω）由式（6-53）给出，即

$$R_{\mathrm{f}} = \frac{\rho_{75} N_{\mathrm{S}} L}{n} \tag{6-53}$$

式中　　ρ_{75}——绕组漆包导线在 75℃ 时的电阻，单位为 Ω/km，见表 4-1；

　　　　N_{S}——绕组每槽导体数，单位为匝；

　　　　L——绕组每匝导线长度，单位为 km；

　　　　n——绕组每个导体并绕导线根数。

每匝导线长度 L（km）由式（6-54）计算出，如图 6-17 所示。

绕组每半匝长度 L_{c}（km）为

$$L_{\mathrm{c}} = L_{\mathrm{t}} + 2(L_{\mathrm{E}} + d) \tag{6-54}$$

式中　　L_{t}——定子的实际长度，单位为 km；

　　　　d——绕组在定子两端伸出的长度，单位为 km；

　　　　L_{E}——绕组端部连线的一半，单位为 km。

绕组每匝长度 L（km）

$$L = 2L_{\mathrm{c}} \tag{6-55}$$

当绕组为单层时

$$L_{\mathrm{E}} = K \tau_{\mathrm{y}} \tag{6-56}$$

当绕组为双层时

$$L_{\mathrm{E}} = \tau_{\mathrm{y}} / 2\cos\alpha \tag{6-57}$$

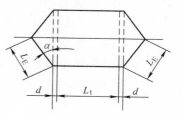

图 6-17　导线计算长度

式中　　K——经验系数。永磁无刷有槽直流电动机为 2～4 极时，$K = 0.58$；当电动机为 6 极时，$K = 0.6$；当电动机为 8 极时，$K = 0.625$；当电动机为 10 极以上时，$K > 0.7$；

　　　　τ_{y}——定子绕组的平均节距，单位为 km。τ_{y} 由式（6-58）给出，即

$$\tau_y = \frac{\pi(D_{i1} + h)}{2p}\beta \tag{6-58}$$

式中　D_{i1}——当永磁无刷直流电动机为内转子时为定子内径；当电动机为外转子时为定子外径，单位为 km；

　　　　h——定子槽深，单位为 km；

　　　　$2p$——定子极数。

$$\beta = \frac{y}{mq} \tag{6-59}$$

式中　y——绕组节距；

　　　　m——相数；

　　　　q——每极每相槽数。

（2）永磁无刷有槽直流电动机的铁损耗

当永磁无刷有槽直流电动机运行时，通过定子绕组的电流或是矩形波或是正弦波的交流电，会在定子铁心中产生交变磁场，这个交变磁场会在定子铁心中引起磁滞损耗和涡流损耗。

1）为了计算方便，将定子铁心的磁滞损耗和涡流损耗统一计算，定子铁损系数 p_{he}（W/kg）由式（6-60）给出，即

$$p_{he} = P_{10/50}B^2\left(\frac{f}{50}\right)^{1.3} \tag{6-60}$$

式中　$P_{10/50}$——磁感应强度为 1.0T、$f = 50$Hz 时的磁导体硅钢片单位重量的铁损值，单位为 W/kg；

　　　　B——铁心中的磁通密度，单位为 T。当计算定子齿的铁损系数 p_{het} 时，B 为 B_t；当计算定子轭铁损系数 p_{hej} 时，B 为 B_j；

　　　　f——永磁无刷有槽直流电动机逆变器的换相频率，单位为 Hz。

定子铁损系数适用于逆变器换相频 $f < 50$Hz，$f = 50$Hz，$f > 50$Hz 的各种换相频率。

2）定子齿铁损系数 p_{het}（W/kg）由式（6-61）给出，即

$$p_{het} = P_{10/50}B_t^2\left(\frac{f}{50}\right)^{1.3} \tag{6-61}$$

3）定子轭铁损系数 p_{hej}（W/kg）由式（6-62）给出，即

$$p_{hej} = P_{10/50}B_j^2\left(\frac{f}{50}\right)^{1.3} \tag{6-62}$$

4）定子齿的铁损耗 P_{Fet}（W）由式（6-63）给出，即

$$P_{Fet} = K_d p_{het} G_t \tag{6-63}$$

式中　K_d——经验系数，通常 K_d 取 1.3～2，大功率取大值，小功率取小值；

　　　　G_t——定子齿硅钢片重，单位为 kg。

5）定子轭铁损耗 P_{Fej}（W）由式（6-64）给出，即

$$P_{Fej} = K_d' p_{hej} G_j \tag{6-64}$$

式中　K_d'——经验系数，通常 K_d' 取 1.2～1.5，大功率取大值，小功率取小值；

　　　　G_j——定子轭重，单位为 kg。

6）定子铁心的铁损耗为定子齿铁损耗和定子轭铁损耗之和，定子铁心铁损耗 P_{Fe}（W）

由式（6-65）给出，即

$$P_{Fe} = P_{Fet} + P_{Fej}$$
$$= K_d \cdot p_{het} \cdot G_t + K_d' \cdot p_{hej} \cdot G_j \qquad (6\text{-}65)$$

（3）永磁无刷有槽直流电动机的机械损耗

永磁无刷有槽直流电动机的机械损耗主要是轴承的摩擦损耗、冷却通风损耗等。微、小型机往往是拖动风扇冷却其他电器件又自行自扇风冷；功率较大的自扇风冷，功率更大的要外置强迫风冷，外置强迫风冷用电动机的功率损耗也应计算在功率损耗之内。

1）滚动轴承的摩擦损耗 P_f（W）可按经验公式（6-66）求得，即

$$P_f = 0.15 \frac{F}{d} v \times 10^2 \qquad (6\text{-}66)$$

式中　F——滚动轴承载荷，单位为 N；

$\quad\quad d$——滚动轴承滚珠或滚柱中心到转子转动中心的直径，单位为 m；

$\quad\quad v$——滚珠或滚柱中心的圆周速度，单位为 m/s。

2）自扇风冷的永磁无刷有槽直流电动机的机械损耗。通常将自扇风冷的轴承摩擦损耗和自扇风冷功率及风阻损耗一并计算，由经验公式（6-67）求出，即

$$P_{fw} = 8 \times 2p \left(\frac{v}{40}\right)^3 \sqrt{\frac{L_t}{19}} \qquad (6\text{-}67)$$

式中　P_{fw}——自扇风冷的机械损耗，单位为 W；

$\quad\quad 2p$——永磁无刷有槽直流电动机的极数；

$\quad\quad v$——电动机转子的圆周速度，单位为 m/s；

$\quad\quad L_t$——电动机的定子铁心的实际长度，单位为 m。

3）强迫风冷的永磁无刷有槽直流电动机的机械损耗 P_W（W）的另一种简便经验公式如下：

$$P_W = 1.75 q_v v^2 \qquad (6\text{-}68)$$

式中　q_v——强迫风冷的空气流量，单位为 m³/s；

$\quad\quad v$——强迫风冷风扇外圆的线速度，单位为 m/s。

4）永磁无刷有槽直流电动机的机械损耗 P_{fW}（W）为

$$P_{fW} = P_f + P_W \qquad (6\text{-}69)$$

2. 永磁无刷有槽直流电动机的自身效率

（1）永磁无刷有槽直流电动机的输出功率

永磁无刷有槽直流电动机的输出功率 P_N（W）由式（6-70）给出，即

$$P_N = M\omega$$
$$= \frac{2\pi n_N}{60} M \qquad (6\text{-}70)$$

式中　M——永磁无刷有槽直流电动机的输出转矩，单位为 N·m；

$\quad\quad \omega$——电动机的角速度，单位为 rad/min；

$\quad\quad n_N$——电动机的额定转速，单位为 r/min。

永磁无刷有槽直流电动机的输出功率也可用式（6-71）表达，即

$$P_N = P_1 - \Sigma P \qquad (6\text{-}71)$$

式中 P_1——输入功率，单位为 W；

ΣP——各种损耗功率，单位为 W。

输入功率 P_1（W）由式（6-72）给出，即

$$P_1 = mEI \tag{6-72}$$

式中 E——输入电压，单位为 V；

I——输入电流，单位为 A；

m——相数。

（2）永磁无刷有槽直流电动机的自身效率

永磁无刷有槽直流电动机的自身效率 η（%）为

$$\eta = \frac{P_N}{P_1} \times 100\%$$

$$= \frac{P_1 - \Sigma P}{P_1} \times 100\% \tag{6-73}$$

式中，ΣP 由式（6-74）给出

$$\Sigma P = P_{Cu} + P_{Fe} + P_{fW} \tag{6-74}$$

式中 P_{Cu}——永磁无刷有槽直流电动机的铜损耗，单位为 W；

P_{Fe}——永磁无刷有槽直流电动机的铁损耗，单位为 W；

P_{fW}——永磁无刷有槽直流电动机的机械损耗，单位为 W。

3. 永磁无刷有槽直流电动机的系统损耗

永磁无刷有槽直流电动机是由逆变器输出的矩形波或正弦波驱动的，而逆变器将直流电逆变成矩形波或正弦波交流电的输入电源为交流电经整流获得的。在交—直—交的过程中的损耗为 $\Sigma P'$（W）；逆变器输入功率为 P_1'（W）；逆变器输出功率也是永磁无刷直流电动机的输入功率，即 P_1。

4. 逆变器的效率

逆变器的效率为其输出功率与输入功率的百分比，由式（6-75）给出，即

$$\eta_1 = \frac{P_1}{P_1'} \times 100\% \tag{6-75}$$

微、小型逆变器的效率通常为 50% ~ 70%，中、大型逆变器的效率通常为 70% ~ 85%，很少有达到 90% 的。

5. 永磁无刷有槽直流电动机的系统效率

永磁无刷有槽直流电动机的系统效率 η'（%）为

$$\eta' = \eta_1 \eta \tag{6-76}$$

例如某台永磁无刷有槽直流电动机的自身效率 $\eta = 75\%$，逆变器效率为 71%，则系统效率 η' 为

$$\eta' = \eta \eta_1 = 75\% \times 71\% = 53.25\%$$

6. 永磁无刷有槽直流电动机的节能

永磁无刷有槽直流电动机的输出功率中包含转子永磁体做功的功率 P_y，用电励磁转子绕组励磁功率表达，则转子永磁体做功的功率为

$$P_y = U_a I_a$$

式中　U_a——转子绕组励磁电压，单位为 V；

　　　I_a——转子绕组励磁电流，单位为 A。

永磁无刷有槽直流电动机与同功率常规励磁电动机相比，节能 $P_y = U_a I_a$。

第九节　永磁无刷有槽直流电动机的现状及未来发展

永磁无刷有槽直流电动机的本质，是由电子逆变器将直流电逆变成矩形波或正弦波驱动的有位置传感器反馈控制或无位置传感器依反电动势等信息控制的交流同步电动机。永磁无刷有槽直流电动机节能、效率高，有良好的机械特性、可控性及很宽的调速性，因而被广泛地应用在航天、航空、舰船、高铁、电动汽车、电动自行车、医疗器械、数控机床、数码电子产品、机器人、无人机、家用电器等诸多领域的伺服控制、步进控制、遥控控制、动力驱动等领域。

目前，永磁无刷有槽直流电动机基本上还是以微、小型为主。随着科学的发展和技术的进步，已经将永磁无刷有槽直流电动机的位置控制、速度控制、矩形波或正弦波形成、PWM、逆变器的驱动器、欠电压保护、过电压保护、过电流保护、过热保护、稳压等功能都集成在一个高 3.6mm、宽 15mm、长 50mm 的芯片上。

近年来，随着 CO_2、SO_2 及氮氧化物排放的减少，全世界都在发展电动汽车，电动汽车的驱动电动机就是永磁无刷有槽直流电动机，两轮驱动的永磁无刷有槽直流电动机每台功率都可达到 25kW 以上。电动自行车后轮驱动的永磁无刷直流电动机的功率也达到 0.3kW 以上。永磁无刷有槽直流电动机最小的直径只有 6mm。再如月球车的行车驱动、转向驱动、太阳能电池板的调整的驱动等都利用永磁无刷有槽直流电动机。

目前，永磁无刷有槽直流电动机的功率已达到 MW 级，德国已经用永磁无刷有槽直流电动机驱动潜艇。

未来，随着技术的进步，永磁无刷有槽直流电动机的微、小型机的逆变及控制芯片会更小型化，会使微、小型永磁无刷有槽直流电动机用途会更加广泛。随着逆变器及控制器更小型化、效率更高、运行更可靠、成本更低，永磁无刷有槽直流电动机的中、大型机会更有用武之地。

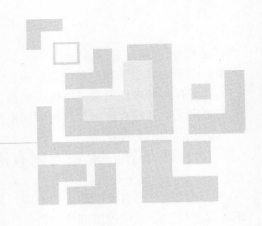

第七章

永磁盘式直流电动机

永磁盘式直流电动机很早就被发明了，但由于最早的永磁盘式直流电动机的磁极是天然磁石，它的磁感应强度很小，效率低，因此没有得到发展。随着时代的发展，科学技术的进步，在20世纪相继发明了钨钢永磁体、铁氧体永磁体，20世纪70年代发明了磁综合性能较好的稀土钴及后来发明的钕铁硼永磁体，才使永磁盘式直流电动机得到发展，进入实用阶段。

永磁盘式直流电动机的特点之一是其轴向尺寸短，适合于轴向空间尺寸小的场合。

在永磁盘式直流电动机中，永磁体磁极轴向布置，是永磁体磁极串联，永磁体两个磁极同时使用，充分发挥了永磁体磁极的作用。永磁体磁极直接面对气隙，漏磁小，使永磁盘式直流电动机体积小、重量轻、效率高、温升低、噪声小、节能，因而被广泛地应用在航天、航空、舰船、计算机、医疗器械、家电、数码相机等诸多领域。

永磁盘式直流电动机有多种结构形式。永磁盘式直流电动机分为有刷和无刷两种及有槽和无槽两种结构形式。为了满足不同的功率要求，永磁盘式直流电动机又可分为单层和多层，即单转子和多转子式结构。

第一节　永磁有刷盘式直流电动机的结构、起动和反转

1. 永磁有刷盘式直流电动机的结构

永磁有刷盘式直流电动机分为单转子式和双转子式，如图7-1所示。

永磁有刷盘式直流电动机的定子磁极是永磁体磁极、永磁体磁极为轴向布置，呈扇形排列，如图7-3a所示。转子通常为无铁心无槽绕组在模具中用玻璃纤维环氧树脂增强塑料模压成型，使转子绕组在增强塑料中不会因转子转动而变形。转子无铁心，因而无铁损，转子绕组两边都有气隙，便于转子绕组和定子永磁体磁极散热。转子绕组被封在增强塑料内并与转子轴安装在一起形成转子，因而质量小、转动惯量小、起动转矩大、快速反应性能好、又可频繁起动。

图7-1a所示为单转子式永磁有刷盘式直流电动机结构示意图。单转子式永磁有刷盘式直流电动机由前端盖和固定在前端盖上的定子永磁体磁极、后端盖和固定在后端盖上的定子永磁体磁极、转子轴及固定在转子轴上的转子绕组和换向器铜头、机壳、轴承、电刷等组成。

单转子式永磁有刷盘式直流电动机也有采用单边定子永磁体磁极的，也就是一个端盖固

定了定子永磁体磁极，这种结构布置会使气隙磁感应强度 B_δ 小一些，但会节省一半永磁体磁极。这种结构如果转子有铁心，则会造成单边磁拉力，不利于电动机起动。

永磁有刷盘式直流电动机的转子是电动机输出转矩对外做功的重要部件，转子绕组电流方向的改变是靠机械换向器的换向铜头和电刷实现的。关于换向铜头结构及电刷见第五章第一节及第七节，不再赘述。

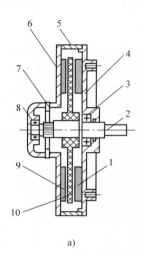 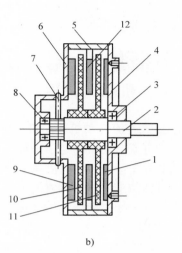

a)　　　　　　　　　　　　　　　b)

图 7-1　永磁有刷盘式直流电动机结构示意图

a）单转子双定子永磁体磁极结构示意图

1、9—永磁体　2—转子轴　3、8—轴承　4—前端盖　5—机壳

6—后端盖　7—电刷　10—转子及绕组

b）双转子三定子永磁体磁极结构示意图

1、9—定子永磁体　2—转子轴　3、8—轴承　4—前端盖　5—机壳　6—后端盖

7—电刷　10、11—转子及绕组　12—定子永磁体磁极

图 7-1b 所示为双转子三定子永磁有刷盘式直流电动机结构示意图。双转子与单转子永磁有刷盘式直流电动机的结构基本相同，所不同的是它有两个转子三个定子永磁体磁极，中间的永磁体磁极固定在机壳上，同时两个转子绕组共用一个换向器，对两个转子绕组同时进行换向。

永磁有刷盘式直流电动机可以根据不同的功率要求制成单转子、双转子、三转子甚至更多转子的结构形式。

永磁有刷盘式直流电动机的定子磁极是永磁体磁极，永磁体磁极轴向布置，属永磁体磁极串联。永磁体磁极直接面对气隙，充分利用永磁体磁极的两个极面，因此，永磁体磁极的气隙磁感应强度比径向布置的永磁体一个极面直接面对气隙的气隙磁感应强度大 10% 左右。

但永磁有刷盘式直流电动机的定子永磁体磁极呈扇形，其极面上的磁感应强度不等，由内圆向外圆逐渐减小。

2. 永磁有刷盘式直流电动机的起动和反转

现在永磁有刷盘式直流电动机的转子基本上都是无铁心式，对于无铁心式转子在任意位置都可起动。永磁有刷盘式直流电动机转子绕组的电阻很小，起动时的最大电流能达到电动机额定运行时的额定电流的7~10倍。对于微、小型机可以直接起动，对于 kW 级的永磁有刷盘式直流电动机通常采用电阻起动，使起动最大电流降到额定运行时电流的2~3倍，在电动机起动后再切除电阻。

对于转子有铁心的，应遵循 $z/2p \neq$ 整数的原则，否则很难起动，甚至无法起动。

当需要永磁无刷盘式电动机反转时，只要将接在电刷上的电源的极对调，即原来接电源正极的电刷接到直流电源的负极上，将原来接在直流电源负极上的电刷接到直流电源的正极上，就会使永磁有刷盘式直流电动机反转。

第二节　永磁有刷盘式直流电动机的转动机理、转矩、反电动势、转速和调速

1. 永磁有刷盘式直流电动机转动机理

永磁有刷盘式直流电动机的定子磁极为永磁体磁极，流入转子绕组的被电刷和换向铜头不断改变的直流电方向使转子电流磁场的磁力与定子永磁体磁极的磁场磁力相互作用使转子转动。转子转动对外输出转矩，将直流电能转换成机械能。

在磁场中的载流导体受到磁场力的作用而移动，可以用左手定则来判断载流导体的运动方向。在图7-2中，在永磁体 N 极与 S 极气隙之间的转子绕组的电流方向是从纸面流出，用左手定则判断转子按顺时针方向转动。同理可以判断电流进入纸面时转子也是顺时针转动。

在磁场中的载流导体的转动机理如图7-2a所示。转子转动机理是定子永磁体磁极的磁力与转子绕组磁极的磁力相互作用的结果，如图7-2b

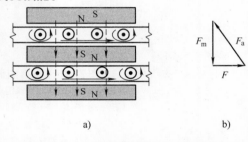

图7-2　永磁电刷直流电动机转动机理
a) 转动机理　b) 合力下使转子转动

所示。定子永磁体磁极的磁力 F_m 与转子绕组磁场的磁力 F_a 的合力 F 是使转子转动的力。在转子转动的过程中，通过电刷和换向铜头一直保持使转子转动的电流方向。这就是永磁有刷盘式直流电动机转动的机理。

2. 永磁有刷盘式直流电动机的转矩

永磁有刷盘式直流电动机的电磁转矩是由转子绕组的电流磁场的磁力 F_a 与定子永磁体磁极的磁力 F_m 的合力 F 形成的，它使永磁有刷盘式直流电动机输出转矩对外做功。永磁有刷盘式直流电动机输出转矩的旋转方向与转子旋转方向相同。

永磁有刷盘式直流电动机的电磁转矩 M （N·m）由式（7-1）给出，即

$$M = \frac{pN}{2a\pi}\Phi I_a \tag{7-1}$$

式中　p——永磁有刷盘式直流电动机的极对数；

N——转子绕组的总导体数；

$2a$——转子绕组并联支路数；

Φ——每极磁通，单位为 Wb；

I_a——直流电源供给转子绕组的电流，单位为 A。

由于定子永磁体磁极呈扇形，又由于永磁体的趋肤效应，使得定子扇形永磁体磁极面上的磁感应强度不等，所以应求出扇形极面极弧的中径，如图7-3a所示的a_{mav}，进而再求出扇形极面的平均磁通Φ_{av}值。

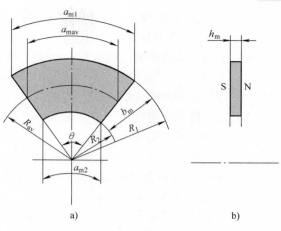

图7-3 永磁有刷盘式定子永磁体磁极的尺寸

1）扇形永磁体磁极的面积S_m（m^2 或 mm^2）由式（7-2）给出，即

$$S_m = \frac{\pi\theta}{360°}(R_1^2 - R_2^2) \qquad (7-2)$$

2）扇形永磁体磁极的平均气隙磁感应强度$B_{\delta av}$（T）由式（7-3）给出，如图7-3所示。

$$B_{\delta av} = \frac{1}{2}\left(K_{m1}\frac{B_r}{\pi\sigma}\arctan\frac{a_{m1}b_m}{2\delta\sqrt{4\delta^2 + a_{m1}^2 + b_m^2}} + K_{m2}\frac{B_r}{\pi\sigma}\frac{a_{m2}b_m}{2\delta\sqrt{4\delta^2 + a_{m2}^2 + b_m^2}}\right) \times 110\% \quad (7-3)$$

式中　B_r——永磁体标称的剩磁，单位为T；

　　　σ——漏磁系数，σ 通常取 $1.0 \sim 1.1$；

　　K_{m1}——扇形永磁体磁极长弧长的端面系数，见表2-1；

　　K_{m2}——扇形永磁体磁极的短弧长的端面系数，见表2-1；

　　　b_m——扇形永磁体磁极的另一边长，单位为m或mm；

　　　δ——气隙长度，单位为m或mm；

　　a_{m1}——扇形永磁体磁极的长弧长，单位为m或mm；

　　a_{m2}——扇形永磁体磁极的短弧长，单位为m或mm。

式（7-3）中乘以110%是因为轴向布置的永磁体磁极属永磁体串联，其气隙磁感应强度B_δ会增加10%左右，故乘以110%（也可以不乘）。

3）定子扇形永磁体磁极的每极平均磁通Φ_{av}（Wb）由式（7-4）给出，即

$$\Phi_{av} = B_{\delta av}S_m$$

$$\Phi_{av} = B_{\delta av}\frac{\pi\theta}{360°}(R_1^2 - R_2^2) \qquad (7-4)$$

式中　θ——扇形永磁体磁极所对应的圆心锥角，单位为（°）；

　　　R_1——扇形永磁体磁极长弧长的半径，即定子永磁体扇形外弧长的半径，单位为m或mm；

　　　R_2——扇形永磁体磁极短弧长的半径，单位为m或mm。

3. 永磁有刷盘式直流电动机的反电动势

当永磁有刷盘式直流电动机转子转动时，定子永磁体磁极的磁通切割转子绕组使转子绕组中产生感应电动势，这个感应电动势称作转子绕组的反电动势，它与加在转子绕组的电流方向相反。转子绕组的反电动势E_a（V）由式（7-5）给出，即

$$E_a = \frac{pN}{60a}\Phi n \qquad (7-5)$$

式中　p——永磁有刷盘式直流电动机的极对数；

　　　N——转子绕组的总导体数；

　　　Φ——每极磁通，单位为Wb，$\Phi = \Phi_{av}$，见式（7-4）；

n——永磁有刷盘式直流电动机的转速，单位为 r/min；

a——转子绕组并联支路对数。

永磁无刷盘式直流电动机的反电动 E_a（V）也可由式（7-6）求得，即

$$E_a = U_a - I_a(R_a + R_d) \tag{7-6}$$

式中　U_a——加在永磁无刷盘式直流电动机两个电刷之间的直流电压，单位为 V；

I_a——转子绕组电流，单位为 A；

R_a——转子绕组并联支路的电阻，单位为 Ω；

R_d——电刷与换向铜头之间的接触电阻，单位为 Ω。

4. 永磁有刷盘式直流电动机的转速和调速

（1）永磁有刷盘式直流电动机的转速

永磁有刷盘式直流电动机的转速与其极数没有固定关系，其转速 n（r/min）由式（7-5）得，即

$$n = \frac{60aE_a}{pN\Phi} \tag{7-7}$$

由式（7-1）得 I_a（A）为

$$I_a = \frac{2a\pi M}{pN\Phi} \tag{7-8}$$

为了运算方便，令 $C_e = \dfrac{pN}{60a}$，$C_m = \dfrac{pN}{2a\pi}$，并将 C_e、C_m 及式（7-6）、式（7-8）代入式（7-7）得，即

$$n = \frac{U_a}{C_e\Phi} - \frac{(R_a + R_d)M}{C_eC_m\Phi} \tag{7-9}$$

由式（7-9）可以看到，永磁有刷盘式直流电动机的转速由两部分组成，第一部分 $\dfrac{U_a}{C_E\Phi}$ 是永磁有刷盘式直流电动机空载时的转速；第二部分 $\dfrac{(R_a + R_d)M}{C_eC_m\Phi^2}$ 是电动机有载时的速度降落，它与电动机输出转矩 M 成正比。

在永磁有刷盘式直流电动机额定运行时，电动机的电磁转矩与外负载反转矩的大小相等，即 $M = M_L$，这时电动机以恒定的额定转速运转。当外负载转矩 M_L 增大时，电动机的转速必然下降，从式（7-5）可以看到，电动机转速下降，转子绕组的反电动势 E_a 也必然下降。由式（7-6）又可以看到，当反电动势 E_a 下降，转子绕组电流 I_a 必然增加，使电磁转矩 M 增加，直到电动机的电磁转矩 M 与外负载转矩 M_L 再次相等，即 $M = M_L$。此时，永磁有刷盘式直流电动机在比额定转速 n 低和比额定电流大的转子绕组电流 I_a 又使电动机达到一个稳定运行工况。反之，当外负载转矩减小时，电动机的电磁转矩 M 必然大于外负载转矩 M_L，即 $M > M_L$。此时，电动机的转速必然增大，转子绕组的反电动势 E_a 必然随着电动机转速的升高而增加，转子绕组的电流 I_a 会随着转子绕组反电动势的增加而减小，电磁转矩会减小。永磁无刷盘式直流电动机又会在一个比额定转速高和一个比额定电流低的工况下达到稳定运行。

当永磁有刷盘式直流电动机额定运行时，定子永磁体磁极的气隙磁感应强度 B_δ 与转子绕组磁极的磁感应强度 B_m 相等；当外负载转矩大于额定转矩时，定子永磁体磁极的气隙磁感应

强度 $B_\delta < B_m$；当外负载转矩小于额定转矩时，定子永磁体磁极的气隙磁感应强度 $B_\delta > B_m$。

（2）永磁有刷盘式直流电动机的调速

永磁有刷盘式直流电动机的速度是可调的，可以利用改变加在两个电刷之间的电压以改变转子绕组的电流对永磁有刷盘式直流电动机进行调速。

（3）永磁有刷盘式直流电动机的机械特性

永磁有刷盘式直流电动机的转速随转矩变化的关系曲线 $n = f(M)$，称作其机械特性曲线。由于定子磁极是永磁体磁极，它的气隙磁感应强度是不变的，而且转子绕组的电流是随负载转矩的变化而变化的。

从式（7-9）也可以看到，转速随外负载转矩的增加而有所下降，如图 7-4 所示。这种转速随外负载转矩变化不大的电动机的机械特性通常称作硬特性。

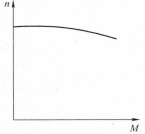

图 7-4　永磁有刷盘式直流电动机的机械特性曲线

第三节　永磁有刷盘式直流电动机的功率、效率及节能

1. 永磁有刷盘式直流电动机的额定功率

永磁有刷盘式直流电动机的额定功率是指电动机在额定工况，即在额定转速下对外输出的功率。永磁有刷盘式直流电动机的额定功率 P_N（W）由式（7-10）给出，即

$$P_N = \omega M$$
$$= \frac{2\pi}{60} n_N M \tag{7-10}$$

式中　M——永磁有刷盘式直流电动机的输出转矩，单位为 N·m；

　　　n_N——永磁有刷盘式直流电动机的额定转速，单位为 r/min；

　　　ω——永磁有刷盘式直流电动机额定运行时的角速度，单位为 rad/s。

永磁有刷盘式直流电动机的输出转矩 M（N·m）为

$$M = \frac{pN}{2a\pi} \Phi I_a \tag{7-11}$$

由于永磁有刷盘式直流电动机的转子绕组从转子轴中心向外径呈辐射形展开，故每极气隙磁感应强度 B_δ 在转子绕组的磁极上的分布不等，是从转子轴中心的第一个扇形弧向外径方向逐渐减小，故每极磁通 Φ_{av}（Wb）为

$$\Phi_{av} = B_{\delta av} S_m$$
$$= B_{\delta av} \frac{\pi\theta}{360°} (R_1^2 - R_2^2) \tag{7-12}$$

永磁有刷盘式直流电动机在运行时具有短时间过载能力，一般不允许长时间过载，即不允许长时间输出功率超过额定功率。通常转子运行时的电流不应超过额定电流的 1.5 ~ 2.5 倍。

永磁有刷盘式直流电动机的额定功率包括定子永磁体磁极做功的功率。

2. 永磁有刷盘式直流电动机的输入功率

永磁有刷盘式直流电动机的输入功率是指从电刷输入给电动机直流电的功率，它包括额定输出功率及电动机自身的各种损耗之和。永磁有刷盘式直流电动机的输入功率 P_1（W）由式（7-13）给出。永磁有刷盘式直流电动机的输入功率不包括定子永磁体做功的功率。

$$P_1 = U_a I_a \tag{7-13}$$

式中　U_a——加在两个电刷之间的直流电压，单位为 V；

I_a——转子绕组的电流，单位为 A。

在设计时，也可以用式（7-14）求出永磁有刷盘式直流电动机的输入功率 P_1（W），即

$$P_1 = P_N + P_{aCu} + P_{aFe} + P_{afw} + P_{aCub} + P_{afb} - P_y \tag{7-14}$$

式中　P_N——永磁有刷盘式直流电动机的额定功率，单位为 W；

P_{aCu}——永磁有刷盘式直流电动机转子绕组的铜损耗，单位为 W；

P_{aFe}——永磁有刷盘式直流电动机转子铁心的铁损耗，单位为 W。当转子无铁心时，

$\qquad$ P_{aFe} 为零；

P_{afw}——永磁有刷盘式直流电动机的机械损耗，单位为 W；

P_{aCub}——电刷与换向器铜头之间由于有电压降而产生的铜损耗，单位为 W；

P_{afb}——电刷与换向器铜头之间的摩擦损耗，单位为 W；

P_y——定子永磁体磁极做功的功率。

1）永磁有刷盘式直流电动机转子绕组的铜损耗 P_{aCu}（W）为

$$P_{aCu} = I_a^2 R_a \tag{7-15}$$

式中　I_a——输入到转子的电流，单位为 A；

R_a——永磁有刷盘式直流电动机并联支路的总电阻，单位为 Ω。

2）永磁有刷盘式直流电动机的电刷与换向铜头接触有电压降，也有接触电阻 R_b，当有两个电刷时，因而，其铜损耗 P_{aCub}（W）为

$$\begin{aligned} P_{aCub} &= 2I_a^2 R_b \\ &= 2I_a \Delta U_b \end{aligned} \tag{7-16}$$

式中　I_a——输入转子绕组的电流，单位为 A；

R_b——电刷与换向铜头的接触电阻，单位为 Ω；

ΔU_b——电刷与换向铜头之间接触电压降，单位为 V。通常金属石墨电刷的电压降

$\qquad$ $\Delta U_b = 0.3V$；电刷为碳石墨、电化石墨的电压降 $\Delta U_b = 1 \sim 3V$。永磁有刷盘式

$\qquad$ 直流电动机电压高选大值，电压低选小值。

3）永磁有刷盘式直流电动机电刷与换向铜头之间的摩擦损耗 P_{afb}（W）为

$$P_{afb} = 2\mu_0 P_b v_b S_b \tag{7-17}$$

式中　μ_0——电刷与换向铜头之间的摩擦系数，通常取 $\mu_0 = 0.2 \sim 0.3$；

P_b——电刷的弹簧压力，一般取 $P_b = 2 \times 10^4 Pa$；

v_b——换向器铜头转动的圆周速度，单位为 m/s；

S_b——1 个电刷与换向铜头的接触面积，也是电刷的工作面积，单位为 m^2。

4）永磁有刷盘式直流电动机的机械损耗 P_{afw} 由轴承摩擦损耗和自扇风冷损耗共同构成，P_{afw}（W）由式（7-18）给出，即

$$P_{afw} = 8 \times 2p \left(\frac{v}{40}\right)^3 \sqrt{\frac{L'_{ef}}{19}} \tag{7-18}$$

式中　$2p$——永磁有刷盘式直流电动机的极数；

v——永磁有刷盘式直流电动机转子的圆周速度，单位为 m/s；

L'_{ef}——转子绕组的厚度，单位为 m。当转子为多转子时，L'_{ef} 应乘以转子数。

3. 永磁有刷盘式直流电动机的效率及节能

永磁有刷盘式直流电动机的额定效率是输出的额定功率 P_N 与其输入功率的百分比，其额定效率 η_N（%）由式（7-19）和式（7-20）给出，即

$$\eta_N = \frac{P_N}{P_1} \times 100\%$$

$$= \frac{P_N}{U_a I_a} \times 100\% \tag{7-19}$$

$$= \frac{P_N}{P_N + P_{aCu} + P_{afw} + P_{aCub} + P_{afb}} \times 100\% \tag{7-20}$$

式中 P_N——额定输出功率，单位为 W；

P_1——输入功率，单位为 W。

永磁有刷盘式直流电动机的定子励磁磁极是永磁体磁极，它参与了转子转动对外输出转矩做功。永磁有刷盘式直流电动机的输出功率 P_N 包含了定子永磁体磁极做功，但输入功率却不含定子永磁体磁极做功。

如果用定子绕组电励磁产生与定子永磁体磁一样的气隙磁感应强度 B_δ 及一样的磁极面积 S_m，那么当定子绕组为并励时，有刷盘式直流电动机的输入功率 P_1（W）为

$$P_1 = U_a I_a + U_a I_f \tag{7-21}$$

或用式（7-14）表示，即

$$P_1 = P_N + P_{aCu} + P_{afw} + P_{aCub} + P_{afb}$$

式中 $U_a I_f$——定子绕组励磁功率，单位为 W；

I_f——定子绕组励磁电流，单位为 A；

U_a——定子绕组励磁为并励式，U_a 即为加在电刷之间的直流电压，单位为 V。

因而，电励磁的有刷盘式直流电动的效率为

$$\eta_1 = \frac{P_N}{U_a I_a + U_a I_f} \times 100\% \tag{7-22}$$

比较式（7-19）和式（7-22），即

$$\frac{P_N}{U_a I_a} \times 100\% > \frac{P_N}{U_a I_a + U_a I_f} \times 100\%$$

即

$$\frac{P_N}{U_a I_a} > \frac{P_N}{U_a I_a + U_a I_f} \tag{7-23}$$

从式（7-23）可以看到 $\eta_N > \eta_1$。永磁有刷盘式直流电动机比同容量定子绕组电励磁的有刷盘式直流电动机节能 $U_a I_f$，即节省了定子电励磁的功率。定子永磁体磁极做功功率为 $P_y = U_a I_f$。

第四节 永磁有刷盘式直流电动机的额定数据、主要指标及主要参数

1. 额定数据

在设计永磁有刷盘式直流电动机时，通常给出如下额定数据：

1）额定功率 P_N（W）是永磁有刷盘式直流电动机在额定电压、额定转速时转子轴对

外输出的机械功率。

2）额定电压 U_N（V）是永磁有刷盘式直流电动机在输出额定功率时加在电刷两端的直流电压。

3）额定转速 n_N（r/min）是永磁有刷盘式直流电动机在额定运行输出额定功率时的转速。

2. 主要性能指标

1）效率 η 是永磁有刷盘式直流电动机额定运行时的效率。设计时，这个效率指标不应低于国家标准或国际标准。

2）温升 θ 指永磁有刷盘式直流电动机在额定运行时，电动机各部分的温升不允许超过允许值。在永磁有刷盘式直流电动机中，允许温升不仅与绝缘等级有关，更与定子永磁体的物理性能有关，还与电动机工作制式和冷却方式有关。

3）电火花等级。永磁有刷盘式直流电动机额定运行时，换向火花一般不超过 $1\frac{1}{2}$ 级。

4）运行特性指永磁有刷盘式直流电动机的机械特性曲线 $n = f(M)$。

5）工作制式是指永磁有刷盘式直流电动机是连续运转还是间歇运转。

6）用户要求指用户对永磁有刷盘式直流电动机的要求，包括噪声、冷却方式、安装方式、对电火花产生的各种频率辐射是否需要屏蔽、是否需要调速或反转等。

3. 运行工况

运行工况是指永磁有刷盘式直流电动机运行的地理、自然环境，如温度、湿度、粉尘、酸气、碱气、盐雾、风沙及海拔高度等。

4. 主要参数的确定

（1）永磁有刷盘式直流电动机的线负荷 A 的确定

永磁有刷盘式直流电动机的转子绕组的有效导体自转子转动中心开始向外呈径向辐射状，线负荷 A 随转子转动半径不同而不同。应取转子绕组平均直径 D_{av} 处的线负荷 A_{av}（A/cm）作为永磁有刷盘式直流电动机的线负荷。

$$A_{av} = \frac{NI_a}{2a\pi D_{av}}$$

式中　N——永磁有刷盘式直流电动机转子绕组的总导体数；

　　　I_a——转子绕组电流，单位为 A；

　　　$2a$——转子绕组并联支路数；

　　　D_{av}——转子绕组的平均直径，单位为 cm。

绕组平均直径 D_{av} 可由式（7-24）给出，尺寸如图7-5所示。

$$D_{av} = \frac{1}{2}(D_{i1} - D_{i2}) + D_{i2}$$

$$= \frac{1}{2}(D_{i1} + D_{i2}) \tag{7-24}$$

式中　D_{i1}——转子绕组有效边长的外径，单位为 cm，见图7-5；

　　　D_{i2}——转子绕组有效边长的内径，单位为 cm，见图7-5。

永磁有刷盘式直流电动机当其气隙磁感应强度 B_δ 确定后，选择较大的线负荷 A 会减小盘式直流电动机绕组的平均直径 D_{av}，使电动机的外形尺寸减小。为了使转子气隙磁感应强度不变，势必要增加转子绕组的总导体数 N 或增加转子绕组的电流 I_a，这无疑会增加绕组的耗铜量和铜损耗，同时由于转子绕组总导体数 N 的增加又会使电动机的反电动势增加，使换向困难，增加换向铜头和电刷之间电压。为了使电动机运行时不致引起换向恶化，又必须加大气隙，加大气隙会使永磁有刷盘式直流电动机的效率下降。

当选取较小的电负荷 A 时，要增加转子绕组平均直径 D_{av}，会使电动机体积变大，当气隙磁感应强度一定时，可以减少转子绕组总导体数或电流。这会增加永磁有刷盘式直流机的铁耗量和体积变大，降低电动机的材料利用率。

应恰当地选择线负荷 A。永磁有刷盘式直流电动机的线负荷 A 对于 W 级，$A = 30 \sim 100\mathrm{A/cm}$；对于 kW 级 $A = 100 \sim 300\mathrm{A/cm}$。

（2）永磁有刷盘式直流电动机的气隙磁感应强度

永磁有刷盘式直流电动机的定子永磁体磁极呈扇形，其气隙磁感应强度在扇形极面上不是处处相等，是从短极弧向长极弧逐渐减小，因此其气隙磁感应强度取其平均值。平均气隙密 $B_{\delta av}(\mathrm{T})$ 为

$$B_{\delta av} = \frac{K}{2} \cdot \frac{B_r}{\pi\sigma}\left(K_{m1}\arctan\frac{a_{m1}b_m}{2\delta\sqrt{4\delta^2 + a_{m1}^2 + b_m^2}} + K_{m2}\arctan\frac{a_{m2}b_m}{2\delta\sqrt{4\delta^2 + a_m^2 + b_m^2}} \right) \quad (7\text{-}25)$$

式中　B_r——定子永磁体磁极标称的剩磁，单位为 T；

　　　σ——漏磁系数，一般取 $\sigma = 1.0 \sim 1.1$；

　　　b_m——永磁体扇形磁极的径向边长，单位为 m 或 mm；

　　　a_{m1}——扇形永磁体磁极长弧长，单位为 m 或 mm；

　　　a_{m2}——扇形永磁体磁极短弧长，单位为 m 或 mm；

　　　K_{m1}——扇形永磁体磁极长弧长的端面系数，见表 2-1；

　　　K_{m2}——扇形永磁体磁极短边长的端面系数，见表 2-1；

　　　K——由于永磁有刷盘式直流电机的定子磁极是轴向布置，气隙磁感应强度是单个永磁体气隙磁感应强度的110%，故 $K = 110\%$；当单转子单面有永磁体磁极时，$K = 1.0$；

　　　δ——气隙长度，小功率取 $\delta = 0.8 \sim 1.0\mathrm{mm}$，大功率取 $\delta = 1.0 \sim 1.2\mathrm{mm}$。

转子绕组通电工作时在定子每极面上的磁感应强度 $B_{mav}(\mathrm{T})$ 由式（7-26）给出，即

$$B_{mav} = \frac{\Phi_a}{a'_p \tau L'_{ef}} \quad (7\text{-}26)$$

式中　Φ_a——转子绕组的每极磁通，单位为 Wb；

　　　a'_p——转子的极弧系数，一般 $a'_p = 0.637 \sim 0.8$；

　　　L'_{ef}——转子绕组厚度，单位为 m；

　　　τ——转子极距，单位为 m。

转子极距 τ（m）由式（7-27）给出，即

$$\tau = \frac{\pi D_{av}}{2p} \quad (7\text{-}27)$$

式中　D_{av}——转子绕组的平均直径，单位为 m。

转子绕组的磁感应强度 $B_{mav}(\mathrm{T})$ 也可由式（7-28）算出，即

$$B_{mav} = \frac{\Phi_m}{S_a} \quad (7\text{-}28)$$

式中 S_a——转子每极绕组的面积，单位为 m^2。

S_a 由式（7-29）给出，即

$$S_a = \frac{1}{2p} \frac{\pi}{4}(D_{i1}^2 - D_{i2}^2)$$

$$= \frac{\pi}{8p}(D_{i1}^2 - D_{i2}^2) \tag{7-29}$$

式中 D_{i1}——转子绕组的外径，单位为 m；

D_{i2}——转子绕组的内径，单位为 m；

$2p$——转子极数。

在永磁有刷盘式直流电动机额定运行时，定子永磁体磁极的气隙磁感应强度 $B_{\delta av}$ 与转子每个极面上的磁感应强度 B_{mav} 相等。当外负载转矩大于电动机的额定转矩时，$B_{mav} > B_{\delta av}$；当外负载转矩小于电动机的额定转矩时，$B_{\delta av} > B_{mav}$。

（3）永磁有刷盘式直流电动机的发热系数

发热系数表示其在额定运行时的发热程度的参数，它是线负荷 A 与转子绕组电流密度 j_a（A/mm^2）的乘积，发热系数 A_j（$A/cm \cdot A/mm^2$）由式（7-30）表达，即

$$A_j = Aj_a \tag{7-30}$$

式中 j_a——转子绕组的电流密度，单位为 A/mm^2；

A——绕组的线负荷，单位为 A/cm。

电流密度 j_a 通常选取 $j_a = 3.5 \sim 7.5 A/mm^2$，功率大冷却好的选大值，功率小自扇风冷取小值。

发热系数不仅与永磁有刷盘式直流电动机的绝缘等级和冷却有关，还与永磁体的物理性能有关。一般发热系数 $A_j = 1500 \sim 2000 A/cm \cdot A/mm^2$。

（4）永磁有刷盘式直流电动机的利用系数

利用系数表示其单位体积、单位额定转速的计算功率，它代表了永磁有刷盘式直流电动机的材料的利用程度，它是永磁有刷盘式直流电动机的一个重要参数。利用系数 c（$kW \cdot min/m^3$ 或 $W \cdot min/m^3$）由式（7-31）求得，即

$$c = \frac{P_1}{D_{av}^2 L_{ef}' n_N} \approx 0.116 K_{dp} A B_{\delta av} \tag{7-31}$$

式中 P_1——计算功率，也是永磁有刷盘式直流电动机的输入功率，单位为 W；

D_{av}——转子绕组的平均直径，单位为 m；

L_{ef}'——转子绕组的厚度，单位为 m；

n_N——永磁有刷盘式直流电动机的额定转速，单位为 r/min；

K_{dp}——永磁有刷盘式直流电动机的转子绕组基波绕组系数；

A——线负荷，单位为 A/cm；

$B_{\delta av}$——平均气隙磁感应强度，单位为 T。

通常永磁有刷盘式直流电动机的利用系数 $c = 1.5 \sim 5 kW \cdot min/m^3$。从式（7-31）可以看到，在计算功率 P_1 和额定转速 n_N 不变的情况下，欲提高利用系数 c，就应减小永磁有刷盘式直流电动机的平均直径 D_{av} 或减小额定转速 n_N，这会使电动机体积减小，耗铁量减小，但会降低电动机功率。也可以看到利用系数与线负荷 A 及平均气隙磁感应强度 $B_{\delta av}$ 成正比，增加利用系数会增加

绕组电流，不仅会增加耗铜量，还会增加铜损耗，使电动机温升提高，增加冷却困难及换向困难。所以对于永磁有刷盘式直流电动机的利用系数选择要适当，不能太大，也不能太小。利用系数也是验证其他参数选择是否合适的参数，要经过多次对各参数进行调整才能达到要求。

第五节　永磁有刷盘式直流电动机主要尺寸的确定

任何一种电动机设计的参数、主要尺寸都要经过多次运算、调整才能最后确定，因为电动机的参数、主要尺寸都是彼此关联的，调整任何一个参数或变动任何一个尺寸，都会使电动机的其他参数和尺寸变化。即使经过多次计算、调整，认为是可行的参数和主要尺寸，在样机的试制中可能还会出现这样或那样的不足之处，还要对样机的某些参数、尺寸再次进行调整、计算，而后再对样机进行改进、试验。

一个性能好的电动机要经历多次设计计算、参数调整、改进、试验、再改进，直至达到设计要求。

1. 初步确定永磁有刷盘式直流电动机的平均直径

确定永磁有刷盘式直流电动的主要尺寸就是确定其平均直径 D_{av} 及绕组有效长度 L'_{ef}。在设计时，应先参考同类电动机的资料，初步选择转子绕组和定子永磁体磁极的平均直径 D_{av}。当平均直径初步确定后，再计算其外径和内径。若初步确定的平均直径 D_{av} 可能在以后各参数计算中不能满足要求，则应重新选择平均直径 D_{av}。

在永磁有刷盘式直流电机的设计中，在平均直径 D_{av} 确定后，欲达到给定的功率可以做成单转子、双转子、三转子或更多的转子结构形式。但转子过多会增加结构的复杂程度，制造成本提高。图 7-5 所示为永磁有刷盘式直流电动机转子绕组的结构尺寸示意图；图 7-6 是其定子永磁体结构尺寸示意图。

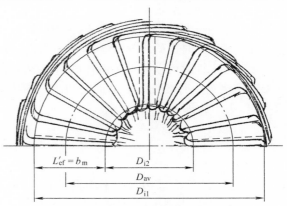

图 7-5　永磁有刷盘式直流电动机转子绕组结构示意及转子结构尺寸

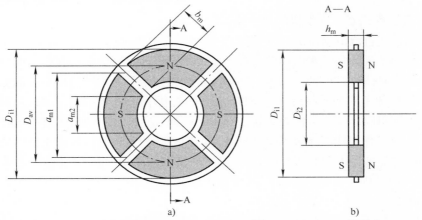

图 7-6　永磁盘式有刷直流电动机定子永磁体磁极呈扇形磁极轴向布置

2. 初步确定转子绕组的有效长度

初步确定永磁有刷盘式直流电动机的平均直径 D_{av} 之后，可以用式（7-32）求出转子绕组的有效长度 L'_{ef}（m），即

$$L'_{ef} = \frac{6.1}{a'_p A B_{\delta av} D^2_{av}} \frac{P_1}{n_N} \tag{7-32}$$

式中　P_1——计算功率，即永磁有刷盘式直流电动机的输入功率，单位为 W；

　　　a'_p——极弧系数，常取 $a'_p = 0.637 \sim 0.80$；

　　　A——永磁有刷盘式直流电动机的线负荷，单位为 A/cm；W 级 $A = 30 \sim 100 A/cm$；
　　　　　kW 级 $A = 100 \sim 300 A/cm$；

　　　D_{av}——平均直径，单位为 cm；

　　　n_N——额定转速，单位为 r/min。

1）永磁有刷盘式直流电动机的计算功率 P_1（W）由式（7-33）表示，即

$$P_1 = K_{in} \frac{P_N}{\eta_N} \tag{7-33}$$

式中　P_N——永磁有刷盘式直流电动机的额定功率，单位为 W；

　　　η_N——额定效率；

　　　K_{in}——电动机系数，当 $P_N < 500W$ 时，$K_{in} = 0.78 \sim 0.82$；当 $0.5kW < P_N < 5.0kW$
　　　　　时，$K_{in} = 0.85 \sim 0.93$，为设计留有裕量。这个系数为一个小于 1 的数，设计
　　　　　时可以根据永磁体的情况酌量乘以此系数。

转子绕组的有效长度 L'_{ef} 与定子永磁体磁极的 b_m 边长相等。转子绕组有效边长可以用式（7-34）表示，即

$$L'_{ef} = b_m$$
$$= \frac{1}{2}(D_{i1} - D_{i2}) \tag{7-34}$$

2）转子绕组有效边长的平均直径 D_{av}（m 或 mm）为

$$D_{av} = \frac{1}{2}(D_{i1} - D_{i2}) + D_{i2}$$
$$= \frac{1}{2}(D_{i1} + D_{i2}) \tag{7-35}$$

3. 永磁有刷盘式直流电动机的尺寸比

永磁有刷盘式直流电动机的尺寸比 λ 与常规圆柱形电动机的尺寸比 λ 不同，由于永磁有刷盘式直流电动机的定子永磁体磁极和转子绕组是以转子轴为中心在径向向外辐射的结构形式，且定子永磁体磁极为轴向布置，这是与常规圆柱形电动机的结构不同的原因。在转子有效边的内径 D_{i2} 处的转子绕组很密，而在转子有效边外径 D_{i1} 处的转子绕组比内径绕组要稀疏，因此转子绕组内径的线负荷要比转子绕组外径的线负荷大，使转子绕组内径发热比转子绕组外径大。为了合理地选择转子绕组有效边的内外径，及更好地发挥永磁体磁极的气隙磁感应强度并尽可能地使电动机发出更大功率，从而引入永磁有刷盘式直流电动机的尺寸比 λ，如式（7-36），即

$$\lambda = \frac{L'_{ef}}{D_{av}}$$

$$= \frac{\frac{1}{2}(D_{i1} - D_{i2})}{\frac{1}{2}(D_{i1} + D_{i2})} = \frac{D_{i1} - D_{i2}}{D_{i1} + D_{i2}} \tag{7-36}$$

一般情况取 $\lambda = 0.27 \sim 0.38$。

为了更方便表达永磁有刷盘式直流电动机的主要尺寸比 λ'，用式（7-37）表达，即

$$\lambda' = \frac{D_{i1}}{D_{i2}} \tag{7-37}$$

通常 λ' 取值为 $1.5 \sim 2.2$，微、小 W 级 $\lambda' = 1.5 \sim 1.7$；中、大功率 kW 级取 $\lambda' = 1.7 \sim 2.2$。

4. 永磁有刷盘式直流电动机的极数的选择

永磁有刷盘式直流电动机的绕组形式与永磁有刷有槽直流电动机的绕组形式基本一致，通常采用单层叠绕组、单波绕组或其他绕组形式。但是由于永磁有刷盘式直流电动机转子绕组呈径向辐射状，因此转子绕组在其有效边内径 D_{i2} 处密集且端部连线较长，不宜选择极数少。为了使转子绕组的内径不至于导线过密、或使端部导线过长，一般极数应大于 4 极。

永磁有刷盘式直流电动机的转数与其极数没有固定关系。

5. 永磁有刷盘式直流电动机的永磁体磁极尺寸的确定

永磁有刷盘式直流电动机的永磁体磁极为轴向布置且呈扇形，如图 7-6 所示。永磁体磁极的磁感应强度自 D_{i2} 向 D_{i1} 呈辐射状逐渐减小。

定子永磁体磁极的 b_m 边长即为转子绕组有效边长 L'_{ef}（m），即

$$b_m = L'_{ef} \tag{7-38}$$

（1）永磁体磁极的长弧边长、短弧边长及锥角

1）永磁体磁极的长弧边长 a_{m1}（m 或 mm）由式（7-39）给出，即

$$a_{m1} = \frac{\pi D_{i1}}{2p} a'_p \tag{7-39}$$

式中 D_{i1}——定子永磁体磁极的长弧边的直径，单位为 m 或 mm；

$2p$——定子永磁体磁极的极数；

a'_p——定子永磁体磁极的极弧系数，一般取 $a'_p = 0.637 \sim 0.80$。

2）定子永磁体磁极的短弧边长 a_{m2}（m 或 mm）由式（7-40）给出，即

$$a_{m2} = \frac{\pi D_{i2}}{2p} a'_p \tag{7-40}$$

式中 D_{i2}——定子永磁体磁极短弧边的直径，单位为 m 或 mm；

$2p$——定子永磁体磁极的极数；

a'_p——定子永磁体磁极的极弧系数，一般 $a'_p = 0.637 \sim 0.80$。

3）定子永磁体扇形磁极的锥角 θ（°）为

$$a_{m1} = \frac{\theta}{360°} \pi D_{i1} \tag{7-41}$$

$$a_{m2} = \frac{\theta}{360°} \pi D_{i2} \tag{7-42}$$

由式（7-39）、式（7-40）、式（7-41）及式（7-42）得

$$\theta = \frac{360° \cdot a'_p}{2p} \tag{7-43}$$

（2）永磁有刷盘式直流电动机定子永磁体磁极的极面积

定子永磁体扇形面积 S_m（m^2 或 mm^2）由式（7-44）给出，即

$$S_m = \frac{\theta}{360°} \cdot \frac{\pi}{4}(D_{i1}^2 - D_{i2}^2)$$

$$= \frac{a'_p}{2p} \cdot \frac{\pi}{4}(D_{i1}^2 - D_{i2}^2) = \frac{a'_p \pi}{8p}(D_{i1}^2 - D_{i2}^2) \tag{7-44}$$

（3）永磁有刷盘式直流电动机定子永磁体扇形磁极两极面距离的确定

设计时，要根据定子永磁体的材料、永磁体性能、永磁体剩磁及设计要求的气隙磁感应强度 $B_{\delta av}$ 等因素综合考虑初步确定定子永磁体两极面之间的距离 h_m。两极面之间的距离 h_m 初步确定后，应分别计算出扇形极面长弧长的端面系数 K_{m1} 和短弧长的端面系数 K_{m2}，再计算永磁体磁极的平均气隙磁感应强度是否达到设计要求的气隙磁感应强度。当气隙磁感应强度 $B_{\delta av}$ 达不到设计要求时，应考虑增加两极面距离 h_m 或对永磁体磁极进行径向拼接。当径向拼接时，永磁体之间应有 2mm 以上距离，不能彼此接触，否则，起不到径向拼接提高气隙磁感应强度的作用。

6. 永磁有刷盘式直流电动机定子永磁体磁极的气隙磁感应强度

定子永磁体磁极的气隙磁感应强度为永磁体磁极的平均气隙磁感应强度 $B_{\delta av}$（T）为

$$B_{\delta av} = \frac{K}{2}\frac{B_r}{\pi\sigma}\left(K_{m1}\arctan\frac{a_{m1}b_m}{2\delta\sqrt{4\delta^2 + a_{m1}^2 + b_m^2}} + K_{m2}\arctan\frac{a_{m2}b_m}{2\delta\sqrt{4\delta^2 + a_{m2}^2 + b_m^2}}\right.$$

7. 增强定子永磁体磁极磁感应强度的措施

在设计永磁有刷盘式直流电动机的定子永磁体磁极时，应先按设计的永磁体磁极做两个样块，测量其磁感应强度，当达不到设计要求时，可以采取增加定子永磁体磁极两极面之间的距离 h_m 来提高其磁感应强度，增加 h_m 会增加定子永磁体的重量使制造成本增加；其二是对定子永磁体磁极进行径向拼接来提高定子永磁体磁极的磁感应强度，拼接时永磁体磁极彼此不能接触，应离开 2mm 以上，如图 7-7 所示。

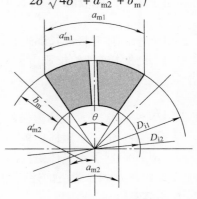

图 7-7 用两块永磁体拼接提高
永磁体磁极的磁感应强度

举例：设计一台 4 极永磁有刷盘式直流电动机，单转子两面有定子永磁体磁极，气隙 $\delta = 1.0mm$；$k = 1.10$；漏磁系数 $\delta = 1.05$；定子永磁体外径初选 $D_{i1} = 100mm$；定子永磁体磁极选钕铁硼 N38，最小剩磁 $B_{rmin} = 1.23T$；$\lambda' = D_{i1}/D_{i2} = 2.0$，初选永磁体两极面之间的距离为 $h_m = 7mm$；设计要求永磁体磁极的磁感应强度 $B_{mav} = 0.4T$。当 $B_{\delta av} < 0.4T$ 时，应采取永磁体磁极拼接来提高定子永磁体磁极磁感应强度，现用 2 块永磁体拼接一个定子永磁体磁极，如图 7-7 所示。试求定子永磁体磁极的磁感应强度能否满足设计要求。

1）因 $D_{i1}/D_{i2} = 2$，则 $D_{i2} = \frac{100}{2} = 50mm$

2）$b_m = \frac{1}{2}(D_{i1} - D_{i2}) = \frac{1}{2}(100 - 50) = 25mm$

3）$\tau_1 = \dfrac{\pi D_{i1}}{2p} = \dfrac{\pi \times 100}{4} \approx 78.5\,\text{mm}$

4）$\tau_2 = \dfrac{\pi D_{i2}}{2p} = \dfrac{\pi \times 50}{4} \approx 39.3\,\text{mm}$

5）$a_{m1} = a'_p \tau_1 = 78.5 \times 0.7 = 54.95\,\text{mm}$　　极弧系数 $a'_p = 0.7$

6）$a_{m2} = a'_p \tau_2 = 39.3 \times 0.7 = 27.5\,\text{mm}$　　极弧系数 $a'_p = 0.7$

7）锥角 $\theta = \dfrac{360° \times a'_p}{2p} = \dfrac{360° \times 0.7}{4} = 63°$

8）两极面之间距离 $h_m = 7\,\text{mm}$

①　$\dfrac{h_m}{a_{m1}} = \dfrac{7}{54.95} \approx 0.13$，查表 2-1 得 $K_{m1} = 0.56$

②　$\dfrac{h_m}{a_{m2}} = \dfrac{7}{27.5} = 0.26$，查表 2-1 得 $K_{m2} = 0.63$

9）计算永磁体磁极的磁感应强度

$$B_{m1} = KK_m \frac{B_{rmin}}{\pi\sigma}\arctan \frac{a_{m1} b_m}{2\delta\sqrt{4\delta^2 + a_{m1}^2 + b_m^2}}$$

$$= 1.10 \times 0.56 \frac{1.23}{180 \times 1.05}\arctan\frac{54.95 \times 25}{2 \times 1\sqrt{4 \times 1^2 + 54.95^2 + 25^2}}\text{T} = 0.341\text{T}$$

$$B_{m2} = KK_{m2} \frac{B_r}{\pi\sigma}\arctan \frac{a_{m2} b_m}{2\delta\sqrt{4\delta^2 + a_{m2}^2 + b_m^2}}$$

$$= 1.1 \times 0.63 \times \frac{1.23}{180 \times 1.05}\arctan\frac{27.5 \times 25}{2 \times 1\sqrt{4 \times 1^2 + 27.5^2 + 25^2}}\text{T} = 0.374\text{T}$$

$$B_{mav} = \frac{1}{2}(B_{m1} + B_{m2})$$

$$= \frac{1}{2}(0.341 + 0.374)\text{T} = 0.3574\text{T}$$

10）计算结果的 $B_{mav} = 0.3574\text{T}$ 达不到设计要求的 $B_{mav} = 0.4\text{T}$ 的磁感应强度，采取两块永磁体磁极拼接

11）$a'_{m1} = \dfrac{1}{2}a_{m1} - 1$

$$= (\frac{1}{2} \times 54.95 - 1)\text{mm} \approx 26.5\,\text{mm}$$

12）$a'_{m2} = \dfrac{1}{2} \times a_{m2} - 1$

$$= (\frac{1}{2} \times 27.5 - 1)\text{mm} = 12.75\,\text{mm}$$

13）$\dfrac{h_m}{a'_{m1}} = \dfrac{7}{26.5} = 0.264$，查表 2-1 得 $K'_{m1} = 0.635$

14）$\dfrac{h_m}{a'_{m2}} = \dfrac{7}{12.75} = 0.549$，查表 2-1 得 $K'_{m2} = 0.765$

① 求拼接后的永磁体磁感应强度

$$B'_{m1} = KK'_{m1}\frac{B_{rmin}}{\pi\delta}\arctan\frac{a'_m b_m}{2\delta\sqrt{4\delta^2 + a^2_{m1} + b^2_m}}$$

$$= 1.1 \times 0.635 \times \frac{1.23}{180 \times 1.05}\arctan\frac{26.5 \times 25}{2 \times 1\sqrt{4 \times 1^2 + 26.5^2 + 25^2}}T \approx 0.377T$$

② $B'_{m2} = KK'_{m2}\dfrac{B_{rmin}}{\pi\sigma}\arctan\dfrac{a'_{m2} b^2_m}{2\delta\sqrt{4\delta^2 + a^2_{m2} + b^2_m}}$

$$= 1.1 \times 0.765 \times \frac{1.23}{180 \times 1.05}\arctan\frac{12.75 \times 25}{2 \times 1\sqrt{4 \times 1^2 + 12.75^2 + 25^2}}T \approx 0.438T$$

③ $B'_{mav} = \dfrac{1}{2}(B'_{m1} + B'_{m2})$

$$= \frac{1}{2}(0.377 + 0.438)T = 0.4075T$$

④ 拼接后的磁感应强度 $B'_{mav} = 0.4075T > 0.4T$，满足设计要求。

第六节　永磁有刷盘式直流电动机的转子绕组

永磁有刷盘式直流电动机的转子绕组与永磁有刷有槽直流电动机的绕组都属于有刷直流电动机的转子绕组，它们的转子绕组形式也基本相同，常采用单叠式、单波式等绕组形式。

在永磁有刷盘式直流电动机中，转子没有槽，也没有铁心，但绕组形式却按有铁心转子槽的嵌线方式将转子绕组线圈固定在模具中，而后用玻璃纤维环氧树脂或玻璃纤维酚醛树脂固定在转子毂上。转子绕组按单叠式或单波式等形式绕制。已固定的转子绕组头和下一绕组尾相连并固定在换向器的换向铜头上，所有绕组接成闭合回路，由元件所组成的闭合回路通过换向器和电刷被分成若干个并联支路。每一支路中的各元件的对应边一般都处在同一极性的定子磁极的磁场下以获得最大的电动势和电磁转矩。

转子绕组每个元件的匝数 W_a 可以是单匝、两匝或多匝或分数匝，以获得最大的电磁转矩为原则。

永磁有刷盘式直流电动机的转子绕组的主要数据和结构形式与永磁有刷有槽直流电动机大体相同，所不同的是永磁有刷盘式直流电动机的转子没有转子铁心，也没有转子槽，转子绕组不能嵌入槽内；另一个不同点是永磁有刷盘式直流电动的转子绕组从转动中心向转子外圆呈辐射状，每个单元的一个线圈边与另一个单元的线圈边要放在同一个位置上，相当于转子槽内嵌入两个单元的线圈边。这些绕组单元在线模上绕好后，按照设计的绕组形式装入模具内并与转子毂或转子轴一道用玻璃纤维环氧树脂或玻璃纤维酚醛树脂固定在一起。如果是双转子或多转子，则都要一次分别在模具中固定，制造工艺较复杂，精度要求较高。

1. 永磁有刷盘式直流电动机的转子绕组形式及绕组数据

永磁有刷盘式直流电动机4极以上居多，转子绕组形式多为单叠式及单波式等。现以4极单叠式和单波式绕组为例，来说明永磁有刷盘式直流电动机转子绕组的形式及主要参数。

图7-8所示为4极，16个单元，16个换向器铜头的转子单叠式绕组展开图。

图7-9所示为4极，16个单元，16个换向铜头的转子单波式绕组展开图。

1）槽节距 y_s。永磁有刷盘式直流电动机转子无槽，但绕制元件绕组时必须与有槽电动机进行相同的绕制，此槽不是转子铁心槽，而是用玻璃纤维环氧树脂固定的增强塑料的槽。绕组绕制后如图 7-5 所示。

槽节距 y_s 为

$$y_s = \frac{\text{"}z\text{"}}{2p} \pm \varepsilon \tag{7-45}$$

式中 ε——修正系数。当 $\varepsilon = 0$ 时为整数绕组；当为 "$+$" 号且 $\varepsilon \geq 1$ 时为长矩绕组；当为 "$-$" 号且 $\varepsilon \leq 1$ 时为短节距绕组。

在图 7-8 中，

$$y_s = \frac{\text{"}z\text{"}}{2p} \pm \varepsilon$$
$$= \frac{16}{4} \pm 0 = 4$$

2）第 1 节距 y_1 为一个元件的两个线圈边在转子圆周上的跨距，用换向器铜头数来表示。

$$y_1 = \frac{K}{2p} \pm \varepsilon \tag{7-46}$$

式中 ε——修正系数。

在图 7-8 中，

$$y_1 = \frac{K}{2p} \pm \varepsilon$$
$$= \frac{16}{4} = 4$$

3）换向器节距 y_k 为一个元件的两个出线端在换向铜头上的跨距，用换向铜头数来表示。换向器节距与转子绕组的形式有关。

在图 7-8 中，

$$y_k = 1$$

4）第 2 节距 y_2 是在同一个换向铜头的两个元件线圈边在转子圆周上的跨距，用换向铜头数来表示。第 2 节距与绕组的形式有关。

在图 7-8 中，

$$y_2 = 3$$

5）合成节距 y 为

$$y = y_1 - y_2 = y_k \tag{7-47}$$

在图 7-8 中，

$$y = y_1 - y_2$$
$$= 4 - 3 = 1$$
$$y_k = 1$$

在图 7-9 中，可以看到有 4 个槽的不同元件的两个线圈边的电流方向相反，在永磁有刷盘式直流电动机中，这 4 个槽没有为电动机转子转动输出转矩出力，这会降低电动机的输出功率。

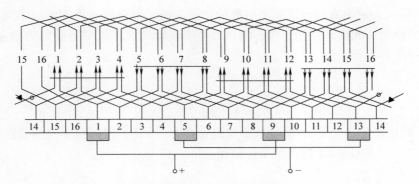

图 7-8　$2p = 4$，$z = K = 16$ 单叠绕组展开图

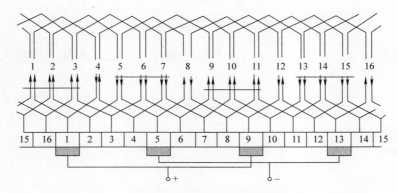

图 7-9　$2p = 4$，$z = K = 16$ 单波绕组展开图

在设计永磁有刷盘式直流电动机时应注意转子绕组形式的选择，应尽量选择所有元件的线圈边都为转子转动输出转矩的绕组形式。

2. 永磁有刷盘式直流电动机转子绕组的参数

1）永磁有刷盘式直流电动机转子绕组的总导体数 N_a 由式（7-48）求得，即

由式　$E_a = \dfrac{PN_a}{60a}\Phi_N n_N$ 得

$$N_a = \frac{60aE_a}{p\Phi_N n_N} \tag{7-48}$$

式中　E_a——永磁有刷盘式直流电动机转子绕组的反电动势，单位为 V；

　　　a——转子绕组并联支路数；

　　　n_N——永磁有刷盘式直流电动机的额定转速，单位为 r/min；

　　　p——极对数；

　　　Φ_N——定子永磁体每极的磁通，单位为 Wb。

定子永磁体磁极的每极磁通 Φ_N 由式（7-49）给出，即

$$\Phi_N = \Phi_{Nav} = B_{\delta av} a'_p \tau L'_{ef} \tag{7-49}$$

式中　$B_{\delta av}$——永磁体磁极的平均气隙磁感应强度，单位为 T；

　　　a'_p——定子永磁体的极弧系数，一般 $a'_p = 0.637 \sim 0.80$；

τ——定子永磁体磁极的极距，单位为 m；

L'_{ef}——转子绕组的有效边长，也是定子永磁体磁极 b_{m} 边长，单位为 m，$L'_{\text{ef}} = b_{\text{m}}$。

定子永磁体磁极的平均气隙磁感应强度 $B_{\delta \text{av}}$（T 或 Gs）为

$$B_{\delta \text{av}} = \frac{K}{2} \frac{B_{\text{r}}}{\pi \sigma} \left(K_{\text{m1}} \arctan \frac{a_{\text{m1}} b_{\text{m}}}{2\delta \sqrt{4\delta^2 + a_{\text{m1}}^2 + b_{\text{m}}^2}} + K_{\text{m2}} \arctan \frac{a_{\text{m2}} b_{\text{m}}}{2\delta \sqrt{4\delta^2 + a_{\text{m2}}^2 + b_{\text{m}}^2}} \right)$$

转子绕组的总导体数 N_{a} 可以由线负荷 A 求得，也可以用线负荷 A 验证式（7-48）

$$A = \frac{N_{\text{a}} I_{\text{a}}}{2a\pi D_{\text{a}}}$$

$$N_{\text{a}} = \frac{2a\pi D_{\text{a}} A}{I_{\text{a}}} \tag{7-50}$$

2）永磁有刷盘式直流电动机转子绕组每支路串联导体数 n_{a} 为

$$n_{\text{a}} = \frac{N_{\text{a}}}{2a} = \frac{30 E_{\text{a}}}{P \Phi_{\text{N}} n_{\text{N}}} \tag{7-51}$$

永磁有刷盘式直流电动机每支路串联导体数 n_{a} 也是转子槽数 "z" 与绕组元件数 u 的乘积，并且与换向铜头数相等

$$n_{\text{a}} = \text{"}z\text{"} \, u \tag{7-52}$$

转子绕组总导体数 N_{a} 为元件匝数 W_{a} 与元件总数 n_{a} 乘积的 2 倍，即

$$N_{\text{a}} = 2 W_{\text{a}} n_{\text{a}} \tag{7-53}$$

3）永磁有刷盘式直流电动机转子绕组每 "槽" 导体数 N_{S} 为

$$N_{\text{S}} = \frac{N_{\text{a}}}{\text{"}z\text{"}} \tag{7-54}$$

4）永磁有刷盘式直流电动机转子绕组的额定电流 I_{N}（A）由式（7-55）求得，即

$$I_{\text{N}} = \frac{P_{\text{N}}}{U_{\text{N}}} \tag{7-55}$$

式中　P_{N}——永磁有刷盘式直流电动机的额定功率，单位为 W；

U_{N}——永磁有刷盘式直流电动机的额定电压，单位为 V。

5）永磁有刷盘式直流电动机转子绕组每支路的电流 I'_{a}（A）为

$$I'_{\text{a}} = I_{\text{N}}/2a \tag{7-56}$$

6）每 "槽" 导体的截面积 S_{a}（mm²）为

$$S_{\text{a}} = \frac{I_{\text{N}}}{2a J_{\text{a}}} = \frac{I'_{\text{a}}}{J_{\text{a}}} \tag{7-57}$$

式中　J_{a}——电流密度，单位为 A/mm²，一般取 $J_{\text{a}} = 3 \sim 7 \text{A/mm}^2$，功率大冷却好的取大值，微、小功率自扇风冷的取小值。

7）导体的截面积 S_{d}（mm²）是指一根导体，它可以由一根导线或几根导线组成，导体的截面积 S_{d} 为

$$S_{\text{d}} = \frac{\pi d^2}{4} n \tag{7-58}$$

式中　d——每根导线的直径，单位为 mm；

n——每个导体由几根导线组成。

第七节　永磁有刷盘式直流电动机换向器的设计

永磁有刷盘式直流电动机的换向器是由换向铜头、电刷及刷握等组成的，基本结构与永磁有刷有槽直流电动机的换向器相同，参看第五章第十节"永磁有刷有槽直流电动机换向器的设计"。所不同的是，永磁有刷有槽直流电动机只有一个转子绕组，而永磁有刷盘式直流电动机可以是一个转子绕组，也可以是两个转子绕组，或更多的转子绕组，这样有可能总电流更大。

1. 永磁有刷盘式直流电动机换向器的总电流

永磁有刷盘式直流电动机不论是几个转子绕组都共用一个换向器，要求共用一个换向器的几个转子绕组必须同相位，换向器的总电流 I_N（A）由式（7-59）给出，即

$$I_N = 2aK_b I'_a \tag{7-59}$$

式中　K_b——永磁有刷盘式直流电动机的转子数；

$2a$——每个转子绕组并联支路数；

I'_a——每个支路绕组的电流，单位为 A。

图 7-1a 所示为单转子式，$K_b = 1$；图 7-1b 所示为双转子式，$K_b = 2$。

如图 7-8 所示，$2p = 4$，并联支路数 $2a = 4$，并联支路对数 $a = 2$，$K_b = 1$。

多转子的永磁有刷盘式直流电动机，每个转子绕组必须是相同的绕组形式、每个元件绕组必须匝数相同、绕组导线的线径相同、每个元件绕组的相位相同，以保证每个支路绕组的电流相同。

2. 电刷和换向铜头的设计计算

1）电刷与换向铜头的接触面积 S_b（cm^2）为

$$S_b = K_b \frac{2I'_a}{J_b} = L_b b_b \tag{7-60}$$

式中　K_b——永磁有刷盘式直流电动机转子数；

J_b——电刷与换向铜头接触面允许的电流密度，单位为 A/cm^2，通常 $J_b = 38 \sim 53A/cm^2$。

电刷与换向器接触面上的电流密度 J_b 取决于电刷的成分及其成型工艺。电化石墨电刷主要应用在转子绕组电压大于 110V 的永磁有刷盘式直流电动机；金属石墨电刷适用于低电压大电流的电动机。

2）为了避免电刷的机械振动而产生火花，电刷应覆盖 1.5 个换向铜头的宽度，电刷的宽度 b_b 由式（7-61）给出，即

$$b_b = (1.5 \sim 2.5)t_k \tag{7-61}$$

式中　t_k——换向铜头距，单位为 cm。

换向铜头距 t_k（cm）为

$$t_k = \frac{\pi D_k}{k} \tag{7-62}$$

式中　D_k——换向铜头外径，单位为 cm；

k——换向铜头数。

常用电刷宽度 $b_b = 8 \sim 15\text{mm}$。

3）电刷长度 L_b 通常取 $L_b = 10 \sim 20\text{mm}$。电刷不宜取得太长，太长会使电刷与换向铜头接触不良而发生火花，同时也会给电刷冷却造成困难。

4）在设计时，根据永磁有刷盘式直流电动机转子绕组的电压、电流选择电刷尺寸及电刷型号。在一般情况下，电刷的数目与电动机的极数 $2p$ 相同。但当电刷接触电流超过允许值时，可以采用两个或多个电刷轴向并联，每个刷握上并联电刷数 n_b 为

$$n_b = \frac{S_b}{2pL_bb_b} \tag{7-63}$$

一般微小型永磁有刷盘式直流电动机通常 $n_b = 1$，大功率的可能 $n_b > 1$。

5）永磁有刷盘式直流电动机换向铜头直径 D_k（mm）应小于转子绕组或定子永磁体磁极的内径 D_{i2}，即 $D_k < D_{i2}$。

当确定了换向铜头的直径 D_k 之后，还应计算换向铜头的最大圆周速度 v_k，这是因为换向铜头是用环氧树脂或酚醛树脂增强塑料在模具中被固定在转子轴上的，考虑增强塑料的机械强度，换向铜头的圆周速度 v_k（m/s）为

$$v_k = \frac{\pi D_k n_{max}}{60} \leqslant 35\text{m/s} \tag{7-64}$$

式中　n_{max}——永磁有刷盘式直流电动机的最高转速，单位为 r/min。

6）永磁有刷盘式直流电动机的换向铜头数 k 由式（7-65）给出，即

$$k = u\text{"}z\text{"} \tag{7-65}$$

式中　u——每"槽"每层并列元件边数；

　　"z"——电动机转子绕组的槽数，此槽只是绕组相当于嵌入转子槽的一把绕组线边。换向铜头数也可由式（7-66）给出，即

$$k = \frac{N_a}{2aW_a} \tag{7-66}$$

式中　W_a——转子绕组每个元件的匝数；

　　$2a$——转子绕组并联支路数。

7）电刷与换向铜头接触的热负荷是由于电刷与换向铜头接触的电压降的铜损耗和电刷与换向铜头的摩擦损耗产生的热而形成的。电刷与换向铜头接触面上的热负荷是其单位面积上的热损耗，热负荷 q_k（W/cm²）为

$$q_k = \left(\frac{P_{aCub} + P_{afb}}{\pi D_k L_b}\right)K_b K \tag{7-67}$$

式中　P_{aCub}——电刷与换向器铜头之间由于有电压降而产生铜损耗，单位为 W；

　　P_{afb}——电刷与换向器之间的摩擦损耗，单位为 W；

　　D_k——换向铜头外径，单位为 cm；

　　L_b——电刷与换向铜头接触面轴向长度，单位为 cm；

　　K_b——永磁有刷盘式直流电动机的转子数；

　　K——电刷数。

P_{aCub} 见式（7-16）；P_{afb} 见式（7-17），不再赘述。

3. 换向器的设计

关于换向器的设计详见第五章中的第十节，这里不再赘述。

第八节　永磁无刷盘式直流电动机的结构、起动、反转和调速

永磁无刷盘式直流电动机的转子磁极是永磁体磁极，呈扇形，轴向布置；定子绕组自绕组内径向外径呈辐射状分布。永磁无刷盘式直流电动机无电刷、无火花，不会对周围电器件有干扰，且轴向距离短，适合狭窄空间，体积小、重量轻、效率高、温升低、噪声小、节能，被广泛地应用在航天、航空、舰船、汽车、工业自动控制、医疗器械、家电等诸多领域。

永磁无刷盘式直流电动机的直流电换向有三种方式，其一是由位置传感器将换向位置信息传给电子换向器，电子换向器对定子绕组的电流方向进行换向；其二是位置传感器将换向位置信息传给控制器、PWM 到驱动器，驱动器驱动逆变器，逆变器将直流电逆变成两相、三相或更多相交流电来改变定子绕组的电流方向；其三是无位置传感器的逆变器改变定子绕组的电流方向，它是以定子绕组的反电动势为换向信息的。

永磁无刷盘式直流电动机电流换向的目的是使其定子绕组的磁极与转子永磁体磁极相互作用，使转子转动对外输出转矩，将直流电能变成机械能。

永磁无刷盘式直流电动机的实质是永磁同步交流电动机。

逆变器将直流电逆变成矩形波电流驱动的称作永磁无刷盘式直流电动机；逆变器将直流电逆变成正弦波电流驱动的称作永磁无刷盘式交流电动机。

1. 永磁无刷盘式直流电动机的结构

（1）用电子换向器换向的永磁无刷盘式直流电动机结构

永磁无刷盘式直流电动机的转子磁极为永磁体磁极，轴向布置，永磁体磁极呈扇形排列，如图 7-10 所示。

定子绕组是在线模中绕制然后用环氧树脂或酚醛树脂固定，定子绕组从内径向外径呈辐射状。

永磁无刷盘式直流电动机可以是单转子单定子绕组式，可以是单转子双定子绕组式，可以是双转子三定子式，也可以是三转子四定子式等。

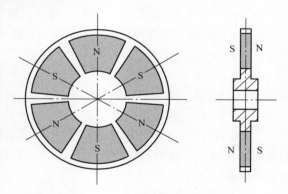

图 7-10　永磁体磁极的扇形布置

转子扇形永磁体磁极是在模具中用玻璃纤维环氧树脂或酚醛树脂固定在轮毂上或直接固定在转子轴上。转子外圆安装位置传感器的感应器，位置传感器安装在机壳上。当转子转到安装在转子上的感应器与位置传感器相同位置时，位置传感器将换向位置信息传给电子换向器，电子换向器对直流电进行换向。

图 7-11a 所示为单转子双定子永磁无刷盘式直流电动机结构示意图；图 7-11b 所示为双转子三定子式结构示意图。

电子换向器的结构如图 7-12 所示，它是由霍尔传感器 HG 将永磁无刷盘式直流电动机的换向信息传给电子换向器，换向器中的两个晶体管的集电极轮流输出相位相反的电流去驱

动永磁无刷盘式直流电动机转动。这种电子换向器的电流不会太大，只能驱动功率不大的永磁无刷盘式直流电动机。如果驱动功率较大的永磁无刷盘式直流电动机，则可向外扩展接大功率的开关管。

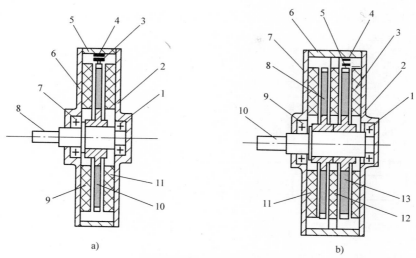

图 7-11 永磁无刷盘式直流电动机结构示意图

a）单转子双定子式

1—后轴承 2—后端盖 3—位置传感器感应器 4—位置传感器 5—机壳

6—前端盖 7—前轴承 8—转子轴 9—定子及绕组 10—转子及永磁体磁极 11—定子及绕组

b）双转子三定子式

1—后轴承 2—后端盖 3—定子及绕组 4—位置传感器 5—位置传感器感应器 6—机壳

7—前端盖 8—转子及永磁体磁极 9—前轴承 10—转子轴 11—定子及绕组 12—定子及绕组 13—转子及永磁体磁极

位置传感器有很多种，如霍尔位置传感器，接近开关、光电开关、磁控开关等位置传感器。图 7-13a 所示为磁控开关式位置传感器，图 7-13b 所示为光电开关式位置传感器。

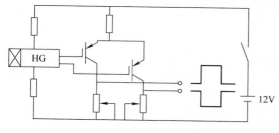

图 7-12 霍尔传感器及电子换向器

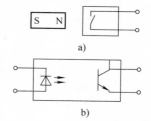

图 7-13 位置传感器

a）磁控开关 b）光电开关

（2）由逆变器供电的永磁无刷盘式直流电动机的结构

用逆变器供电的永磁无刷盘式直流电动机的结构与电子换向器供电的永磁无刷盘式直流电动机的结构一样，所不同的是用逆变器供电的是将直流电经过逆变，变成二相、三相、四相或更多相的交流电为电动机供电。逆变器将直流电逆变成矩形波或正弦波电流去驱动永磁盘式直流电动机，其实质是交流同步电动机。

图 7-14 所示为 6 开关有位置传感器和速度传感器输出三相矩形波或正弦波电流驱动三

171

相星接的永磁无刷盘式直流电动机逆变器的电路原理图。它是根据永磁无刷盘式直流电动机的速度指令及位置传感器的换相信息分别送入控制器处理后再送入 PWM 到所需速度及换相频率送入驱动器，驱动器去控制 6 个功率开关管的导通及关断的时间达到调相和调速的目的并输出三相矩形波或正弦波电流驱动永磁无刷盘式直流电动机。

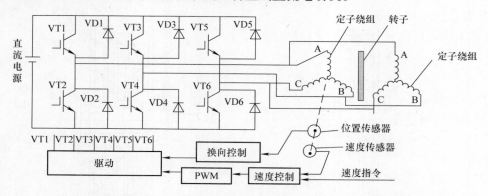

图 7-14　将直流逆变成三相供电的永磁无刷盘式直流电动机机理示意图

关于逆变器的工作机理见第六章第一节，不再赘述。

图 7-15a、b、c 分别是 8 开关桥式逆变器输出两相定子绕组两相独立连接、8 开关桥式逆变器输出四相定子绕组四相角接、8 开关桥式逆变器输出四相定子绕组四相星形联结的电路原理简图。

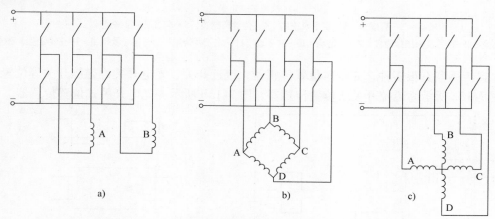

图 7-15　将直流逆变成交流供电的无刷盘式直流电动机定子绕组的电路原理简图

a) 直流逆变成两相　b) 直流逆变成 4 相定子绕组三角形联结　c) 直流逆变成 4 相定子绕组星形联结

（3）无位置传感器的永磁无刷盘式直流电动机

无位置传感器的永磁无刷盘式直流电动机的换相是以定子绕组的反电动势来控制逆变器的换向时间，其余逆变器结构与有位置传感器的逆变器的结构和机理相同。

2. 永磁无刷盘式直流电动机的起动和反转

（1）永磁无刷盘式直流电动机的起动

永磁无刷盘式直流电动机的定子无铁心，不存在转子永磁体磁极吸引定子铁心而使电动机难以起动的现象，因而永磁无刷盘式直流电动机的转子在任何位置上都可以方便地起动。

（2）永磁无刷盘式直流电动机的反转

永磁无刷盘式直流电动机的反转并不像永磁有刷盘式直流电动机那样只要改变直流电源的极性就可以反转那么简单。永磁无刷盘式直流电动机的反转有以下几种方式：

1）常见的反转方式是改变定子绕组的一个相序实现永磁无刷盘式直流电动机反转。如三相永磁无刷盘式直流电动机正转相序为 $U_1 - V_1 - W_1$，如图 7-16a 所示，反转时的相序可以是 $U_1 - W_1 - V_1$ 或 $V_1 - U_1 - W_1$ 等。

2）在永磁无刷盘式直流电动机中布置一套正转位置传感器和一套反转位置传感器，它们之间的电角度应以逆变器输出的相间电角度为依据。

3）采用可以正转又可以反转的霍尔位置传感器。

4）其他如采用逻辑电平来控制控制器的相序实现永磁无刷盘式直流电动机的正转和反转等方式。

永磁无刷盘式直流电动机反转时应停机，再切换到反转控制而后再实施反转，否则会在转子绕组中发生电流短路，这个短路电流很大，会造成逆变器中的电子元件烧毁。

3. 永磁无刷盘式直流电动机的调速

永磁无刷盘式直流电动机的转速与其极数没有固定的数学关系，永磁无刷盘式直流电动机的转速是由逆变器将直流电逆变成交流电的频率来决定的。在有调速功能的永磁无刷盘式直流电动机中，其转速是由转速指令→速度控制器→PWM→控制调相频率→驱动器→驱动逆变器，也就是由速度指令控制逆变器的调相频率来控制电动机的转速。调相频率越快，永磁无刷盘式直流电动机的转速越高。由式 $n = 60f/p$ 可以看到，当永磁无刷盘式直流电动机的极对数确定后，改变逆变器调相频率就可以实现调速的目的。

没有调速功能的永磁无刷盘式直流电动机不能调速。

举例：一台永磁无刷盘式直流电动机极对数 $p = 2$，当逆变器调相频率 $f_1 = 100\text{Hz}$、$f_2 = 150\text{Hz}$、$f_3 = 200\text{Hz}$ 的转速。

1）当 $f_1 = 100\text{Hz}$ 时

$$n_1 = \frac{60f_1}{p} = \frac{100 \times 60}{2}\text{r/min} = 3000\text{r/min}$$

2）当 $f_2 = 150\text{Hz}$ 时

$$n_2 = \frac{60f_2}{p} = \frac{150 \times 60}{2}\text{r/min} = 4500\text{r/min}$$

3）当 $f_3 = 200\text{Hz}$ 时

$$n_3 = \frac{60f_3}{p} = \frac{60 \times 200}{2}\text{r/min} = 6000\text{r/min}$$

第九节　永磁无刷盘式直流电动机的转动机理、反电动势及转矩

1. 永磁无刷盘式直流电动机的转动机理

永磁无刷盘式直流电动机的转动机理与永磁有刷盘式直流电动机的转动机理基本相同，所不同的是永磁无刷盘式直流电动机的转子是永磁体磁极，而有刷盘式直流电动机的定子磁

极是永磁体磁极。永磁无刷盘式直流电动机的定子绕组是无铁心的定子绕组，而永磁有刷盘式直流电动机的转子绕组是无铁心的转子绕组；前者是按交流电动机绕组形式而绕制的定子绕组，而后者是按直流有刷的绕组形式绕制的转子绕组。但它们的转动机理基本相同，在永磁无刷盘式直流电动机中，是定子绕组旋转磁极拖动转子永磁体磁极转动，在永磁有刷盘式直流电动机中，是定子永磁体磁极与旋转的转子磁极相互作用使转子转动。

现以4极三相12"槽"有3个位置传感器的永磁无刷盘式直流电动机为例进一步说明永磁无刷盘式直流电动机的转动机理。

图7-16a所示为4极三相12"槽"永磁无刷盘式直流电动机定子绕组展开图，图7-16b所示为其转动机理示意图。在转子永磁体的磁场中，定子绕组这个载流导体会在转子永磁体磁场受到磁场力的作用而移动，但是定子绕组是固定的，而永磁体磁极的转子是可以转动的，根据力的相互作用原理，转子会转动。

由于直流电被逆变成三相且三相之间相差相同的电角度，因此，转子在任何位置都会转动。从图7-16b中也可以看到，当转子转动时，定子绕组的电流方向也在改变，定子的旋转磁极拖动转子永磁体磁极同步转动。

图7-16a所示为4极三相12"槽"三相导通三个位置传感器位置示意图。

图7-16c所示为图7-16a的4极三相12"槽"永磁无刷盘式直流电动机的相电流、霍尔传感器输出及定子绕组反电动势的波形及其位置示意图。

2. 永磁无刷盘式直流电动机定子绕组的反电动势

永磁无刷盘式直流电动机在转动时，定子绕组被转动的转子永磁体磁极的磁通 Φ 所切割，在定子绕组中产生反电动势 E。

定子绕组中的反电动势 $E(\text{V})$ 由式（7-68）给出，即

$$E = 4K_{\text{Nm}}fNK_{\text{dp}}\Phi \tag{7-68}$$

式中　K_{Nm}——气隙波形系数，当气隙波形为正弦波时，$K_{\text{Nm}} = 1.11$；

　　　　f——逆变器的换相频率，即逆变器输出电流变化的频率，单位为 Hz；

　　　　N——定子绕组每相串联的导体数，单位为匝。一匝即为一个导体，一个导体可以由一根或若干根导线组成；

　　　　K_{dp}——定子绕组的基波绕组系数；

　　　　Φ——每极磁通，单位为 Wb。

每极磁通 Φ（Wb）由式（7-69）给出，即

$$\Phi = B_{\delta\text{av}}a'_{\text{p}}\tau L'_{\text{ef}} \tag{7-69}$$

式中　$B_{\delta\text{av}}$——平均气隙磁感应强度，单位为 T；

　　　　a'_{p}——极弧系数，一般取 $a'_{\text{p}} = 0.637 \sim 0.8$；

　　　　L'_{ef}——永磁无刷盘式直流电动机定子绕组有效长度，单位为 m，$L'_{\text{ef}} = b_{\text{m}}$；

　　　　τ——极距，在永磁无刷盘式直流电动机中为平均极距 τ_{av}，单位为 m。

平均气隙磁感应强度 $B_{\delta\text{av}}$（T 或 Gs）由式（7-70）给出，即

$$B_{\delta\text{av}} = \frac{1}{2}K\frac{B_{\text{r}}}{\pi\sigma}\left(K_{\text{m1}}\arctan\frac{a_{\text{m1}}b_{\text{m}}}{2\delta\sqrt{4\delta^2 + a_{\text{m1}}^2 + b_{\text{m}}^2}} + K_{\text{m2}}\arctan\frac{a_{\text{m2}}b_{\text{m}}}{2\delta\sqrt{4\delta^2 + a_{\text{m2}}^2 + b_{\text{m}}^2}}\right) \tag{7-70}$$

式中　K——永磁体双面利用时，$K = 1.1$，当单面利用时，$K = 1.0$；

　　　　B_{r}——转子永磁体标称的剩磁，单位为 T；

σ——漏磁系数，径向和轴向布置的永磁体磁极属永磁体磁极串联，一般 σ
为 $1.0 \sim 1.1$；

K_{m1}——转子永磁体磁极长弧长边的端面系数，见表 2-1；

K_{m2}——转子永磁体磁极短弧长边的端面系数，见表 2-1；

a_{m1}——转子永磁体扇形极面的长弧长，单位为 m；

a_{m2}——转子永磁体扇形极面的短弧长，单位为 m；

b_{m}——转子永磁体扇形极面另一个边长，单位为 m，$b_{m} = L'_{ef}$。

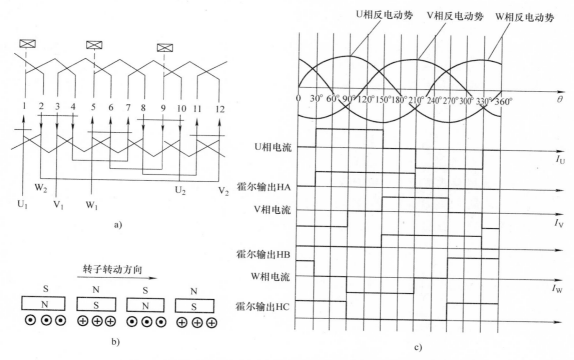

图 7-16　4 极三相 12 "槽" 永磁无刷盘式直流电动机转动机理

a) 定子绕组展开图及位置传感器　b) 转子永磁体转动机理

c) 永磁无刷盘式由直流经逆变成三相供电且三相导通的每相定子绕组的反电动势、相电流及霍尔传感器输出的相位关系

基波绕组系数 K_{dp}，由于定子绕组呈辐射状，因此基波绕组系数为其平均值 K_{dpav}

$$K_{dpav} = K_{dav} K_{pav} \tag{7-71}$$

式中　K_{dav}——定子绕组的平均分布系数；

K_{pav}——定子绕组的平均短矩系数。

绕组的平均分布系数 K_{dav} 由式（7-72）给出，即

$$K_{dav} = \frac{\sin\left(\dfrac{\alpha_{av}}{2} q\right)}{q \sin \dfrac{\alpha_{av}}{2}} \tag{7-72}$$

式中　α_{av}——定子绕组的平均 "槽" 距角，单位为（°）；

q——定子绕组每极每相 "槽" 数。

平均槽距角 α_{av}（°）由式（7-73）给出，即

$$\alpha_{av} = \frac{2p\pi}{``z"}$$

(7-73)

式中 $2p$——永磁无刷盘式直流电动机的极数。

定子绕组平均短距系数 K_{pav} 由式（7-74）求得，即

$$K_{pav} = \sin\frac{\beta_{av}\pi}{2}$$

(7-74)

$$\beta_{av} = \frac{y}{mq}$$

(7-75)

式中 y——定子绕组节距；

m——永磁无刷盘式直流电动机相数。

定子绕组每极每相"槽"数 q 为

$$q = \frac{``z"}{2pm}$$

式中 "z"——定子绕组的"槽"数，其实定子无铁心也无定子槽，但绕组是按"槽"绕制的定子绕组线圈。

3. 永磁无刷盘式直流电动机的转矩

永磁无刷盘式直流电动机的转矩是在额定功率 P_N 和额定转速 n_N 时电动机对外输出的转矩 M（N·m），由式（7-76）给出，即

$$M = 9.55\frac{P_N}{n_N}$$

(7-76)

式中 P_N——永磁无刷盘式直流电动机的额定功率，包含转子永磁体做功功率 P_y，单位为 W；

n_N——永磁无刷盘式直流电动机的额定转速，单位为 r/min。

第十节 永磁无刷盘式直流电动机的额定数据及主要参数

1. 永磁无刷盘式直流电动机的额定数据

1）永磁无刷盘式直流电动机的额定功率 P_N（W）是指永磁无刷盘式直流电动机在额定电压、额定转速时对外输出的机械功率。它包含转子永磁体磁极做功的功率。

2）额定电压 U_N（V）是指永磁无刷盘式直流电动机在额定工况下对外输出额定功率 P_N 时从逆变器输入端输入的直流电压。这个直流电压可以是蓄电池两端的直流电压，也可以是市电经整流后的直流电压。

3）额定转速 n_N（r/min）是指永磁无刷盘式直流电动机在额定工况下对外输出额定功率时的转速。当有调速范围要求时，应为额定转速范围。

2. 主要性能指标

1）永磁无刷盘式直流电动机的效率 η_N（%）是其在额定运行时的效率，设计时不应低于国家标准或国际标准。

2）温升 θ（°）是指永磁无刷盘式直流电动机在额定运行时，其各部分的温升不允许超

过允许值。在永磁无刷盘式直流电动机中，允许温升不仅与绝缘等级和电压有关，也与转子永磁体的物理性质有关，还与电动机的工作制式和冷却有关。

3）永磁无刷盘式直流电动机的运行特性是指其运行时的转速随外负载转矩变化的曲线 $n = f(M)$。

4）永磁无刷盘式直流电动机的工作制式是指永磁无刷盘式电动机是连续运转还是间歇式运转。

5）用户要求是指用户对永磁无刷盘式直流电动机的要求，其中包括噪声、冷却方式、安装方式、是否需要调速及反转等。

3. 运行工况

运行工况是指永磁无刷盘式直流电动机运行地点的地理、自然环境，如温度、湿度、粉尘、酸气、碱气、盐雾、风沙、海拔高度等。

4. 永磁无刷盘式直流电动机主要参数的确定

（1）永磁无刷盘式直流电动机的线负荷 A_{av}

永磁无刷盘式直流电动机的定子绕组是以定子绕组内圆 D_{i2} 向外圆 D_{i1} 呈辐射状，如图 7-17b 所示。定子绕组的线负荷 A 及气隙磁感应强度 B_δ 都随着定子绕组的辐射状在不同位置而不同。一般取定子绕组的平均直径 D_{av} 为计算线负荷 A 的依据。因此，对于永磁无刷盘式直流电动机的线负荷 A 定义为，线负荷 A_{av} 表示沿定子绕组的圆环面积的平均直径 D_{av} 的圆周长上的单位长度的安培导体数。平均线负荷 A_{av}（A/cm）由式（7-77）给出，即

$$A_{av} = \frac{mNI_N}{\pi D_{av}} \tag{7-77}$$

式中　m——永磁无刷盘式直流电动机定子绕组的相数；

　　　N——每相串联导体数；

　　　I_N——永磁无刷盘式直流电动机的额定电流，单位为 A；

　　　D_{av}——定子绕组的平均直径，单位为 cm。

定子绕组的平均直径 D_{av}（cm）由式（7-78）给出，即

$$D_{av} = \frac{1}{2}(D_{i1} - D_{i2}) + D_{i2}$$
$$= \frac{1}{2}(D_{i1} + D_{i2}) \tag{7-78}$$

式中　D_{i1}——定子绕组外径，单位为 cm；

　　　D_{i2}——定子绕组内径，单位为 cm。

永磁无刷盘式直流电动机当气隙 $B_{\delta av}$ 确定后，增加线负荷 A 要增加每相串联导体数 N 或增大电流 I_N，这会增加定子绕组的耗铜量及增加铜损耗，即增加电动机的热负荷；也可以减少定子平均直径 D_{av}，这会减小电动机的体积，即减少电动机的耗铁量，体积减小会使电动机散热困难。对线负荷的选择要适当，设计时可能要多次调整，使各参数要彼此兼顾。

线负荷 A 通常取值在自扇风冷的微、小型永磁无刷盘式直流电动机中可选 $A = 30 \sim 100\text{A/cm}$，中、大型机通风冷却良好的情况下可选 $A = 100 \sim 300\text{A/cm}$。

（2）永磁无刷盘式直流电动机的气隙磁感应强度 $B_{\delta av}$

永磁无刷盘式直流电动机的转子磁极是永磁体磁极，永磁体磁极呈扇形，轴向布置，属

永磁体磁极串联，其气隙磁感应强度由扇形内径向外径逐渐减小，通常用其平均直径来计算其气隙磁感应强度 $B_{\delta av}$。

平均气隙磁感应强度 $B_{\delta av}$（T）由式（7-79）给出，即

$$B_{\delta av} = \frac{K}{2} \frac{B_r}{\pi\sigma} \left(K_{m1} \arctan \frac{a_{m1}b_m}{2\delta \sqrt{4\delta^2 + a_{m1}^2 + b_m^2}} + K_{m2} \arctan \frac{a_{m2}b_m}{2\delta \sqrt{4\delta^2 + a_{m2}^2 + b_m^2}} \right) \quad (7\text{-}79)$$

式中　　K——永磁体磁极轴向布置磁极串联系数，当磁极两面同时利用时，$K = 1.1$；当永磁体磁极只利用一面时，$K = 1.0$；

　　　　B_r——永磁体标称的剩磁，单位为 T；

　　　　σ——漏磁系数，永磁体磁极径向及轴向布置时一般 $\sigma = 1.0 \sim 1.1$；

　　　K_{m1}——扇形转子永磁体磁极的长弧长的端面系数，见表 2-1；

　　　K_{m2}——扇形转子永磁体磁极的短弧长的端面系数，见表 2-1；

　　　　b_m——扇形转子永磁体磁极的径向长度，单位为 m，$b_m = L'_{ef}$；

　　　　δ——气隙长度，单位为 m；

　　　a_{m1}——转子扇形永磁体磁极的长弧长，单位为 m；

　　　a_{m2}——转子扇形永磁体磁极的短弧长，单位为 m。

当永磁无刷盘式直流电动机额定运行时，定子绕组每个极面上的磁感应强度 B_{mav}（T）为

$$B_{mav} = \frac{\Phi_{mav}}{a'_p \tau_{av} L'_{ef}} \quad (7\text{-}80)$$

式中　　Φ_{mav}——定子绕组每极磁通，单位为 Wb；

　　　　a'_p——定子绕组的极弧系数，一般 $a'_p = 0.637 \sim 0.80$；

　　　　τ_{av}——定子绕组的极距，单位为 m；

　　　　L'_{ef}——定子绕组的径向长度，单位为 m，$L'_{ef} = b_m$。

极距 τ_{av}（m）由式（7-81）求得，即

$$\tau_{av} = \frac{\pi D_{av}}{2p} \quad (7\text{-}81)$$

永磁无刷盘式直流电动机的定子绕组每极极面上的磁感应强度也可以用式（7-82）求得，即

$$B_{mav} = \frac{\Phi_{mav}}{S_m} \quad (7\text{-}82)$$

式中的 S_m 是定子绕组每极极面积 S_m（m^2），可以由式（7-83）求得，即

$$S_m = \frac{1}{2p} \left(\frac{\pi}{4} D_{i1}^2 - \frac{\pi}{4} D_{i2}^2 \right) \tau_{av}$$

$$= \frac{\pi}{8p} (D_{i1}^2 - D_{i2}^2) \tau_{av} \quad (7\text{-}83)$$

永磁无刷盘式直流电动机在额定运行时，转子永磁体磁极的气隙磁感应强度 $B_{\delta av}$ 应与定子绕组每极极面上的磁感应强度 B_{mav} 相等。当外负载转矩大于电动机额定输出转矩时，

$B_{\text{mav}} > B_{\delta\text{av}}$；当外负载转矩小于电动机额定转矩时，$B_{\text{mav}} < B_{\delta\text{av}}$。

（3）永磁无刷盘式直流电动机的发热系数

永磁无刷盘式直流电动机的发热系数是衡量其运行时发热程度的参数，它是线负荷与定子绕组电流密度的乘积。

发热系数 A_j（$A/\text{cm} \cdot A/\text{mm}^2$）由式（7-84）给出，即

$$A_j = AJ_a \tag{7-84}$$

式中　A——线负荷，单位为 A/cm；

J_a——定子绕组的电流密度，单位为 A/mm^2。

永磁无刷盘式直流电动机的电流密度 J_a 通常取 $J_a = 3.5 \sim 7.5 A/\text{mm}^2$。功率大、冷却好的取大值，功率小的取小值。

发热系数不仅与电动机的绝缘等级有关，还与转子永磁体的物理性质、电动机的工作制式及冷却有关。一般发热系数 A_j 常取 $A_j = 1500 \sim 2000$（$A/\text{cm} \cdot A/\text{mm}^2$）。

（4）永磁无刷盘式直流电动机的利用系数

永磁无刷盘式直流电动机的利用系数是表示其单位体积和单位额定转速的计算功率，它代表永磁无刷盘式直流电动机材料的利用程度。

永磁无刷盘式直流电动机的转子是永磁体磁极，定子为绕组，其利用系数 c 由式（7-85）给出，即

$$c = \frac{P_1}{D_{\text{av}}^2 L'_{\text{ef}} n_N} \approx 0.116 K_{\text{dp}} A B_{\delta\text{av}} \tag{7-85}$$

式中　P_1——永磁无刷盘式直流电动机的计算功率，也是输入功率，单位为 W；

D_{av}——定子绕组的平均直径，单位为 m；

L'_{ef}——定子绕组的有效长度，$L'_{\text{ef}} = b_m$，单位为 m；

n_N——永磁无刷盘式直流电动机的额定转速，单位为 r/min；

K_{dp}——定子的基波绕组系数；

A——线负荷，单位为 A/cm；

$B_{\delta\text{av}}$——平均气隙磁感应强度，单位为 T 或 Gs。

在设计时，利用系数可在 $c = 1.5 \sim 5\text{kW} \cdot \text{min}/\text{m}^3$ 选择。利用系数 c 也是检验设计是否合理的检验参数。

在计算功率 P_1 和额定转数 n_N 不变的情况下，增加利用系数 c 就要减小定子绕组的平均直径 D_{av}，这会使电动机的体积变小，减少铁耗量会使电动机热负荷增加，同时也可以看到，利用系数 c 与线负荷 A 及气隙磁感应强度 $B_{\delta\text{av}}$ 成正比，增加利用系数 c 也必然增加线负荷 A 或气隙磁感应强度 $B_{\delta\text{av}}$，这会使电动机耗铜量增加及铜损耗增加，使电动机热负荷增加、温升提高、冷却困难。减小利用系数，情况正好相反，不再赘述。

设计时，永磁无刷盘式直流电动机的利用系数要适当，不可顾此失彼，应与其他参数统筹兼顾，确定一个合理的利用系数 c。

第十一节　永磁无刷盘式直流电动机主要尺寸的确定

永磁无刷盘式直流电动机的主要尺寸就是定子绕组的平均直径和定子绕组的有效长度。

在设计中，应参考相近的同类机型的主要尺寸，反复地计算其主要尺寸与其他参数并进行多次调整、计算才能彼此协调。

1. 永磁无刷盘式直流电动机定子绕组平均直径的确定

在设计无刷盘式直流电动机的定子绕组的平均直径 D_{av} 时可以参考国内外同类机型的尺寸或采用试探法逐渐接近合理的平均直径 D_{av}。平均直径 D_{av} 也不是绝对的，当额定功率确定后可以采用单转子、双转子等结构形式来满足要求。尤其重要的是用户使用此电动机时应综合考虑空间等因素才能得到满意的结果。

转子绕组的平均直径 D_{av}（m 或 mm）由式（7-86）给出

$$D_{av} = \frac{1}{2}(D_{i1} + D_{i2}) \tag{7-86}$$

式中　D_{i1}——转子绕组外径，单位为 m 或 mm；

　　　D_{i2}——转子绕组内径，单位为 m 或 mm。

当初步确定定子绕组的平均直径 D_{av} 也就初步确定了转子永磁体磁极的平均直径。在确定转子平均直径 D_{av} 之后，应计算转子永磁体磁极的气隙磁感应强度 B_δ 是否满足设计要求，从而也为定子平均直径和转子永磁体磁极的平均直径互相验证了尺寸是否合适。

图 7-17a 所示为 4 极永磁无刷盘式直流电动机永磁体磁极的转子结构尺寸示意图；图 7-17b 为 4 极三相 12 "槽" 永磁无刷盘式直流电动机定子绕组结构尺寸示意图。永磁无刷盘式直流电动机与永磁有刷盘式直流电动机的某些参数相同，但两种电动机一个是直流换向，一个是将直流电逆变成两相、三相、四相，或更多相的矩形波或正弦波交流电的电动机，所以，虽然有的参数形式相同但意义不同。

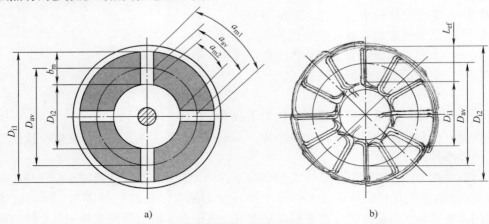

a)　　　　　　　　　　　　　　　b)

图 7-17　永磁无刷盘式直流电动机转子、定子结构示意图

a）4 极转子永磁体磁极尺寸　b）4 极三相 12 "槽" 永磁无刷盘式直流电动机绕组尺寸

2. 永磁无刷盘式直流电动机定子绕组的有效长度

初步确定永磁无刷盘式直流电动的转子平均直径 D_{av} 之后，可以用式（7-87）求得定子绕组的有效长度 L'_{ef}，定子绕组的有效长度 L'_{ef} 也是转子永磁体磁极的径向长度 b_m。

定子绕组的有效长度 L'_{ef}（m 或 mm）为

$$L'_{ef} = \frac{6.1}{a'_p A B_{\delta av} D_{av}^2} \cdot \frac{P_1}{n_N} \tag{7-87}$$

式中　P_1——永磁无刷盘式直流电动机的计算功率，单位为 W；

a'_p——极弧系数，一般 $a'_p = 0.637 \sim 0.8$；

A——线负荷，单位为 A/cm；

$B_{\delta av}$——平均气隙磁感应强度，单位为 T；

D_{av}——定子绕组的平均直径，也是转子永磁体磁极的平均直径，单位为 m 或 mm；

n_N——永磁无刷盘式直流电动机的额定转速，单位为 r/min。

永磁无刷盘式直流电动机的平均气隙磁感应强度 $B_{\delta av}$（T）为

$$B_{\delta av} = \frac{K}{2} \frac{B_r}{\pi \sigma} \left(K_{m1} \arctan \frac{a_{m1} b_m}{2\delta \sqrt{4\delta^2 + a_{m1}^2 + b_m^2}} + K_{m2} \arctan \frac{a_{m2} b_m}{2\delta \sqrt{4\delta^2 + a_{m2}^2 + b_m^2}} \right)$$

求出 L'_{ef} 之后，可以根据式（7-88）及式（7-86）求出 D_{i1} 和 D_{i2}，即

$$L'_{ef} = \frac{1}{2} (D_{i1} - D_{i2}) \tag{7-88}$$

P_1 为计算功率，也是永磁无刷盘式直流电动机的输入功率，P_1（W）可以由式（7-89）给出。永磁无刷盘式直流电动机的电源是经逆变器将输入的直流电逆变成矩形波或正弦波的交流电，所以

$$P_1 = \frac{K_E P_N}{\eta_N \cos\varphi_N} \tag{7-89}$$

式中　K_E——系数，在永磁无刷盘式直流电动机设计中，常取 $K_E = 1.0 \sim 1.05$，K_E 与 $\cos\varphi_N$ 有关，当 $\cos\varphi_N = 1$ 时，$K_E = 1.0$；

P_N——额定功率，单位为 W；

η_N——永磁无刷盘式直流电动机的额定效率；

$\cos\varphi_N$——由于永磁无刷盘式直流电动机由逆变器输出的矩形波或正弦波电流驱动，其本质是交流同步电动机。当逆变器具有将无功电流返回电源的功能时，$\cos\varphi_N = 1.0$。当逆变器不具有将无功电流返回电源的功能时，一般 $\cos\varphi_N = 0.85 \sim 0.9$。

3. 永磁无刷盘式直流电动机的尺寸比

永磁无刷盘式直流电动机的尺寸比是其绕组的有效长度与其平均直径的比，它表示电动机的有效长度与其平均直径是否合理，既能发出额定功率又能节省材料的程度。

永磁无刷盘式直流电动机的尺寸比 λ 为

$$\lambda = \frac{L'_{ef}}{D_{av}}$$

$$= \frac{\frac{1}{2}(D_{i1} - D_{i2})}{\frac{1}{2}(D_{i1} + D_{i2})} = \frac{D_{i1} - D_{i2}}{D_{i1} + D_{i2}} \tag{7-90}$$

永磁无刷盘式直流电动机的尺寸比 λ 一般为 $0.27 \sim 0.38$。

永磁无刷盘式直流电动机的尺寸比也可以用式（7-91）表达，即

$$\lambda' = \frac{D_{i1}}{D_{i2}} \tag{7-91}$$

λ' 通常取 $1.7 \sim 2.2$，微、小型 W 级取小值，大功率取大值。

4. 永磁无刷盘式直流电动机极数的确定

永磁无刷盘式直流电动机的极数与其转数无固定关系，电动机的转速取决于逆变器将直流电逆变成矩形波或正弦波的频率。永磁无刷盘式直流电动机的定子绕组以转动中心向外呈辐射状布置，其定子绕组内径绕组密集、线负荷大，所以通常以4极居多。极数多会减少绕组端部连线的长度，减少耗铜量和铜损耗及附加损耗。

5. 永磁无刷盘式直流电动机转子永磁体尺寸的确定

永磁无刷盘式直流电动机转子永磁体磁极轴向布置呈扇形分布，有单转子单定子式、单转子双定子式、双转子三定子式及多转子多定子式结构，但永磁体磁极的尺寸和结构都是一样的。

1）转子永磁体磁极的尺寸如图7-17a所示，转子永磁体磁极的径向长度与定子绕组的有效边长相等，即

$$b_m = L'_{ef} \tag{7-92}$$

2）转子永磁体长弧长的极距 τ_{m1}（m 或 mm）由式（7-93）给出，即

$$\tau_{m1} = \frac{\pi D_{i1}}{2p} \tag{7-93}$$

3）转子永磁体磁极短弧长的极距 τ_{m2}（m 或 mm）为

$$\tau_{m2} = \frac{\pi D_{i2}}{2p} \tag{7-94}$$

4）转子永磁体磁极长弧长 a_{m1}（m 或 mm）为

$$a_{m1} = \tau_{m1} a'_p$$
$$= a'_p \frac{\pi D_{i1}}{2p} = \pi D_{i1} \frac{\theta}{360} \tag{7-95}$$

5）转子永磁体磁极短弧长 a_{m2}（m 或 mm）为

$$a_{m2} = \tau_{m2} a'_p$$
$$= a'_p \frac{\pi D_{i2}}{2p} = \pi D_{i1} \frac{\theta}{360°} \tag{7-96}$$

式中 a'_p——极弧系数，$a'_p = 0.637 \sim 0.8$。

6）每个转子永磁体磁极的锥角 θ（°）为

$$\theta = \frac{360° a'_p}{2p} \tag{7-97}$$

6. 永磁无刷盘式直流电动机转子永磁体磁极的气隙磁感应强度

转子永磁体磁极的气隙磁感应强度 $B_{\delta av}$（T）为

$$B_{\delta av} = \frac{K}{2} \frac{B_r}{\pi \sigma} \left(K_{m1} \arctan \frac{a_{m1} b_m}{2\delta \sqrt{4\delta^2 + a_{m1}^2 + b_m^2}} + K_{m2} \arctan \frac{a_{m2} b_m}{2\delta \sqrt{4\delta^2 + a_{m2}^2 + b_m^2}} \right)$$

7. 增加转子永磁体磁极气隙磁感应强度的措施

设计永磁无刷盘式直流电动机时，应将选择的永磁体做成转子扇形永磁体磁极的样块，对其极面的磁感应强度进行检测，如果达不到设计要求的磁感应强度，则应采取措施来提高转子永磁体磁极的磁感应强度。

提高转子永磁体磁极的措施是永磁体磁极的拼接，拼接后的永磁体磁极不能彼此接触，

应有 2～3mm 的间距。具体拼接见本章第五节"7. 增强定子永磁体磁极磁感应强度的措施"，如图 7-7 所示，不再赘述。

第十二节　永磁无刷盘式直流电动机的定子绕组

永磁无刷盘式直流电动机的定子绕组形式与常规交流电动机定子绕组形式基本相同，可以是单层链式、单层交叉式、单层同心式、双层叠绕式、单双层式等多种形式，所不同的是永磁无刷盘式直流电动机定子无槽且从转动中心向外呈辐射状，而交流电动机有槽且绕组在槽内彼此平行。

永磁无刷盘式直流电动机定子无铁心，转子永磁体磁极不会像定子有铁心那样吸引定子槽铁心而难以起动，因此，不论定子每极每相槽数是整数还是分数，都不会影响其起动。永磁无刷盘式直流电动机在定子绕组无铁心的情况下，转子永磁体磁极可以在任意位置上被起动。

1. 永磁无刷盘式直流电动机绕组形式的选择

永磁无刷盘式直流电动机的定子绕组形式应选择绕组端部连线少且短的绕组形式，这主要是因为定子绕组内径 D_{12} 要比定子外径 D_{i1} 小得多，如果定子绕组端部连线多且长，则会在绕组内径布置困难。因此，如双层绕组、同心式绕组的端部连线多且长的不宜做永磁无刷盘式直流电动机的定子绕组形式。一般选择单层链式、单层叠绕式等端部连线短且不多的绕组形式，同时这些绕组形式不存在同一"槽"不同相的绕组线圈，避免电流方向相反而不能为电动机输出转矩出力的情况。

图 7-18 和图 7-19（见书后彩色插页）所示分别为 6 极两相 12 "槽" 和 6 极 4 相 24 "槽" 单层链式绕组展开图。

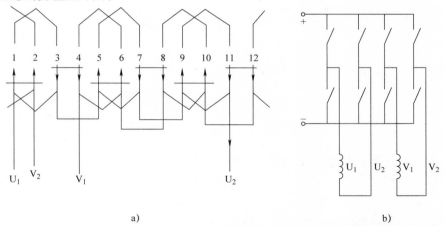

图 7-18　6 极两相 12 "槽" 永磁无刷盘式直流电动机定子绕组单层链式绕组展开图

a）定子绕组展开图　b）将直流电逆变成两相的电原理图

2. 永磁无刷盘式直流电动机定子绕组的相关参数

1）定子绕组节距是一个线圈的两个有效边所跨的定子"槽"数。如果节距与极距相等则称作整距绕组，如果节距小于极距则称作短距绕组。

2）定子绕组每极每相"槽"数 q 为

$$q = \frac{\text{"}z\text{"}}{2pm} \tag{7-98}$$

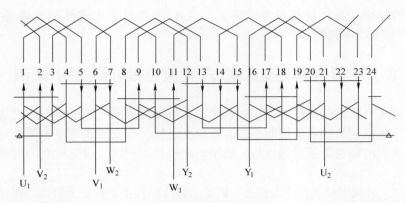

图7-19　6极4相24"槽"永磁无刷直流电动机定子绕组单层链式绕组展开图

①当为星形联结时，U_2、V_2、W_2 和 Y_2 接在一起，U_1、V_1、W_1 和 Y_1 分别接到4相的输出端；②当为三角形联结时，U_1 和 V_2、V_1 和 W_2、W_1 和 Y_2、Y_1 和 U_1 分别连接并分别接到4相的输出端，它的逆变电路简图如图7-15b 和 c 所示。

式中　$2p$——定子极数；

m——相数；

"z"——定子"槽"数。

3）极距 τ_{av} 为

$$\tau_{av} = \frac{\pi D_{av}}{2p} \tag{7-99}$$

用定子"槽"表示的极距 τ

$$\tau = \frac{"z"}{2p} \tag{7-100}$$

4）绕组分布系数 K_d 为

$$K_d = \frac{\sin\frac{\alpha}{2}q}{q\sin\frac{\alpha}{2}} \tag{7-101}$$

式中　α——用电角度表示的定子"槽"距角，单位为（°）。

$$\alpha = \frac{2p\pi}{"z"} \tag{7-102}$$

5）绕组短距系数 K_p 由式（7-103）给出，即

$$K_p = \sin\frac{\beta\pi}{2} \tag{7-103}$$

$$\beta = \frac{y}{mq} \tag{7-104}$$

式中　y——绕组节距。

6）绕组的基波绕组系数 K_{dp} 为

$$K_{dp} = K_d K_p \tag{7-105}$$

举例：图7-18a 所示为6极两相12"槽"永磁无刷盘式直流电动机绕组展开图，计算

定子绕组的基波绕组系数 K_{dp}。

1）定子绕组每极每相"槽"数 q

$$q = \frac{"z"}{2pm}$$

$$= \frac{12}{6 \times 2} = 1$$

2）定子绕组节距 y

$$y = 2$$

3）以定子"槽"数表示的极距 τ

$$\tau = \frac{"z"}{2p} = \frac{12}{6} = 2$$

4）绕组分布系数 K_d

$$K_d = \frac{\sin \dfrac{d}{2} q}{q \sin \dfrac{\alpha}{2}}$$

$$\alpha = \frac{2p\pi}{"z"} = \frac{6 \times 180°}{12} = 90°$$

$$K_d = \frac{\sin \dfrac{90°}{2} \times 1}{1 \times \sin \dfrac{90°}{2}} = \frac{\sin 45°}{\sin 45°} = 1$$

5）绕组短距系数 K_p

$$\beta = \frac{y}{mq} = \frac{2}{2 \times 1} = 1$$

$$K_p = \sin \frac{\beta\pi}{2} = \sin \frac{1 \times 180°}{2} = 1$$

6）基波绕组系数 K_{dp}

$$K_{dp} = K_d K_p = 1 \times 1 = 1$$

第十三节 永磁无刷盘式直流电动机的功率、效率和节能

1. 永磁无刷盘式直流电动机的输入功率

永磁无刷盘式直流电动机的输入功率 P_1（W）可以表示为

$$P_1 = \frac{K_E P_N}{\eta_N \cos\varphi_N}$$

还可以表示为

$$P_1 = P_N + P_{Cu} + P_{fw} + P_w + P_f \tag{7-106}$$

也可以表示为

$$P_1 = mUI \tag{7-107}$$

式中　P_{Cu}——绕组的铜损耗，单位为 W；

P_f——机械损耗，单位为 W；

P_w——通风损耗，单位为 W；

m——相数；

U——相电压，单位为 V；

I——相电流，单位为 A。

1）永磁无刷盘式直流电动机的铜损耗是由于定子绕组存在电阻而形成的，铜损耗 P_{Cu}（W）为

$$P_{Cu} = mI^2R \tag{7-108}$$

式中　m——相数；

I——每相电流，单位为 A；

R——每相定子绕组的电阻，单位为 Ω。由于交流电在75℃时的电阻难以测定，因此通常以导线在75℃时的直流电阻为计算依据。

2）通常永磁无刷盘式直流电动机定子无铁心，转子永磁体磁极也无铁心，所以没有铁损耗。但如果转子或定子有铁心应计算其铁损耗，则参考第六章第八节计算铁损耗。

3）永磁无刷盘式直流电动机的机械损耗往往包括轴承的摩擦损耗和自扇风冷的机械损耗，机械损耗 P_f（W）为

$$P_f = 8 \times 2p\left(\frac{v}{40}\right)^3 \sqrt{\frac{L'_{ef}}{19}} \tag{7-109}$$

式中　$2p$——永磁无刷直流电动机的极数；

v——电动机永磁体磁极的圆周速度，单位为 m/s；

L'_{ef}——定子绕组的有效长度，$L'_{ef} = b_m$，b_m 为转子永磁体径向长度，单位为 m。

如果单独计算滚动轴承的机械损耗，则滚动轴承的摩擦机械损耗 P_f（W）为

$$P_f = 0.15\frac{F}{d}v \times 10^2 \tag{7-110}$$

式中　F——滚动轴承载荷，单位为 N；

d——滚动轴承的滚珠或滚柱中心的转动直径，单位为 m；

v——滚动轴承的滚珠或滚柱中心的圆周速度，单位为 m/s。

4）当永磁无刷盘式直流电动机的轴承为滑动轴承时的轴承摩擦机械损耗 P_f（W）为

$$P_f = 2.3L_y\frac{50}{T}\sqrt{\mu_{50}P_yd_y\left(1 + \frac{d_y}{L_y}\right)v_y^{1.5}} \times 10^{-7} \tag{7-111}$$

式中　L_y——滑动轴承的轴颈长，单位为 m；

T——滑动轴承的工作温度，单位为℃；

μ_{50}——润滑时温度为50℃的油粘度约为 $0.015 \sim 0.02\text{N} \cdot \text{S/m}^2$；当无润滑油时，应为摩擦系数；

P_y——滑动轴承的轴颈投影面上的压强，单位为 Pa（$1\text{Pa} = 1 \times 10^{-6}\text{N} \cdot \text{mm}^{-2}$）；

d_y——滑动轴承内的主轴直径，单位为 m；

v_y——滑动轴承内的主轴圆周速度，单位为 m/s。

5）当自扇冷却通风时的机械损耗 P_W（W）为

$$P_W = 1.75q_vv^2 \tag{7-112}$$

式中　q_v——冷却风扇的空气流量，单位为 m^3/s；

v——风扇外圆的圆周速度，单位为 m/s。

2. 永磁无刷盘式直流电动机的效率

永磁无刷盘式直流电动机的额定效率 η_N（%）为

$$\eta_N = \left(1 - \frac{\sum P'}{P_1} \right) \times 100\% \tag{7-113}$$

式中　$\sum P'$——为各种损耗之和，单位为 W，$\sum P' = P_{Cu} + P_{fw} + P_f + P_w$；

P_1——输入功率，单位为 W。

3. 永磁无刷盘式直流电动机的节能

永磁无刷盘式直流电动机的转子是永磁体磁极，当电动机运行对外输出转矩时，转子永磁体磁极参加了对外输出转矩做功，即输出功率 P_N 包括转子永磁体做功的功率 P_y。转子永磁体对外做功的功率 $P_y = U_a I_a$，U_a 为转子电励磁时的电压，I_a 为转子电励磁时的电流。而输入功率 P_1 不包括转子永磁体对外做功。永磁无刷盘式直流电动机与有刷电励磁同功率盘式电动机相比节能 10% ~20%，使永磁无刷盘式直流电动机的效率提高 2% ~8%。

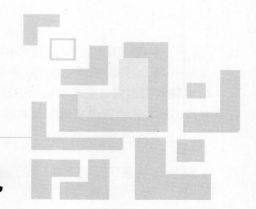

第八章

永磁交流电动机

永磁体磁极对外做功不消耗其自身磁能，因此，用永磁体磁极作电动机磁极，既可以节能、提高电动机效率、降低温升、节省材料，又能使电动机体积小、结构简单、维护容易。特别是高剩磁、高矫顽力的永磁体不断发展和投放市场，为永磁体磁极作交流电动机的转子磁极奠定了基础。

随着永磁电动机的发展，20 世纪 80 年代之后，用磁综合性能更好的永磁体磁极作交流电动机转子磁极的交流电动机得到发展。实践证明，和电励磁的交流电动机相比较，永磁交流电动机节能 10% ~20% 。

第一节　永磁交流电动机的结构和转动机理

1. 永磁交流电动机的结构

永磁交流电动机除转子之外的其他结构与常规交流异步感应电动机相同，其转子是由在转子铁心上镶嵌或粘贴永磁体磁极及转子轴等组成的。

（1）永磁交流电动机转子永磁体的布置

永磁交流电动机转子永磁体磁极的布置有径向布置、切向布置、径向与切向混合布置等。图 8-1a 所示为径向布置；图 8-1b 所示为切向布置；图 8-1c 所示为径向并联布置；图 8-1d所示为径向串联布置。

（2）永磁交流电动机起动与转换旋转方向的条件

1）永磁交流电动机的每极每相槽数 q 应为分数。这是因为转子永磁体磁极必须是偶数而不能为奇数，如果定子槽数为偶数，则转子永磁体磁极会完全吸引住它所对应的定子齿而无法起动。这与交流异步电动机的定子槽数与转子槽数相等而无法起动的机理是相同的。

2）为了便于永磁交流电动机起动和转换旋转方向，转子除布置永磁体磁极外，还在转子铁心的外圆冲有孔或槽，这些孔或槽的轴线应与转子轴轴线成一定角度，即斜槽，斜槽数不能与定子槽数相等。孔内或槽内嵌入或铸入金属导条，这些导条的端部短路。这样的转子结构是永磁交流电动机异步和同步共同起动、换向，实际上是永磁交流同步电动机，是定子旋转磁极同步拖动转子永磁体同步转动，如图 8-1a 和 b 所示。

3）将径向布置的永磁体磁极与转子轴轴向成一定角度，如图 8-2a 所示，或将径向布置的永磁体磁极错位布置，错位后的永磁体磁极与转子轴线成一定角度，如图 8-2b 所示。

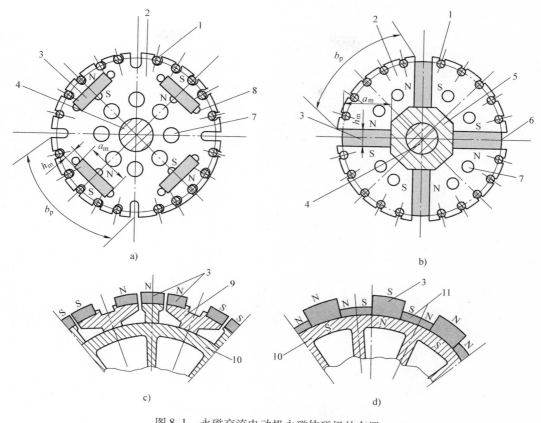

图 8-1 永磁交流电动机永磁体磁极的布置

a）径向布置 b）切向布置 c）永磁体磁极径向并联 d）永磁体磁极径向串联

1—导条 2—转子铁心 3—永磁体磁极 4—转子轴 5—非磁性材料轮毂 6—非磁性材料档板

7—转子铁心冷却风道 8—永磁体磁极冷却风道 9—磁导体 10—轮毂（磁导体） 11—铁氧体永磁体

（3）永磁交流电动机转子永磁体磁极各种布置的特点

1）图 8-1a 所示的转子永磁体磁极径向布置的特点。

① 永磁体磁极埋在铁心内，不利于永磁体磁极散热。

② 转子每极弧长 b_p 的气隙磁感应强度 $B_{\delta 1}$ 小于永磁体磁面上的磁感应强度 B_m。

$$B_{\delta 1} = \frac{a_m B_m}{b_p} \tag{8-1}$$

由于 $a_m < b_p$，所以 $B_m > B_{\delta 1}$

式中 $B_{\delta 1}$——转子气隙磁感应强度，单位为 T；

B_m——永磁体 a_m 极面上的磁感应强度，单位为 T；

a_m——永磁体矩形极面上的短边长，单位为 m 或 mm；

b_p——转子的极弧长度，单位为 m 或 mm。

永磁体磁极的磁感应强度 B_m（T）由式（8-2）给出，即

$$B_m = K_m \frac{B_r}{\pi \sigma} \arctan \frac{a_m b_m}{2\delta \sqrt{4\delta^2 + a_m^2 + b_m^2}} \tag{8-2}$$

式中　K_m——永磁体磁极的端面系数，见表2-1；

　　　B_r——永磁体标称的剩磁，单位为 T；

　　　σ——漏磁系数，一般径向布置的永磁体磁极 $\sigma = 1.0 \sim 1.1$；

　　　a_m——永磁体磁极的短边长，单位为 m 或 mm；

　　　b_m——永磁体磁极的长边长，单位为 m 或 mm；

　　　δ——永磁体极面 a_m 面与铁心之间的距离，单位为 m 或 mm。

转子的极弧长度 b_p（m 或 mm）由式（8-3）求得，即

$$b_p = \frac{\pi D_2}{2p} a'_p \tag{8-3}$$

式中　D_2——转子外径，单位为 m 或 mm；

　　　$2p$——极数；

　　　a'_p——转子极弧系数，一般 a'_p 取值为 0.637 ~ 0.75。

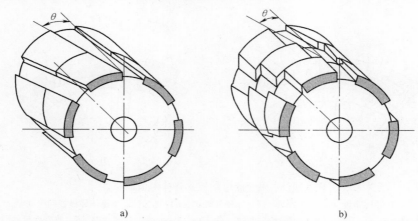

图8-2　永磁交流电动机转子永磁体径向布置且与转子轴线成 θ 角倾斜

a）永磁体磁极直接倾斜　b）永磁体磁极分段错位倾斜

当电动机转动时，转子外圆上的导条被感应电流所形成的气隙磁感应强度 $B_{\delta 2}$（T）由式（8-4）给出，即

$$B_{\delta 2} = \pm B_{\delta 3} \tag{8-4}$$

式中　$B_{\delta 3}$——导条每极所形成的气隙磁感应强度，单位为 T。

"+"号表示导条电流所形成的磁极与转子永磁体磁极相同；"－"号表示导条电流所产生的磁极与转子永磁体磁极相反。

永磁交流电动机的气隙磁感应强度 B_δ（T）为

$$B_\delta = B_{\delta 1} + B_{\delta 2} = B_{\delta 1} \pm B_{\delta 3} \tag{8-5}$$

2）图 8-1b 所示的永磁体磁极切向布置的特点。

① 永磁体磁极埋在转子铁心内，不利于转子永磁体磁极的散热。

② 切向布置的永磁体磁极两个同性磁极贡献给一个导磁高的磁导体磁极，切向布置的永磁体安装困难，需要特殊的安装工具，安装时应注意安全，防止永磁体飞出伤人。

③ 当转子极弧长 $b_p = a_m$ 时，转子永磁体磁极在转子圆周上的气隙磁感应强度 $B_{\delta 1}$（T）

由式（8-6）给出，即

$$B_{\delta 1} = K_m \frac{2B_r}{\pi\sigma} \arctan \frac{a_m b_m}{2\delta\sqrt{4\delta^2 + a_m^2 + b_m^2}} \tag{8-6}$$

式中　K_m——永磁体磁极极面短边长的端面系数，见表2-1；

　　　B_r——永磁体标称的剩磁，单位为T；

　　　σ——漏磁系数，当有非磁性材料有效隔磁时，$\sigma = 1.4 \sim 1.6$；当无非磁性材料有效隔磁时，$\sigma = 1.8 \sim 2.2$；

　　　a_m——永磁体磁极极面的短边长，单位为m或mm；

　　　b_m——永磁体磁极极面的长边长，单位为m或mm；

　　　δ——气隙长度，单位为m或mm。

当转子的极弧长度 $b_p > a_m$ 时，转子永磁体磁极在转子圆周上的气隙磁感应强度 $B_{\delta 1}$（T）为

$$b_p B_{\delta 1} = a_m B\delta_m$$

$$B_{\delta 1} = \frac{a_m B\delta_m}{b_p} = \frac{a_m}{b_p} K_m \frac{2B_r}{\pi\sigma} \arctan \frac{a_m b_m}{2\delta\sqrt{4\delta^2 + a_m^2 + b_m^2}} \tag{8-7}$$

3）图8-1c所示的转子永磁体磁极径向布置拼接的特点。

① 永磁径向布置，磁极直接面对气隙，漏磁小，易于冷却。

② 三个或更多磁极组成一个径向布置的磁极，共同组成的磁极的气隙磁感应强度与单个永磁体磁极的气隙磁感应强度相同，且三个或更多同性磁极不能彼此接触，彼此相距至少 $1 \sim 2$mm。其气隙磁感应强度 B_δ（T）为

$$B_\delta = K_m \frac{B_r}{\pi\sigma} \arctan \frac{a_m b_m}{2\delta\sqrt{4\delta^2 + a_m^2 + b_m^2}} \tag{8-8}$$

式中　K_m——单个永磁体磁极极面的端面系数，见表2-1；

　　　B_r——单个永磁体标称的剩磁，单位为T；

　　　σ——漏磁系数，通常 $\sigma = 1.0 \sim 1.1$；

　　　a_m——永磁体磁极极面的短边长，单位为m或mm；

　　　b_m——永磁体磁极极面的长边长，单位为m或mm；

　　　δ——气隙长度，单位为m或mm。

③ 这种拼接会使永磁体端面系数提高，从而提高气隙磁感应强度。

4）图8-1d所示为径向布置两磁极间用铁氧体串联的永磁体磁极的特点。

① 永磁体径向布置，永磁体磁极直接面对气隙，漏磁少，永磁体易于冷却。

② 永磁体的非工作磁极用铁氧体永磁体串联，磁路短，漏极小。铁氧体厚度小于转子永磁体两极面距离 h_m 的一半。这种布置使气隙磁感应强度增大约10%。

③ 转子永磁体的气隙磁感应强度 B_δ（T）为

$$B_\delta = K_m \frac{1.1B_r}{\pi\sigma} \arctan \frac{a_m b_m}{2\delta\sqrt{4\delta^2 + a_m^2 + b_m^2}} \tag{8-9}$$

式中　B_r——单个永磁标称的剩磁，单位为T；

　　　K_m——永磁体磁极的端面系数，见表2-1；

σ——漏磁系数 $\sigma = 1.0 \sim 1.05$；

a_m——永磁体磁极极面的短边长，单位为 m 或 mm；

b_m——永磁体磁极极面的长边长，单位为 m 或 mm；

δ——气隙长度，单位为 m 或 mm。

这种永磁体径向布置铁氧体磁极串联是提高气隙磁感应强度的可行方法之一。

5）永磁交流电动机除转子之外的其他结构与交流异步感应电动机一样，也是由定子铁心、绕组、前端盖、前轴承、后端盖、后轴承、风扇、防护罩、机壳等组成的。功率大的用外置强迫风冷或其他冷却方式。关于交流异步感应电动机有很多资料可供参考，本书不再赘述。

2. 永磁交流电动机的转动机理

永磁交流电动机的定子旋转磁极与转子永磁体磁极为异性磁极相互吸引，定子磁极拖动转子永磁体磁极同步转动，如图8-3所示。当定子绕组磁极按箭头方向旋转时，拖动转子永磁体磁极同步按箭头方向转动。永磁交流电动机是永磁同步交流电动机。

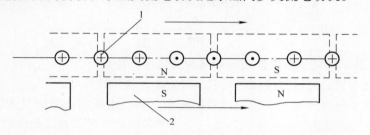

图8-3 永磁交流电动机转动机理示意图

1—定子绕组 2—转子永磁体磁极

3. 永磁交流电动机的转矩特性

当永磁交流电动机的外负载转矩超过其额定负载转矩时，电动机的转速会下降，定子绕组的电流会增加，使定子绕组磁极拖动转子永磁体磁极运行在一个低于额定转速的工况下达到新的同步转速。当外负载再增大时，转子永磁体磁极的中心线会离开定子绕组磁极的中心线。转子永磁体磁极的中心线与定子绕组磁极的中心线所成的角称为功角，用 θ 表示，电动机负载越大，功角越大。图8-4所示为永磁交流电动机的功角特性。

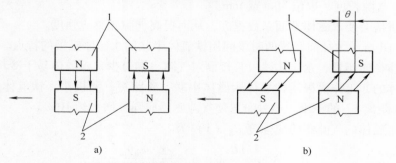

图8-4 永磁交流电动机的功角特性

a）永磁交流电动机的额定运行时的状况 b）当外负载大于额定负载时功角 θ 变大

1—定子磁极 2—转子磁极

理论上永磁交流电动机的功角是90°，但实际上功角只有20°~30°，当功角超过40°时，定子绕组磁极就很难拖动转子永磁体磁极了。当定子绕组磁极拖不动转子永磁体磁极，即外负载大到使转子不能转动时，这种工况称作永磁交流电动机失步，定子绕组电流急剧增加，若不及时停机，则定子绕组会被烧毁。

永磁交流电动机的转速与其转矩的变化曲线由 $n = f(M)$ 表示，永磁交流电动机的转速随转矩变化不大，说明永磁交流电动机的机械外特性很硬。

第二节　永磁交流电动机的额定数据和主要参数

在设计永磁交流电动机时，设计任务书中就提出了永磁交流电动机的额定数据、性能指标等。

1. 永磁交流电动机的额定数据及技术要求

（1）永磁交流电动机的额定数据

1）永磁交流电动机的额定功率 P_N 是电动机在额定工况下，额定转速中对外输出的机械功率，单位为 W 或 kW。

2）额定电压 U_N 是指永磁交流电动机在额定工况下输出额定功率时的线或相电压，单位为 V。

3）额定转速 n_N 是指永磁交流电动机在额定工况输出额定功率 P_N 时的转速，单位为 r/min。

4）相数 m 是指永磁交流电动机定子绕组的相数。

5）额定频率 f_N 是指永磁交流电动机的交流电的频率。我国的 f_N 为 50Hz，世界上有的国家的 f_N 为 60Hz。

6）额定效率 η_N 是指永磁交流电动机在输出额定功率时的效率。

7）额定温升是指永磁交流电动机在输出额定功率时各部件允许的温升，其不仅与绝缘及冷却有关，更与永磁体的性能有关。

8）额定功率因数 $\cos\varphi$ 是指永磁交流电动机输出额定功率时的功率因数。

（2）永磁交流电动机的要求

永磁交流电动机的使用工况的要求包括：连续使用还是间歇使用；使用时的地理、自然环境，如温度、湿度、风沙、酸气、碱气、盐雾、海拔高度等。

2. 永磁交流电动机的主要参数

永磁交流电动的主要参数是线负荷 A 和气隙磁感应强度 B_δ，它们决定了电动机的尺寸。

（1）线负荷 A 的选择

线负荷 A（A/cm）由式（8-10）给出，即

$$A = \frac{mNI_N}{\pi D_{i1}} \tag{8-10}$$

式中　m——永磁交流电动机相数；

　　　N——永磁交流电动机每相串联导体数；

　　　I_N——相电流，单位为 A，当三角形联结时等于线电流的 $1/\sqrt{3}$，星形联结时等于线电流；

　　　D_{i1}——定子内径，单位为 cm。

当气隙磁感应强度 B_δ 一定时，增加线负荷 A 就要减小定子内径 D_{i1}，这会使永磁交流电动机体积变小，节省铁和钢的损耗量。当电动机的尺寸变小，又要保持计算功率不变时，就必须增加每相串联导体数 N 或增加电流 I_N，这又会增加耗铜量和铜损耗，从而使电动机温升提高，增加电动机的冷却难度。因此，线负荷不能选得太大，相反选得太小，会使电动机体积变大、增加铁和钢损耗量。所以线负荷应选择合适。

线负荷 A 在永磁交流电动机通风冷却时，线负荷 $A = 300 \sim 600 \mathrm{A/cm}$，功率大强迫风冷的选大值；自扇风冷或对机壳自扇风冷时，$A = 200 \sim 350 \mathrm{A/cm}$。

（2）永磁交流电动机气隙磁感应强度的确定

气隙磁感应强度 B_δ 关系到永磁交流电动机的输出功率，气隙磁感应强度越大则电动机的输出功率越大。但气隙磁感应强度也不宜取很大值，这主要与电动机转子永磁体磁极的布置及永磁体的磁综合性能有关，也与转子导条在转子外圆上形成气隙磁感应强度或永磁体磁极与转子轴所成角度等因素有关。

1）转子外径有导条永磁体径向布置的气隙磁感应强度。如图 8-1a 的气隙磁感应强度 B_δ（T）为

$$B_\delta = B_{\delta 1} \pm B_{\delta 3}$$

① 当转子每极弧长 $b_p > a_m$ 或 $b_p < a_m$ 时，气隙磁密 B_δ（T）为

$$
\begin{aligned}
B_\delta &= B_{\delta 1} \pm B_{\delta 3} \\
&= \frac{a_m}{b_p} K_m \frac{B_r}{\pi \sigma} \arctan \frac{a_m b_m}{2\delta \sqrt{4\delta^2 + a_m^2 + b_m^2}} \pm B_{\delta 3}
\end{aligned}
\tag{8-11}
$$

② 当转子每极弧长 $b_p = a_m$ 时，即 $a_m / b_p = 1$，则气隙磁感应强度 B_δ（T）为

$$
\begin{aligned}
B_\delta &= B_{\delta 1} \pm B_{\delta 3} \\
&= K_m \frac{B_r}{\pi \sigma} \arctan \frac{a_m b_m}{2\delta \sqrt{4\delta^2 + a_m^2 + b_m^2}}
\end{aligned}
\tag{8-12}
$$

式中　b_p——转子每极弧长，单位为 m 或 mm；

$\quad\quad a_m$——转子永磁体磁极极面的短边长，单位为 m 或 mm；

$\quad\quad b_m$——转子永磁体磁极极面的长边长，单位为 m 或 mm；

$\quad\quad K_m$——转子永磁体磁极的端面系数，见表 2-1；

$\quad\quad \sigma$——漏磁系数，径向布置的永磁体磁极为永磁体串取，$\sigma = 1.0 \sim 1.1$；

$\quad\quad \delta$——气隙长度，单位为 m 或 mm；

$\quad\quad B_{\delta 3}$——转子外径导条所形成气隙。由于导条感应的是交流电，故为 ±。"＋"号时为导条磁极与转子永磁体磁极同性；"－"号时为导条磁极与转子永磁体磁极异性。

2）转子外径有导条的切向布置永磁体磁极的气隙磁感应强度如图 8-1b 所示。

① 当转子每极弧长 $b_p > a_m$ 或 $b_p < a_m$ 时，气隙磁感应强度 B_δ（T）为

$$
\begin{aligned}
B_\delta &= B_{\delta 1} \pm B_{\delta 3} \\
&= \frac{a_m}{b_p} K_m \frac{2B_r}{\pi \sigma} \arctan \frac{a_m b_m}{2\delta \sqrt{4\delta^2 + a_m^2 + b_m^2}} \pm B_{\delta 3}
\end{aligned}
\tag{8-13}
$$

② 当转子每极弧长 $b_p = a_m$ 时，气隙磁感应强度 B_δ（T）为

$$B_\delta = \frac{2B_r}{\pi\sigma}K_m \arctan \frac{a_m b_m}{2\delta \sqrt{4\delta^2 + a_m^2 + b_m^2}} \qquad (8\text{-}14)$$

式中　σ——漏磁系数。在有非磁性材料有效隔磁时，$\sigma = 1.4 \sim 1.6$；在没有非磁性材料有效隔磁时，$\sigma = 1.8 \sim 2.2$。

3）如图 8-1d 所示的转子永磁体磁极的非工作极用铁氧体串联的，并与转子轴成一定角度径向布置的永磁体磁极的气隙磁感应强度 $B_\delta(T)$ 为

$$B_\delta = K_m \frac{1.1B_r}{\pi\sigma} \arctan \frac{a_m b_m}{2\delta \sqrt{4\delta^2 + a_m^2 + b_m^2}} \cos\alpha \qquad (8\text{-}15)$$

式中　$1.1B_r$——用铁氧体串联的径向永磁体磁极的磁感应强度比单个永磁体的磁感应强度大 10%以上；B_r 为转子永磁体磁极标称的剩磁，单位为 T；

　　　α——转子永磁体磁极布置成与转子轴线成 α 角，单位为（°）；

　　　σ——漏磁系数，$\sigma = 1.0 \sim 1.1$。

由于导条磁极与转子永磁体磁极有同性时气隙磁感应强度为 $B_{\delta1} + B_{\delta3}$，异性时气隙磁感应强度为 $B_{\delta1} - B_{\delta3}$，总体来说并未增加或减小转子永磁体磁体的气隙磁感应强度，所以在计算转子永磁体磁极的气隙磁感应强度时可以不计导条磁极的气隙磁感应强度 $B_{\delta3}$。

计算举例 1

一台永磁交流电动机，其相关数据如下：三相，额定电压 AC 380V，50Hz，8 极；定子外径 $D_1 = 327$mm，定子内径 $D_{i1} = 230$mm，气隙长度 $\delta = 0.8$mm，转子外径 $D_2 = D_{i1} - 2\delta = (230 - 2 \times 0.8)$mm $= 228.4$mm；转子永磁体磁极采用 N48 钕铁硼永磁体，其最小剩磁 $B_{rmin} = 1.37$T；永磁体磁极的布置如图 8-1d 所示，永磁体非工作极用铁氧体串联并与转子轴成 2.8°斜角的径向布置，漏磁系数 $\sigma = 1.0$；转子有效长度 $L_{ef} = 130$mm。求转子永磁体磁极的气隙磁感应强度 B_δ。

1）转子极距 $\tau_2 = \dfrac{\pi D_2}{2p} = \dfrac{\pi \times 228.4}{8}$mm ≈ 89.7mm。

2）永磁体磁极极面的短边 $a_m = a'_p \tau_2 = 89.7 \times 0.637$mm ≈ 57.1mm。

3）永磁体磁极极面的长边 $b_m = 130$mm，由长度为 26mm 的 5 块永磁体轴向拼接。

4）永磁体两极面之间的距离 $h_m = 15$mm。

5）$\dfrac{h_m}{a_m} = \dfrac{15}{57.1} \approx 0.263$。

6）查表 2-1，得 $K_m = 0.63$。

7）气隙磁感应强度 B_δ 为

$$B_\delta = K_m \frac{B_r}{\pi\sigma} \arctan \frac{a_m b_m}{2\delta \sqrt{4\delta^2 + a_m^2 + b_m^2}} \cos\alpha$$

$$= 0.63 \times \frac{1.37}{180 \times 1.0} \arctan \frac{57.1 \times 130}{2 \times 0.8 \sqrt{4 \times 0.8^2 + 57.1^2 + 130^2}} \times \cos 2.8° \text{T}$$

$$= 0.524\text{T}$$

（3）永磁交流电动机的发热系数

永磁交流电动机的发热系数表示其在额定工况时的发热程度。发热系数是线负荷 A 与电流密度 j_a 的乘积。发热系数 A_j（A/cm·A/mm²）由式（8-16）给出，即

$$A_j = Aj_a \tag{8-16}$$

式中　A——永磁交流电动机的线负荷，单位为 A/cm；

　　　j_a——电流密度，单位为 A/mm²。

电流密度 j_a 通常取 3.5～7.5A/mm²。

发热系数 A_j 的选取，通常轴向通风冷却的，$A_j = 1500～2500$（A/cm・A/mm²）；轴向和径向通风冷却的，$A_j = 2000～4000$A/cm・A/mm²。

（4）永磁交流电动机的利用系数

永磁交流电动机的利用系数表示其转子单位体积有效材料所能产生的计算转矩，也表示永磁交流电动机单位体积有效材料和单位额定转速的计算功率，它反映了永磁交流电动机有效材料的利用程度，它也是永磁交流电动机设计方案互相比较时的一个重要指标。

永磁交流电动机利用系数 c 由式（8-17）给出，即

$$c = \frac{2\pi T_n}{60 D_2^2 L_{ef}} = \frac{p_1}{D_2^2 L_{ef} n_N} = 0.116 K_{dp} A B_\delta \tag{8-17}$$

式中　T_n——计算转矩，单位为 N・m；

　　　D_2——转子外径，单位为 m；

　　　L_{ef}——转子有效长度，单位为 m；

　　　p_1——计算功率，单位为 VA 或 W；

　　　n_N——永磁交流电动机的额定转速，单位为 r/min；

　　　A——线负荷，单位为 A/cm 或 A/m；

　　　K_{dp}——基波绕组系数；

　　　B_δ——气隙磁感应强度，单位为 T。

随着电动机技术的进步和电动机材料性能、质量的提高，永磁交流电动机的利用系数将会有更大的提高。$c = 0.116 K_{dp} A B_\delta$ 是永磁交流电动机定子的数据。

永磁交流电动机的利用系数与交流异步感应电动机的利用系数不同，它比常规交流异步感应电动机的利用系数高，见表 8-1。

表 8-1　永磁交流电动机的利用系数 c

冷却方式	轴向通风冷却			轴向和径向通风冷却		
功率/kW	10～100	100～500	500～1000	100～500	500～1000	1000～3000
利用系数 c	2.5～5.0	3.5～6	5～8	4～6	5～8	>8

永磁交流电动机可以做到多极低转速，这也是其利用系数高的原因之一。

第三节　主要尺寸及定子槽设计

1. 确定永磁交流电动机的主要尺寸

永磁交流电动机主要尺寸的确定就是确定永磁交流电动机的转子直径 D_2、转子永磁体磁极的长度及定子直径 D_{i1}、外径 D_1 及有效长度。

在确定永磁交流电动机的主要尺寸时，应充分参考同功率的交流异步电动机的主要尺寸。我国已经生产出适用于各种工况，地理、自然条件，转速，功率的交流异步电动机。如 Y 系列（IP44）三相异步电动机（JB/T 9616—1999）；Y2 系列（IP54）三相异步电动机（JB/T 8680—2008）等。

参考三相异步电动机的主要尺寸，初步确定永磁交流电动机的主要尺寸，可以使设计更为方便、更有利于缩短设计时间、提高设计的成功率。

1）这些三相异步电动机都是经过多次修改设计、多次样机试验，并经过多次实践改进后性能优良且已批量生产的电动机。

2）可以直接采用相近机型的定子铁心硅钢片、机壳、端盖和转轴等零部件，这些零部件已标准化生产，从而减少永磁交流电动机设计、制造样机的成本。

3）可以节省冲压模具和铸造模型、芯型的费用。

2. 永磁交流电动机的主要参数的计算

永磁交流电动机的主要参数是关于定子和转子的参数。

（1）永磁交流电动机的定子极距

定子极距 τ_1（m 或 mm）为

$$\tau_1 = \frac{\pi D_{i1}}{2p}$$
（8-18）

式中 D_{i1}——定子内径，单位为 m 或 mm；

$2p$——永磁交流电动机的极数。

（2）永磁交流电动机转子极距

转子极距 τ_2（m 或 mm）为

$$\tau_2 = \frac{\pi D_2}{2p}$$
（8-19）

式中 D_2——转子外径，单位为 m 或 mm，$D_2 = D_{i1} - 2\delta$；

$2p$——永磁交流电动机的极数；

δ——气隙长度，单位为 m 或 mm。

（3）转子永磁体磁极径向排列的弧长的确定

转子永磁体磁极的弧长 b_p（m 或 mm），$b_m = \widehat{a_m}$ 为

如图 8-5 所示的转子永磁体磁极径向布置时的永磁体磁极弧长 $\widehat{a_m} = b_p$

$$\widehat{a_m} = a'_p \tau_2 = a'_p \frac{\pi D_2}{2p}$$
（8-20）

式中 a'_p——极弧系数，当气隙磁感应强度为正弦波时，$a'_p = 0.637$，通常极弧系数取 $a'_p = 0.637 \sim$

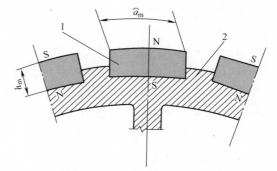

图 8-5 永磁交流电动机转子永磁体磁极径向弧长
1—永磁体 2—轮毂

0.72，对于永磁交流电动机可取 0.7 ~ 0.72。

（4）转子永磁体磁极两极面之间的距离 h_m 的选择

永磁交流电动机转子永磁体磁极两极面之间的距离 h_m（m 或 mm）的选择要根据永磁体的剩磁、极弧长 $\widehat{a_m}$ 的长度等因素综合考虑。h_m 选择小，可以节省永磁体，但其端面系数会小，会使永磁体磁极极面上的磁感应强度减小；h_m 选择大，会使永磁体磁极体积大、成本高，但会使永磁体磁极极面上的磁感应强度增大。

如果永磁体磁极极面上的磁感应强度达不到设计要求，则可以采取图 8-1c 永磁体磁极

径向拼接的径向布置方式或图 8-1d 所示的径向布置永磁体非工作极用铁氧体直接串联的方式来使永磁体极面上的磁感应强度提高，或通过提高永磁体的端面系数 K_m 来提高永磁体磁极极面上的磁感应强度。

（5）永磁交流电动机转子磁极的有效长度

转子永磁体磁极的有效长度 L_{ef}（m 或 mm）除参考同功率的交流异步电动机的转子有效长度之外，也可以由式（8-21）求得，即

$$L_{ef} = \frac{6.1}{a'_p A B_\delta D_2^2} \cdot \frac{P_1}{n_N} \tag{8-21}$$

式中　a'_p——极弧系数，一般取 0.637 ~ 0.72；

　　　A——线负荷，单位为 A/cm；

　　　B_δ——气隙磁感应强度，单位为 T；

　　　D_2——转子永磁体磁极外径，单位为 cm；

　　　P_1——设计计算功率，单位为 W；

　　　n_N——额定转速，单位为 r/min。

转子有效长度 L_{ef}（m 或 mm）也可以由式（8-22）求得，即

$$L_{ef} = \lambda \tau_2 = \lambda \frac{\pi D_2}{2p} \tag{8-22}$$

式中　λ——永磁交流电动机的尺寸比，用下式求取：

$$\lambda = \frac{L_{ef}}{\tau_2} \tag{8-23}$$

尺寸比 λ 表示转子有效长度与其极距的比。其取值范围见表 8-2。

表 8-2　永磁交流电动机的尺寸比 λ 值

极数 2p	2 ~ 8 极	8 ~ 20 极	20 ~ 30 极	30 ~ 60 极	60 ~ 84 极
尺寸比 λ	2 ~ 4	4 ~ 6	6 ~ 8	8 ~ 12	> 12

当转子外径 D_2 不变时，λ 值的变化，则

1）转子永磁体有效长度的增加，会形成电动机直径不变，随长度的增加而形成一系列不同功率的永磁交流电动机。这使电动机变得细长，定子绕组端部连线相对变短，电动机端部耗铜少，提高了定子绕组的利用率。但会使电动机加工困难，增加电动机冷却难度。

2）当转子永磁体磁极的有效长度 L_{ef} 不变时，随着尺寸比 λ 的变化成为不同直径的电动机。这种永磁电动机嵌线方便，但绕组端部连线相对较长，铜耗较多，绕组利用率低。

由于上述两种情况，尺寸比应选择合适。应注意电动机的冷却、材料的利用率、制造成本、转子的静动平衡、永磁体粘贴强度等。

（6）永磁交流电动机的极数

永磁交流电动机可以做到多极低转速大转矩，其极数应根据用户的需求而定，其极数 $2p$ 可由式（8-24）给出，即

$$2p = \frac{120f}{n_N} \tag{8-24}$$

式中　f——交流电的频率，单位为 Hz；

　　　n_N——额定转速，单位为 r/min。

（7）初选定子每极每相槽数及计算定子槽数

永磁交流电动机的转子磁极是永磁体磁极，如果定子槽数为整数，那么转子永磁体磁极会一一对应地吸引住定子齿，这使永磁交流电动机无法起动。为了使永磁交流电动机能顺利起动，定子每极每相槽数必须为分数。

1）每极每相槽数 q 由式（8-25）给出，即

$$q = b + \frac{c}{d}$$ （8-25）

式中 b ——分数槽中的整数部分；

$\frac{c}{d}$ ——槽的分数部分。

每极每相槽数由式（8-26）求得，即

$$q = \frac{z}{2pm}$$ （8-26）

式中 z ——定子槽数；

m ——相数；

$2p$ ——极数。

2）定子槽数 z 由式（8-27）给出，即

$$z = 2pmq$$ （8-27）

举例：一台永磁交流电动极三相8极，取每极每相槽数 $q = 1\frac{1}{8}$，它的定子槽数 z 为

$z = 2pmq = 8 \times 3 \times 1\frac{1}{8} = 27$ （槽）。

（8）定子绕组每相串联导体数、每槽导体数

定子绕组每相串联导体数是由初选的线负荷决定的。每相串联导体数 N 由式（8-28）求得，即

$$A = \frac{mNI_N}{\pi D_{i1}}$$
$$N = \frac{\pi D_{i1}A}{mI_N}$$ （8-28）

式中 A ——初选的线负荷，单位为 A/cm；

D_{i1} ——定子内径，单位为 cm；

m ——相数；

I_N ——定子绕组电流，三角形联结时为相电流，星形联结时为线电流，单位为 A。

永磁交流电动机每极串联导体数 N 也可由式（8-29）给出，即

$$N = \frac{N_S z}{ma}$$ （8-29）

式中 N_S ——每槽导体数；

z ——定子槽数；

a ——定子绕组并联支路数。

每槽导体数 N_S 为

$$N_S = \frac{mNa}{z} \qquad (8\text{-}30)$$

3. 定子槽形及其尺寸

（1）定子槽形

永磁交流电动机的功率不同、极数不同，采用的定子槽形也不同，常用的槽形有下图 8-6 所示的 4 种。

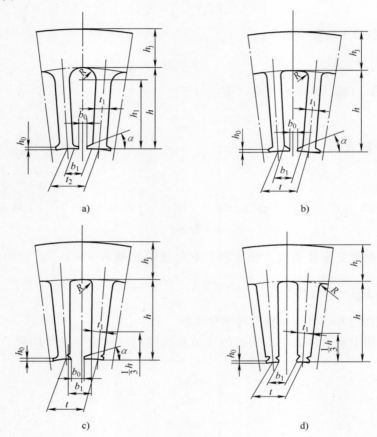

图 8-6　永磁交流电动机常用的定子槽形
a）梨形槽　b）梯形槽　c）半开口槽　d）开口槽

梨形槽和梯形槽的定子齿宽相等，也称等齿宽槽。等齿宽槽漏磁少，谐波分量少，槽内的每个导体可以采用多根圆漆包铜线并绕，减小趋肤效应所形成的损耗，也减少涡流损耗和环流损耗及附加损耗等。梨形槽和梯形槽适用于圆漆包铜线，为了便于嵌入槽内，漆包铜线的直径不宜超过 1.6mm。

半开口槽和开口槽适用于定子绕组为扁铜线的大功率电动机。扁铜线绕组是在模具中将绕组绕好、定形、绝缘后有规律地将绕组线圈放入槽内。半开口槽和开口槽的槽宽相等，亦称等宽槽，等宽槽定子齿宽不等，也称不等齿宽槽。由于半开口槽和开口槽的槽口大，漏磁大，因此为了减少漏磁，往往采用磁性槽楔。采用磁性槽楔会使漏磁减少，但会增大谐波分量。

由于半开口槽和开口槽齿宽不等，因此不利于磁通的导通。

（2）定子槽尺寸

1）定子槽齿距 t（m 或 mm）为

$$t = \frac{\pi D_{i1}}{z} \tag{8-31}$$

2）等齿宽槽的槽口 b_0 为

$$b_0 = \frac{1}{2}b_1 \tag{8-32}$$

式中　b_1——定子槽在定子内圆的弧长，单位为 m 或 mm；

　　　b_0——定子槽口宽，单位为 m 或 mm。

3）槽口高 h_0 为

h_0 一般取 $0.8 \sim 1.0$mm，大功率 h_0 取 $1.0 \sim 1.2$mm；槽口高斜角 $\alpha = 30°$。

4）槽深 h 为

$$h = (3.5 \sim 5.5)b_1 \tag{8-33}$$

式中，$b_1 = (0.55 \sim 0.65)t$。

5）定子轭高 h_j（m 或 mm）为

$$h_j = (b + 2)t_1 \sim (b + 3)t_1 \tag{8-34}$$

式中　t_1——等齿宽，单位为 m 或 mm；不等齿宽，$t_1 = \frac{1}{3}h$，见图 8-6c 和 d；

　　　b——分数槽 $q = b + \frac{c}{d}$ 中的整数部分的 b。

6）验算定子内径为

$$t = b_1 + t_1 = \frac{\pi D_{i1}}{z}$$

$$D_{i1} = \frac{zt}{\pi} = \frac{z(b_1 + t_1)}{\pi} \tag{8-35}$$

（3）定子槽有效面积和槽满率

现以梨形槽为例介绍如下。

1）定子槽有效面积 S_{ef}（m^2 或 mm^2）是指定子槽面积去掉绕组绝缘和槽楔面积之后可以容纳绕组漆包铜线的面积。S_{ef} 由式（8-36）给出。

$$S_{ef} = \frac{1}{2}(b_1 - 2\Delta + 2R - \Delta)h_1 + \frac{\pi(R - \Delta)^2}{4} - \left[h_1 h_0 + \frac{(b_1 - h_0)^2}{4}\tan 30°\right] - \frac{(2b_0 + h_0)}{2}h' \tag{8-36}$$

式中　h_1——槽底半圆 R 的中心距定子内径之距离，单位为 m 或 mm；

　　　Δ——绝缘层厚，单位为 m 或 mm；

　　　h'——槽楔高，单位为 m 或 mm；

　　　R——槽底半圆之半径，单位为 m 或 mm。

2）定子槽有效面积 S_{ef} 可容纳的绝缘漆包导线的面积 S_1（m^2 或 mm^2）为

$$S_1 = N_S d^2 \tag{8-37}$$

式中　d——绝缘漆包导线的直径，单位为 m 或 mm；

　　　N_S——每槽导体数。

3）槽满率表示定子槽内允许填充绝缘漆包导线的程度。槽满率由式（8-38）表示，即

$$S_f = \frac{S_1}{S_{ef}} \times 100\% \qquad (8\text{-}38)$$

（4）每个导体的漆包绝缘导线根数、直径

1）永磁交流电动机的额定电流 I_N（星形联结为线电流）（A）为

$$I_N = \frac{P_N}{\sqrt{3}U_N \cos\varphi_N} \qquad (8\text{-}39)$$

式中　P_N——额定功率，单位为 W；

　　　U_N——额定电压，单位为 V；

　　　$\cos\varphi_N$——额定功率因数。

2）每根导线的导电面积 S_d（mm^2）为

$$S_d = \frac{I_N}{anj_a} \qquad (8\text{-}40)$$

式中　a——并联支路数；

　　　n——每个导体由 n 根导线组成，即每个导体由 n 根漆包绝缘导线并绕；

　　　j_a——电流密度，$j_a = 3.5 \sim 7.5 \text{A}/\text{mm}^2$。通风冷却很好的大功率电动机取大值，单位为 A/mm^2。

3）导线直径 d_L 或扁铜线 $a \times b$ 的导电面积。

① 圆漆包绝缘导线导电面积

$$S_d = n\frac{\pi}{4}d_L^2 \qquad (8\text{-}41)$$

式中　d_L——单根圆漆包绝缘导线的导电直径，单位为 mm；

　　　n——并绕导线根数；

　　　S_d——圆漆包绝缘导线的导电面积，单位为 mm^2。

② 扁铜线导电面积

$$S_d = n(a \times b)$$

式中　n——截面为（$a \times b$）扁铜线并绕根数。

单根（$a \times b$）扁铜线面积 S_L（mm^2）为

$$S_L = a \times b$$

第四节　永磁交流电动机的绕组设计及绕组相关参数

永磁交流电动机的特点是体积小、重量轻、效率高、温升低、噪声小、节能、节省材料。尤其可以做到多极低转速，这对于电动机驱动转速低的设备尤为重要，它可以节省传动比很大的减速器，达到直接驱动或用传动比小的减速器，使设备的制造成本降低。

永磁交流电动机的转子磁极是永磁体磁极，它的磁感应强度是不变的，而其定子绕组与常规交流异步电动机的定子绕组形式大体相同。

由于永磁交流电动机的转子磁极是永磁体磁极，只能是偶数，不可能是奇数，因此，其定子

槽数应为奇数，或每极每相槽数必须为分数，否则永磁交流电动机将起动困难甚至无法起动。

1. 永磁交流电动机定子绕组形式的选择

（1）定子单层绕组

永磁交流电动机定子单层绕组有多种形式，如单层同心式、单层链式、单层交叉式等。单层绕组每槽都属于同一相，因而没有相间绝缘，槽的利用率高，线圈总数是双层绕组的一半，线圈集中，便于下线。但不易做成短节距，绕组端部换位困难。

同相单层同心式与链式如图 8-7（见书后彩色插页）所示。

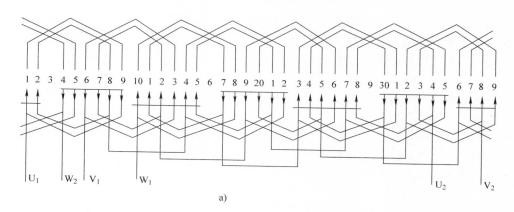

a)

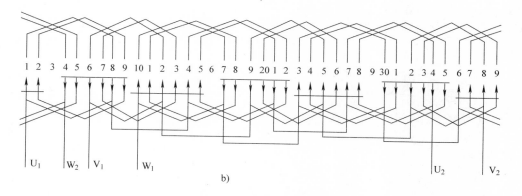

b)

图 8-7　单层绕组展开图

a) 同心式　b) 链式 $z = 39$，$2p = 6$，$m = 3$，$q = 2\frac{1}{6}$

（2）双层绕组

双层绕组又有同相和异相双层绕组之分。双层绕组可以做成短节距以改善反电动势波形，使电动机的电气性能更好。双层绕组线圈尺寸相同，便于制造。不同相的绕组线圈嵌放在同一槽内，相间应有绝缘，还有可能同一槽不同相的绕组线圈电流方向相反，使这一槽不能为电动机输出功率出力。而同相双层绕组不存在相间绝缘，槽的利用率高，易于做成短节路，节省铜材，又能避免不同相绕组线圈在同一槽电流方向相反的情况。

双层绕组以同相双层为佳。图 8-8 所示为三相 8 极 51 槽同相双层短节距定子绕组的电流图。

图 8-9 所示为三相 4 极 24 槽异相双层短节
距常规异步交流电动机的电流图,从中可以看到
第 4、10、16、22 槽共 4 个槽内异相绕组线圈电
流方向相反,这 4 个槽的绕组线圈没有为电动机
输出转矩出力。

2. 永磁交流电动机定子绕组参数

(1)永磁交流电动机的机械角和电角度

1)机械角。永磁交流电动机的定子和转子
截面都是圆形,从圆的中心将定子内径和转子分
成 360°的几何角度,这种角度称作永磁交流电动
机的机械角。定子绕组按这种划分每槽的机械角
$\beta(°)$ 为

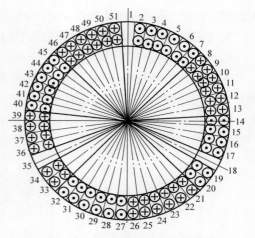

图 8-8 8 极 51 槽同相双层短节距
定子绕组电流圈

$$\beta = \frac{360°}{z} \qquad (8\text{-}42)$$

2)永磁交流电动机的电角度。就磁场而言,一对磁极就是一个交变周期,即一个 N 极
永磁体磁极和一个 S 极永磁体磁极所对应的机械角定为 360°电角度。永磁交流电动机有 p 对
磁极,所对应的电角度 $\theta(°)$ 为

$$\theta = p \times 360° \qquad (8\text{-}43)$$

永磁交流电动机的定子内径和转子外径对应的是 360°机械角,而不论永磁交流电动机
的极对数 p 是多少,每个极对数 p 都对应 360°电角度,图 8-10 所示为机械角与电角度的对
应关系。

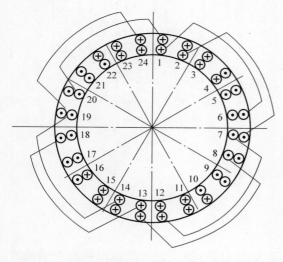

图 8-9 4 极 24 槽异相双层短节距交流电动机电流图
(从图中可以看到第 4、10、16、22 槽共 4 个槽内的上、
下异相绕组线圈电流方向相反)

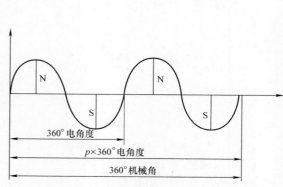

图 8-10 机械角与电角度的关系

定子每槽对应的电角度 θ' 为

$$\theta' = \frac{\theta}{Z} = \frac{p \times 360°}{Z} \qquad (8\text{-}44)$$

（2）定子绕组节距和相带

1）定子绕组节距。一个线圈的两个有效边之间所跨越的定子槽数称作绕组节距，用 y 表示。

永磁交流电动机的节距越大，绕组线圈跨越的定子槽数越多，则绕组端部连线越长，耗铜越多，铜损耗越大，附加损耗越大，这不仅会降低电动机功率，还会使电动机的温升提高，也增加了冷却难度。在设计永磁交流电动机时，应力求用短节距。短节距绕组端部连线短、耗铜少、铜损小、效率高、温升低。

2）相带。每相绕组在每个永磁体极面下所占的，用电角度或定子槽数来表示的宽度称作永磁交流电动机的相带。

在定子铁心内圆均布 z 个槽，在极数为 $2p$ 的永磁体磁极的正弦波磁场的作用下，每槽依次间隔的电角度 $\alpha(°)$ 称作相带。

$$\alpha = \theta'q \qquad (8\text{-}45)$$

式中　q——每极每相槽数。

如三相 6 极永磁交流电动机，定子槽数 $z = 51$，每极每相槽数 $q = 2\frac{1}{6}$，它的绕组相带为

$$\alpha = \theta'q = \frac{3 \times 360°}{51} \times \frac{51}{6 \times 3} = \frac{180}{6} = 60°$$

如图 8-9 所示。

60°相带广泛地应用在永磁交流电动机中，可适合单层、双层、单双层、叠绕组等绕组形式。也适用于小、中、大型永磁交流电动机。

（3）基波绕组系数

永磁交流电动机定子绕组的基波绕组系数 K_{dp} 由式（8-46）给出，即

$$K_{dp} = K_d K_p \qquad (8\text{-}46)$$

式中　K_d——绕组分布系数；

　　　K_p——绕组短距系数。

绕组分布系数 K_d 为

$$K_d = \frac{\sin\frac{\alpha}{2}q}{q\sin\frac{\alpha}{2}} \qquad (8\text{-}47)$$

式中　α——用电角度表示的槽矩角，单位为（°），α 为

$$\alpha = \frac{2p\pi}{z} \qquad (8\text{-}48)$$

$\dot{q}$——每极每相槽数。

绕组短距系数 K_p 由式（8-49）给出

$$K_p = \sin\frac{\beta\pi}{2} \qquad (8\text{-}49)$$

式中，$\beta = \frac{y}{mq}$，y 为绕组节距。

计算举例 2

永磁交流电动机三相 10 极，每极每相槽数 $q = 2\frac{1}{5}$，节距 $y = 5$，求永磁交流电动机的基

波绕组系数 K_{dp}。

（1）绕组分布系数 K_d

1）定子槽数 z 为

$$z = 2pmq = 10 \times 3 \times 2\frac{1}{5} = 66$$

2）α 值为

$$\alpha = \frac{2p\pi}{z} = \frac{10 \times 180°}{66}$$

（2）分布系数 K_d

$$K_d = \frac{\sin\dfrac{\alpha}{2}q}{q\sin\dfrac{\alpha}{2}} = \frac{\sin\dfrac{\dfrac{10 \times 180°}{66} \times \dfrac{11}{5}}{2}}{\dfrac{11}{5} \times \sin\dfrac{\dfrac{10 \times 180°}{66}}{2}} \approx \frac{0.5}{0.52} \approx 0.9615$$

（3）绕组短距系数 K_p

$$K_p = \sin\frac{\beta\pi}{2} = \sin\frac{\dfrac{y}{mq}\pi}{2} = \sin\frac{\dfrac{5}{3 \times 11} \times 180°}{2} \approx 0.9284$$

（4）永磁交流电动机基波绕组系数 K_{dp}

$$K_{dp} = K_d K_p$$

$$= 0.9615 \times 0.9284 \approx 0.8927$$

3. 定子绕组在气隙中的磁感应强度及永磁交流电动机的转速

1）定子绕组在气隙中的磁通 Φ_m（Wb）是由电流在定子绕组中产生的，由式（8-50）给出，即

$$\Phi_m = \frac{K_E U_N}{4.44 f N K_{dp}} \tag{8-50}$$

式中　　K_E——系数，$K = 0.85 \sim 0.95$，极数多的选小值，极数少的选大值；

U_N——定子绕组电压，星形联结为线电压，三角形联结为相电压，单位为 V；

f——电流频率，单位为 Hz；

N——定子每相串联导体数；

K_{dp}——基波绕组系数。

2）定子绕组在气隙中的磁感应强度 B_m（T）由式（8-51）给出，即

$$\Phi_m = B_m S_m$$

$$= B_m \tau_1 L_{ef}$$

$$B_m = \frac{\Phi_m}{\tau_1 L_{ef}} \tag{8-51}$$

式中　　τ_1——定子绕组的极距，单位为 m 或 mm；

L_{ef}——定子铁心长度，单位为 m 或 mm；

S_m——定子绕组每极面积，单位为 m² 或 mm²，$S_m = \tau_1 L_{ef}$。

$$\tau_1 = \frac{\pi D_{i1}}{2p} \tag{8-52}$$

式中　D_{i1}——定子内径，单位为 m 或 mm；

　　　$2p$——极数。

3）永磁交流电动机的外特性是指转速随外负载变化的特性，即 $n = f(M)$ 的变化特性。

当永磁交流电动机在额定工况下输出额定功率时，转子永磁体的气隙磁感应强度 B_δ 和定子绕组在气隙中的磁感应强度 B_m 相等，即 $B_m = B_\delta$。当外负载转矩增大时，电动机转速会下降，定子绕组电流会增加，$B_m > B_\delta$，永磁交流电动机会在一个比额定转速 n_N 低的转速下重新平衡，同步运行；当外负载转矩减小时，永磁交流电动机转速会升高，绕组电流会减小，此时 $B_m < B_\delta$，永磁交流电动机会在一个比其额定转速高的工况下达到转速重新平衡时同步运行。

由于转子磁极是永磁体磁极，它的磁感应强度是不变的，所以转速随外负载转矩变化不大，这说明永磁交流电动机的外特性很硬。

第五节　永磁交流电动机的磁路计算及起动转矩

1. 永磁交流电动机的磁路计算

永磁交流电动机的定子槽、定子绕组确定后，应对定子齿、定子轭的磁感应强度进行计算，当定子齿磁感应强度 B_t 和定子轭磁感应强度 $B_j \geqslant 1.5T$ 时，应对定子内径 D_{i1}、定子齿 t_1 和定子轭 h_j 的尺寸和参数应进行重新计算和调整，使定子齿、定子轭的磁感应强度 $B_j < 1.5T$。

（1）定子齿磁感应强度

定子齿磁感应强度可以在其磁感应强度不饱和的前提下，气隙磁感应强度 B_δ 全部进入定子齿，则定子齿的磁感应强度 B_t（T 或 Gs）由式（8-53）给出，即

$$B_\delta S_\delta = B_t S_t$$
$$B_t = \frac{B_\delta S_\delta}{S_t} \tag{8-53}$$

式中　B_δ——气隙磁感应强度，单位为 T；

　　　S_δ——每极气隙面积，单位为 m²；

　　　S_t——每极气隙磁感应强度进入的定子齿的面积，单位为 m²。

S_δ 由式（8-54）给出，即

$$S_\delta = b_p L_{ef} \tag{8-54}$$

S_t 为

$$S_t = (b+1) t_1 L_{ef} \tag{8-55}$$

式中　b_p——极弧长度，单位为 m 或 mm；

　　　L_{ef}——转子永磁体磁极的有效长度，定子铁心的有效长度，单位为 m 或 mm；

　　　t_1——定子齿宽，单位为 m 或 mm；

　　　b——为每极每相槽数 $q = b + c/d$ 的整数部分 b。

定子齿磁感应强度 B_t（T）又可以写成式（8-56）的形式，即

$$B_t = \frac{B_\delta b_p}{(b+1)t_1} \tag{8-56}$$

（2）定子轭磁感应强度

定子轭高 h_j 不仅是磁通的磁路，还要有一定的刚度，不至于因刚度不足而发生变形从而影响电动机正常运行。定子轭磁感应强度 B_j（T）由式（8-57）给出，即

$$B_j S_j = B_t S_t = B_\delta S_\delta \tag{8-57}$$

式中　S_j——定子轭导磁面积，单位为 m^2 或 mm^2。

S_j 由式（8-58）给出，即

$$S_j = h_j L_{ef} \tag{8-58}$$

由此定子轭磁感应强度 B_j(T) 为

$$B_j = \frac{B_t(b+1)t_1}{h_j} = \frac{B_\delta b_p}{h_j} \tag{8-59}$$

式中　h_j——定子轭高，单位为 m 或 mm。

2. 永磁交流电动机的起动

永磁体磁极的特性之一是永磁体磁极会自动寻找磁导率高、磁路最短的磁导体作为其磁通通过的路径。

永磁交流电动机的转子磁极是永磁体磁极，由于转子轴两端安装有轴承，转子可以自由转动，因此在这种情况下，转子永磁体磁极会自动地找到与其相对应的定子齿。当转子永磁体磁没有对准与其相对应的定子齿而与定子齿有一定角度时，转子永磁体磁极会拉动转子转动，直到永磁体磁极完全对准其应对准的定子齿为止，甚至达到永磁体磁极径向中心线对准其应对准的定子齿的中心线的程度。如果永磁交流电动机的每极每相槽数为整数，则转子永磁体的每个磁极都会一一对应地吸引其相对应的定子齿，如果电动机的极数少，则永磁交流电动机起动十分困难；如果极数多，则无法起动。这就是永磁交流电动机为什么采用分数槽的根本原因。

为了永磁交流电动机顺利起动，不仅每极每相槽数 q 为分数，而且还要采取一些其他措施来保证电动机的顺利起动，如将转子永磁体磁极布置成与转子轴线成一定斜角；或在转子外径冲有孔或槽，且与轴线成一定斜角，孔或槽内嵌入或铸入金属导条及金属导条端部短路措施等。

（1）永磁交流电动机的每极每相槽数 q 对起动转矩的影响

永磁交流电动机每极每相槽数 q 由式（8-60）给出，即

$$q = \frac{z}{2pm} = b + \frac{c}{d} \tag{8-60}$$

式中　b——分数槽的整数部分；

$\dfrac{c}{d}$——分数槽的分数部分。

令 $\dfrac{c}{d} = \dfrac{e}{2p}$，则每极每相槽数 q 表达为

$$q = b + \frac{e}{2p} \tag{8-61}$$

式中　$\dfrac{e}{2p}$——每极每相槽数的分数部分。

$\dfrac{e}{2p}$ 具有十分重要意义，它的意义在于它表示了永磁交流电动机每相有 e 个转子永磁体磁极完全对准了其应对准的定子齿，三相共有 $3e$ 个转子永磁体磁极对准其应对准的定子齿，其他转子永磁体磁极都对称地偏离它们应对准的定子齿，它们对定子齿的吸引力在转子外圆圆周上的切线方向的合力为 0。

永磁交流电动机转子永磁体磁极完全对准其应对准的定子齿数的磁极数 n 表示为

$$n = me \tag{8-62}$$

（2）永磁交流电动机起动转矩的计算

永磁交流电动机的转子永磁体磁极有 me 个永磁体磁极通过气隙吸引其应对准的定子齿，如图 8-11 所示。永磁体磁极对定子齿的吸引力 F_m（N）为

$$F_m = \frac{B_\delta^2}{2\mu_0} S_m \tag{8-63}$$

式中　B_δ——气隙磁感应强度，单位为 T；

μ_0——真空绝对磁导率，$\mu_0 = 4\pi \times 10^{-7}\,\mathrm{H/m}$；

S_m——转子永磁体磁极的极面积，单位为 $\mathrm{m^2}$。

永磁体磁极的极面积 S_m（$\mathrm{m^2}$）由式（8-64）给出，即

$$S_m = b_p L_{ef} \cos\alpha \tag{8-64}$$

式中　b_p——转子永磁体磁极的极弧长，单位为 m 或 mm；

α——转子永磁体磁极布置成与转子轴轴线成 α 角，或布置成错位与转子轴轴线成 α 角。

当永磁交流电动机未起动时，转子永磁体磁极有 me 个磁极对准吸引了其应对准的定子齿。当定子绕组通电起动时，定子绕组的旋转磁极开始拉动转子磁极转动，此时定子旋转磁极的中心线与转子永磁体磁极的中心线成 θ 角，如图 8-11 所示。磁引力在转子圆周的切线方向的力 F_T 就是起动力矩的阻力，阻力 F_T 所形成的转矩 M_T 即为永磁交流电动机的起动转矩。

$$
\begin{aligned}
F_T &= me F_m \sin\theta \\
&= me \frac{B_\delta^2}{2\mu_0} S_m \sin\theta \\
&= me \frac{B_\delta^2}{2\mu_0} S_m \sin\theta
\end{aligned}
\tag{8-65}
$$

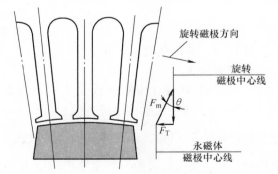

图 8-11　永磁交流电动机起动转矩受力分析

θ 角由式（8-66）给出，即

$$\theta = \frac{360°}{2p} a'_p \tag{8-66}$$

式中　a'_p——转子永磁体磁极的极弧系数，极弧系数 $a'_p = 0.637 \sim 0.72$。

由永磁交流电动机的功角特性可知永磁交流电动机的实际功角只有 $20° \sim 30°$。因此，θ 的取值为 $20° \sim 30°$。

永磁交流电动机的起动转矩 M_T（$\mathrm{N \cdot m}$）为

$$M_T = \frac{D_2}{2} em \frac{B_\delta^2}{2\mu_0} S_m \sin\theta$$

$$= \frac{em D_2}{2} \frac{B_\delta^2}{2\mu_0} b_p L_{ef} \cos\alpha \sin\theta \tag{8-67}$$

式中　D_2——永磁交流电动机转子外径，单位为 m 或 mm。

计算举例 2

一台三相 30 极 11kW 的永磁交流电动机，定子内径 $D_{i1} = 230mm$，外径 $D_{i2} = 327mm$，转子永磁体磁极与转子轴轴线成 2°斜角，转子永磁体磁极有效长度 $L_{ef} = 150mm$，永磁体气隙磁感应强度 $B_\delta = 0.49T$，每极每相槽数 $q = 1\frac{1}{30}$。求起动转矩 M_T，起动转矩与额定转矩的比值（%）。气隙长 $\delta = 1mm$。

起动转矩 M_T（N·m）为

$$n = me = 3 \times 1 = 3$$

$$M_T = \frac{D_2}{2} me \frac{B_\delta^2}{2\mu_0} S_m \sin\theta$$

$$= \frac{0.228 \times 3}{2} \times \frac{0.49^2}{2 \times 4\pi \times 10^{-7}} \times \frac{0.228\pi}{30} \times 0.7 \times 0.15 \times \cos 2° \times \sin 20° \text{N·m}$$

$$\approx 27.99 \text{N·m}$$

额定输出转矩 M（N·m）为

$$M = 9550 \frac{P_N}{n_N}$$

$$= 9550 \times \frac{11}{200} \text{N·m} = 525.25 \text{N·m}$$

起动转矩占额定转矩的百分比

$$\frac{M_T}{M} \times 100\% = \frac{27.99}{525.25} \times 100\% \approx 5.33\%$$

计算中，极弧系数 $a'_p = 0.7$，$\theta = 20°$。

计算举例 3

一台三相 10 极 11kW 永磁交流电动机试验样机，定子内径 $D_{i1} = 230mm$，定子外径 $D_{i2} = 327mm$，转子永磁体磁极有效长度 $L_{ef} = 150mm$，气隙长 $\delta = 1.0mm$，转子永磁体磁极与转子轴轴线成 2°斜角，永磁体磁极气隙磁感应强度 $B_\delta = 0.49T$，每极每相槽数 $q = 1\frac{1}{10}$。求起动转矩 M_T 及起动转矩与额定输出转矩 M 的比值（%）。

$$n = me = 3 \times 1 = 3$$

起动转矩 M_T（N·m）为

$$M_T = \frac{D_2}{2} me \frac{B_\delta^2}{2\mu_0} S_m \sin\theta$$

$$= \frac{0.228 \times 3}{2} \times \frac{0.49^2}{2 \times 4\pi \times 10^{-7}} \times \frac{0.228\pi}{10} \times 0.7 \times 0.15 \times \cos 2° \times \sin 20° \text{N·m}$$

$$= 83.97 \text{N·m}$$

电动机额定输出转矩 M 为

$$M = 9550 \frac{P_N}{n_N}$$

$$= 9550 \times \frac{11}{600} \text{N} \cdot \text{m} = 175.1 \text{N} \cdot \text{m}$$

起动力矩 M_T 与额定输出转矩 M 的比值（％）为

$$\frac{M_T}{M} \times 100\% = \frac{83.97}{M} \times 100\% = \frac{83.97}{175.1} \times 100\% \approx 48\%$$

计算举例4

与计算举例2除 $q = 1\frac{2}{10}$ 不同外，其他参数相同，求起动转矩 M_T 及起动转矩与额定输出转矩 M 的比值（％）。

$$n = me = 3 \times 2 = 6$$

起动转矩 M_T 为

$$M_T = \frac{D_2 me}{2} \frac{B_\delta^2}{2\mu_0} S_m \sin\theta$$

$$= \frac{0.228 \times 6}{2} \times \frac{0.49^2}{2 \times 8\pi \times 10^{-7}} \times \frac{0.228\pi}{10} \times 0.7 \times 0.15 \times \cos2° \times \sin20°\text{N} \cdot \text{m}$$

$$= 167.73\text{N} \cdot \text{m}$$

电动机额定输出转矩 M 为

$$M = 9550 \frac{P_N}{n_N}$$

$$= 9550 \times \frac{11}{600}\text{N} \cdot \text{m} \approx 175.1\text{N} \cdot \text{m}$$

起动转矩 M_T 与额定输出功率 M 的比值（％）

$$\frac{M_T}{M} \times 100\% = \frac{167.73}{175.1} \times 100\% = 95.79\%$$

由上面3个计算举例可以看出，随着 $e/2p$ 的增加，起动转矩增大。例2的 $e/2p$ 为1/30，起动转矩为额定输出转矩的5.33％，起动容易。例3的 $e/2p$ 为1/10，起动转矩为额定输出转矩的48％，起动困难。如果像例4，起动转矩为额定输出转矩的95.79％，则已达到无法起动的程度，这是因为它的 $e/2p = 2/10$，它的10个转子永磁体磁极有6个转子永磁体磁极吸引着它们应对应的定子齿，所以难以起动。

当定子绕组的旋转磁极克服永磁体 me 个磁极的吸引阻力之后，就立即将转子永磁体磁极牵入同步，即定子绕组旋转的 N 极吸引转子永磁体 S 极，定子绕组旋转的 S 极吸引转子永磁体的 N 极进入同步转动。在外负载转矩与永磁交流电动机的额定转矩相等的工况下同步转动时，定子绕组旋转磁极的气隙磁感应强度与转子永磁体磁极的气隙磁感应强度相等。

当外负载转矩增大时，永磁交流电动机的转速会下降，由于转子永磁体磁极的磁感应强度是不变的，因此定子绕组必然会增加电流以增加定子绕组的气隙磁感应强度，达到在一个比额定转速低的转速下再同步。此时，定子绕组旋转磁感应强度的气隙磁感应强度大于转子永磁体磁极的气隙磁感应强度。

当外负载转矩再增大时，定子绕组再增加电流，定子绕组旋转磁极也不足以拖动转子永磁体磁极，转子停止转动，永磁交流电动机的这种工况称作失步。

当外负载转矩小于永磁交流电动机额定转矩时，电动机的转速会升高，定子绕组电流会减小，定子绕组旋转磁极会在这个高于额定转速的工况下拖动转子永磁体磁极同步转动。

永磁交流电动机是交流同步电动机，定子绕组磁极吸引转子永磁体磁极旋转是异性磁极相互吸引，定子绕组的磁极对转子永磁体磁极没有去磁作用，只有充磁作用。永磁交流电动机转矩的方向与转子旋转的方向相同。

第六节　永磁交流电动机的损耗、功率和效率及转矩

永磁交流电动机的效率是其重要性能指标之一。永磁交流电动机输出功率的大小，主要取决于自身效率，也就是取决于它在运行时的各种损耗，损耗越大，电动机的效率越低。

影响永磁交流电动机的效率的主要因素有：

1）定子绕组的铜损耗是指定子绕组电阻在有电流通过时所形成的损耗，铜损耗是永磁交流电动机中各种损耗中最主要的损耗，它占电动机总损耗的90%以上；

2）铁损耗主要是指永磁交流电动机运行时在定子铁心中形成的交变磁场产生的磁滞损耗和涡流损耗；

3）机械损耗主要是永磁交流电动机的轴承摩擦损耗、自扇风冷或外置强迫风冷等所消耗的功率；

4）其他杂散损耗主要是指一些附加损耗等。

1. 永磁交流电动机的铜损耗

永磁交流电动机只有定子绕组，绕组有电阻，当电动机运行时，定子绕组就会产生铜损耗。根据焦耳—楞次定律，定子绕组的铜损耗等于流经绕组的电流的二次方与绕组电阻的乘积。由于交流电阻很难测定，并且定子绕组的电阻随着温度的升高而增大，通常永磁交流电动机铜损耗的电阻以绕组75℃时直流电阻作为计算绕组铜损耗的电阻。

1）定子绕组的铜损耗 P_{Cu}（W）为

$$P_{Cu} = mI_N^2 R \tag{8-68}$$

式中　m——相数；

　　　I_N——永磁交流电动机的额定电流，单位为 A；

　　　R——定子绕组的相电阻，单位为 Ω，计算时以绕组75℃时的直流电阻为计算依据。

2）定子绕组在75℃时的直流电阻由式（8-69）给出

$$R = \rho_{75} NL \frac{1}{n} \tag{8-69}$$

式中　ρ_{75}——绕组在75℃时单位长度的电阻，单位为 Ω/km，见表4-1；

　　　N——绕组每相串联导体数；

　　　L——每圈绕组的长度，单位为 m；

　　　n——每个导体并绕导线的数。

3）如图8-12所示为绕组每圈的长度 L（m），由式（8-70）给出，L 可能为1根导线，也可能由 n 根导线组成。

$$L = 2L_t + 4(d + L_E) \tag{8-70}$$

式中　L_t——定子铁心实际长度，单位为 m；

d——线圈自定子铁心端部伸出的长度，单
　　　位为 m；

L_E——绕组端部连线的一半，单位为 m。

当线圈为单层时

$$L_E = ky_{av} \tag{8-71}$$

当线圈为双层时

$$L_E = \frac{y_{av}}{2\cos\alpha} \tag{8-72}$$

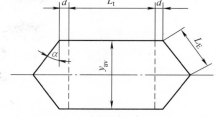

图 8-12　定子绕组每圈每根导体长度计算图

式中　k——经验系数，当电动机为 2～4 极时，$k = 0.58$；当电动机为 6 极时，$k = 0.6$；当电
　　　动机为 8 极时，$k = 0.625$；当电动机为 10 极或 10 极以上时，$k > 0.7$；

　　　y_{av}——定子绕组的平均节距，单位为 m。

定子绕组平均节距 $y_{av}(m)$ 由式（8-73）给出：

$$y_{av} = \frac{\pi(D_{i1} + h)}{2p}\beta \tag{8-73}$$

式中　D_{i1}——定子内径，单位为 m；

　　　h——定子槽深，单位为 m；

　　　$2p$——极数。

β 值由式（8-74）给出

$$\beta = \frac{y}{mq} \tag{8-74}$$

式中　y——定子绕组节距；

　　　m——相数；

　　　q——每极每相槽数。

2. 永磁交流电动机的铁损耗

永磁交流电动机在运行时，经过定子绕组的交流电在定子铁心中产生交变磁场，交变磁场会在定子铁心中引起磁滞损耗和涡流损耗，它们是永磁交流电动机的铁损耗。由于永磁交流电动机是定子绕组的旋转磁极吸引转子永磁体磁极同步转动，定子绕组的旋转磁极对转子永磁体磁极有充磁作用，对转子铁心的铁损耗很小，甚至可以忽略不计。

1）永磁交流电动机的定子基本铁损系数。为了统一定子铁心的磁滞损耗和涡流损耗，根据经验，可以统一为定子铁心铁损耗系数 p_{he}，p_{he} 由式（8-75）给出：

$$p_{he} = P_{10/50}B^2\left(\frac{f}{50}\right)^{1.3} \tag{8-75}$$

式中　$P_{10/50}$——当磁感应强度 $B = 1.0T$、$f = 50Hz$ 时，铁心硅钢片单位重量的铁损耗，单位
　　　　　　　为 W/kg；

　　　B——定子铁心的磁感应强度，单位为 T，当计算定子齿的铁损系数时，B 为定子
　　　　　齿磁感应强度 B_t；当计算定子轭铁损系数时，B 为定子轭磁感应强度 B_j；

　　　f——交流电的频率，单位为 Hz。

2）定子齿的基本铁损系数 p_{het}（W/kg）由式（8-76）给出，即

$$p_{het} = P_{10/50}B_t\left(\frac{f}{50}\right)^{1.3} \tag{8-76}$$

式中　B_t——定子齿磁感应强度，单位为 T。

3）定子齿的基本铁损耗 P_{Fet}（W）由式（8-77）给出，即

$$P_{\mathrm{Fet}} = K'_{\mathrm{d}} p_{\mathrm{het}} G_{\mathrm{t}} \tag{8-77}$$

式中　K'_{d}——经验系数，把可以计算和无法计算的铁损耗都考虑在内的经验系数，见表 8-3；

　　　G_{t}——定子齿重，单位为 kg。

4）定子轭的基本铁损系数 p_{hej}（W/kg）为

$$p_{\mathrm{hej}} = P_{10/50} B_{\mathrm{j}}^2 \left(\frac{f}{50}\right)^{1.3} \tag{8-78}$$

式中　B_{j}——定子轭磁感应强度，单位为 T。

5）定子轭的基本铁损耗 P_{Fej}（W）为

$$P_{\mathrm{Fej}} = K_{\mathrm{d}} p_{\mathrm{hej}} G_{\mathrm{j}} \tag{8-79}$$

式中　K_{d}——经验系数，见表 8-3；

　　　G_{j}——定子轭重，单位为 kg。

表 8-3　永磁交流电动机铁损经验系数 K_{d}、K'_{d} 值

永磁交流电动机额定功率	定子轭铁损经验系数 K_{d}	定子齿铁损经验系数 K'_{d}
$P_{\mathrm{N}} < 100\mathrm{kW}$	1.2 ~ 1.5	1.7 ~ 2.0
$P_{\mathrm{N}} > 100\mathrm{kW}$	1.1 ~ 1.3	1.5 ~ 1.7

6）永磁交流电动机定子铁心的基本铁损耗 P_{Fe}（W）由式（8-80）给出，即

$$\begin{aligned} P_{\mathrm{Fe}} &= P_{\mathrm{Fet}} + P_{\mathrm{Fej}} \\ &= K'_{\mathrm{d}} P_{\mathrm{Fet}} G_{\mathrm{t}} + K_{\mathrm{d}} P_{\mathrm{Fej}} G_{\mathrm{j}} \end{aligned} \tag{8-80}$$

从式（8-75）可以看到，当交流电频率 $f = 50\mathrm{Hz}$ 时，$\left(\frac{f}{50}\right)^{1.3} = 1$，当频率 $f > 50\mathrm{Hz}$ 时，$\left(\frac{f}{50}\right)^{1.3} > 1$；当交流电频率 $f < 50\mathrm{Hz}$ 时，$\left(\frac{f}{50}\right)^{1.3} < 1$。说明永磁交流电动机的基本铁损耗随着交流电频率的增加而增加，随着交流电频率的降低而减小。

3. 永磁交流电动机铁损耗较准确的计算方法

定子齿铁损系数 p_{het} 和定子轭铁损系数 p_{hej} 是以 $P_{10/50}$ 为基础再乘以 $\left(\frac{f}{50}\right)^{1.3}$ 来适应不同频率及在计算它们的铁损耗时再乘以经验系数 K'_{d} 和 K_{d} 计算出来的。当 B_{t} 和 B_{j} 小于 1T 时，计算结果偏小；当 B_{t} 和 B_{j} 大于 1T 时，计算结果偏大。

为了较准确地计算定子齿、定子轭的铁损耗，及永磁交流电动机定子铁损耗现给出如下计算式。

1）定子齿铁损系数 p_{het}（W/kg）为

$$p_{\mathrm{het}} = P_{\mathrm{Fe/50}} B_{\mathrm{t}}^2 \left(\frac{f}{50}\right)^{1.3} \tag{8-81}$$

式中　$P_{\mathrm{Fe/50}}$——定子齿硅钢片在 50Hz 时铁损曲线表中 B_{t} 所对应的铁损值，单位为 W/kg；

　　　B_{t}——定子齿磁感应强度，单位为 T；

　　　f——交流电的频率，单位为 Hz。

2）定子轭铁损系数 p_{hej}（W/kg）为

$$p_{\mathrm{hej}} = P_{\mathrm{Fe/50}} B_{\mathrm{j}}^2 \left(\frac{f}{50}\right)^{1.3} \tag{8-82}$$

式中　$P_{\mathrm{Fe/50}}$——定子轭硅钢片在 50Hz 时铁损曲线表中 B_{j} 所对应的铁损值，单位为 W/kg;

　　　B_{j}——定子轭磁感应强度，单位为 T;

　　　f——交流电频率，单位为 Hz。

3）定子齿铁损耗 $P_{\mathrm{Fet}}(\mathrm{W})$ 为

$$P_{\mathrm{Fet}} = K'_{\mathrm{d}} P_{\mathrm{het}} G_{\mathrm{t}} \tag{8-83}$$

式中　K'_{d}——经验系数，见表 8-3;

　　　G_{t}——定子齿重，单位为 kg。

4）定子轭铁损耗 $P_{\mathrm{Fej}}(\mathrm{W})$ 由式（8-84）给出，即

$$P_{\mathrm{Fej}} = K_{\mathrm{d}} p_{\mathrm{hej}} G_{\mathrm{j}} \tag{8-84}$$

式中　K_{d}——经验系数，见表 8-3;

　　　G_{j}——定子轭重，单位为 kg。

5）定子轭铁心的铁损耗与定子齿铁心的铁损耗之和是定子铁心的铁损耗 $P_{\mathrm{Fe}}(\mathrm{W})$，由式（8-85）给出，即

$$\begin{aligned} P_{\mathrm{Fe}} &= P_{\mathrm{Fet}} + P_{\mathrm{Fej}} \\ &= K'_{\mathrm{d}} p_{\mathrm{het}} G_{\mathrm{t}} + K_{\mathrm{d}} p_{\mathrm{hej}} G_{\mathrm{j}} \end{aligned} \tag{8-85}$$

4. 永磁交流电动机的机械损耗

永磁交流电动机的机械损耗包括轴承的摩擦损耗和冷却通风损耗等。

各种轴承用润滑剂不同，轴承在不同转速下的摩擦系数不同，因而其机械损耗也不同。而电动机的冷却方式又可分为自扇风冷、外置风机强迫风冷、轴向风冷、轴向和径向混合式风冷、水冷、氢冷等多种冷却方式。工厂一般通过实测求得冷却损耗。现给出一些经验公式以供参考。

1）滚机轴承的摩擦损耗 $P_{\mathrm{W}}(\mathrm{W})$ 可按式（8-86）求得，即

$$P_{\mathrm{W}} = 0.15 \frac{F}{d} v \times 10^{-5} \tag{8-86}$$

式中　F——滚动轴承载荷，单位为 N;

　　　d——滚动轴承的滚珠或滚柱中心到转子转动中心的直径，单位为 m;

　　　v——滚动轴承的滚珠或滚柱中心的圆周速度，单位为 m/s。

滚动轴承的载荷越大、滚动轴承的滚珠或滚柱中心的线速度越大，则摩擦机械损耗越大。

2）自扇风冷和轴承的摩擦损耗合并计算，其机械损耗 $P_{\mathrm{fw}}(\mathrm{W})$ 由式（8-87）给出，即

$$P_{\mathrm{fw}} = 8 \times 2p \left(\frac{v}{40} \right)^3 \sqrt{\frac{L_{\mathrm{ef}}}{19}} \tag{8-87}$$

式中　$2p$——永磁交流电动机的极数;

　　　v——永磁交流电动机转子的线速度，单位为 m/s;

　　　L_{ef}——转子的实际长度，单位为 m。

3）外置强迫风冷的机械损耗 $P_{\mathrm{fw}}(\mathrm{W})$ 为

$$P_{\mathrm{fw}} = P_{\mathrm{w}} + P_{\mathrm{f}} \tag{8-88}$$

式中　P_{f}——外置冷却风机功率，单位为 W;

　　　P_{w}——永磁交流电动机轴承摩擦损耗，单位为 W 或 kW。

4）自扇风冷的机械损耗 $P_{\mathrm{fw}}(\mathrm{W})$ 可以由式（8-89）给出，即

$$P_{\mathrm{fw}} = 1.75 q_{\mathrm{v}} v^2 \tag{8-89}$$

式中　q_{v}——通过冷却永磁交流电动机的空气流量，单位为 m^3/s;

　　　v——冷却风扇的线速度，单位为 m/s。

5. 永磁交流电动机的功率

1）永磁交流电动机的额定功率 P_N 是指电动机在额定工况下以额定转速 n_N 运行时输出的功率，P_N 包含永磁体磁极做功的功率 P_y，单位为（W 或 kW）。

2）永磁交流电动机的输入功率 P_1（W 或 kW）是指电源输入给电动机的功率，表达式为

$$P_1 = P_N + P_{Cu} + P_{Fe} + P_{fw} - P_y \qquad (8-90)$$

式中　P_{Cu}——永磁交流电动机的铜损耗，单位为 W 或 kW；

　　　P_{Fe}——永磁交流电动机的铁损耗，单位为 W 或 kW；

　　　P_{fw}——永磁交流电动机的机械损耗，单位为 W 或 kW；

　　　P_y——转子永磁体做功功率，单位为 W 或 kW。

6. 永磁交流电动机的效率

永磁交流电动机的效率 η_N（%）为

$$\eta_N = \left(1 - \frac{\sum P}{P_1}\right) \times 100\% \qquad (8-91)$$

式中　$\sum P$——各种损耗功率之和，单位为 W 或 kW；

　　　P_1——永磁交流电动机在额定负载时的输入功率，单位为 W 或 kW。

永磁交流电动机的转子磁极是永磁体磁极，它参加了电动机对外输出转矩做功，但它并不是输入功率的一部分，所以永磁交流电动机的效率比常规交流电动机高 2% ~ 8%，节能 10% ~ 20%。

7. 永磁交流电动机的输出转矩

永磁交流电动机的输出额定转矩 M_T（N·m）为

$$M_T = 9550 \frac{P_N}{n_N} \qquad (8-92)$$

式中　P_N——永磁交流电动机的额定功率，单位为 kW；

　　　n_N——永磁交流电动机的额定转速，单位为 r/min。

计算举例 5

1. 永磁交流电动机主要数据如下，计算它的损耗、输入功率、效率和输出转矩

1）额定功率 $P_N = 11\text{kW}$；

2）额定电压 $U_N = \text{AC } 380\text{V}$；

3）相数 $m = 3$；

4）极数 $2p = 16$；

5）功率因数 $\cos\varphi_N = 0.9$；

6）额定电流 $I_N = 21\text{A}$；

7）定子内径 $D_{i1} = 230\text{mm}$；

8）定子外径 $D_{i2} = 327\text{mm}$；

9）定子铁心长 $L_{ef} = 150\text{mm}$；

10）转子永磁体长度 $L_{ef} = 150\text{mm}$；

11）定子铁心硅钢片 DW360 - 50；

12）转子永磁体 N48H，$B_{rmin} = 1.37\text{T}$；

13）定子轭重 $G_j = 50\text{kg}$；

14）定子齿重 $G_t = 11\text{kg}$；

15）气隙磁感应强度 $B_\delta = 0.49\text{T}$；

16）定子齿磁感应强度 $B_t = 1.47\text{T}$；

17）定子轭磁感应强度 $B_j = 0.82\text{T}$；

18）轴承6212，滚珠中心直径 $D = 91\text{mm}$；

19）轴承载荷 $F = 1980\text{N}$（额定动载）；

20）轴承滚珠中心线速度 $v = \pi D n_N/60 = 0.091 \times 375\text{r/min}/80 \approx 1.787\text{m/s}$；

21）每相绕组电阻 $R = 0.5\Omega$。

2. 永磁交流电动机的损耗

（1）铜损耗

$$P_{\text{Cu}} = m I_N^2 R$$

$$= 3 \times 21^2 \times 0.5\text{W} = 661.5\text{W}$$

（2）永磁交流电动机的铁损耗

1）定子齿铁损系数 p_{het}（W/kg）为

$$p_{\text{het}} = P_{\text{Fe/50}} B_t^2 \left(\frac{f}{50}\right)^{1.3}$$

$$= 2.86 \times 1.47^2 \times \left(\frac{50}{50}\right)^{1.3}\text{W/kg} \approx 6.18\text{W/kg}$$

2）定子轭铁损系数 p_{hej}（W/kg）为

$$p_{\text{hej}} = P_{\text{Fe/50}} B_j^2 \left(\frac{f}{50}\right)^{1.3}$$

$$= 0.92 \times 0.82^2 \times \left(\frac{50}{50}\right)^{1.3}\text{W/kg} \approx 0.62\text{W/kg}$$

3）定子齿铁损耗 P_{Fet}（W）

$$P_{\text{Fet}} = K_d' p_{\text{het}} G_t$$

$$= 1.7 \times 6.18 \times 11\text{W} = 115.57\text{W}$$

4）定子轭铁损耗 P_{Fej}（W）为

$$P_{\text{Fej}} = K_d p_{\text{hej}} G_j$$

$$= 1.5 \times 0.62 \times 50\text{W} = 46.5\text{W}$$

5）永磁交流电动机的铁损耗 P_{Fe}（W）为

$$P_{\text{Fe}} = P_{\text{Fet}} + P_{\text{Fej}}$$

$$= (115.57 + 46.5)\text{W} = 162.07\text{W}$$

（3）永磁交流电动机的机械损耗

1）轴承的摩擦损耗 P_W（W）为

$$P_W = 0.15 \frac{F}{d} v \times 10^{-5} \times 2$$

$$= 0.15 \times \frac{1980}{0.091} \times 1.787 \times 10^{-5} \times 2\text{W} = 0.1166\text{W}$$

2）外置冷却风机电机功率为 60W

$$P_f = 60W$$

3）永磁交流电动机的机械损耗 P_{fw}（W）为

$$P_{fw} = P_w + P_f = (0.1166 + 60)W = 60.1166W$$

（4）永磁交流电动机的总损耗 $\sum P$（W）

$$\sum P = P_{Cu} + P_{Fe} + P_W + P_f$$
$$= (661.5 + 162.07 + 60.1166)W \approx 883.67W$$

3. 永磁交流电动机的输入功率

$$P_1 = P_N + \sum P$$
$$= (11 + 0.884)kW = 11.884kW$$

4. 永磁交流电动机的效率

$$\eta_N = \left(1 - \frac{\sum P}{P_1}\right) \times 100\%$$

$$= \left(1 - \frac{0.884}{11.884}\right) \times 100\% = 92.56\%$$

5. 永磁交流电动机的输出转矩

$$M_T = 9550 \frac{P_N}{n_N}$$

$$= 9550 \times \frac{11}{375}N \cdot m \approx 280.13N \cdot m$$

第七节　永磁交流电动机的未来

早在 20 世纪 90 年代，中国就有永磁交流电动机的尝试。采用转子永磁体磁极切向布置且永磁体磁极与转子轴轴向平行的结构方式。为了使永磁交流电动机能顺利起动，在永磁电动机的同轴又设置了一个交流异步电动机。起动时，利用异步电动机起动，当电动机转速牵入同步时，切断交流异步电动机，永磁交流电动机作为交流同步电动机运行。这种永磁交流电动机虽然体积较大，制造成本也较高，但却开创了用永磁体磁极做交流电动机的转子磁极的永磁交流电动机的先河。在油田抽油机上使用证明可以节能 10% 以上。

在以后的多年里，有些电机厂的有识之士也在不断地追求、探索更完善的永磁交流电动机。

在永磁交流电动机的发展中，世界工业发达国家的永磁交流电动机发展很快。有的工业发达国家为了提高永磁体的气隙磁感应强度而采用切向与径向混合布置永磁体磁极的结构方式、永磁体磁极径向串联等多种永磁体布置方式。

有的工业发达国家已经将永磁交流电动机成功地应用到工业生产的很多领域中，有的工业发达国家甚至将直流电逆变成交流电供给永磁交流电动机驱动潜艇的螺旋桨。

世界各国之所以如此重视永磁交流电动机的发展，是因为永磁体对外做功不消耗其自身的磁能，因而用永磁体磁极做永磁交流电动机的转子磁极，能使永磁交流电动机的结构简单、体积小、重量轻、温升低、效率高、功率因数高、噪声低、便于维护、节能10% ~ 20%，尤其可以做成多极低转速，非常适用于低转速的设备。

永磁交流电动机可以节能10%～20%，这是一个十分可观的数字。以中国为例，到2020年，中国电力装机容量将达到10亿kW，按全国电动机消耗电力35%计算，将需要装机容量3.5亿kW。如果利用永磁电动机取代常规交流异步电动机，每年可节省0.35亿～0.7亿kW的装机容量，相当于2～4个三峡水电站的装机容量。

按电动机年工作时间2800h占全年8760h的32%计算，如果用永磁电动机取代常规交流电动机可节电980亿～1960亿kWh，相当于42～84个年发电量23.245亿kWh的火电厂的发电量。这是一个十分惊人的数字。按中国2002年电结构和电力耗煤288g/kWh计算，可节煤380.24～760.48亿kg，即0.38亿～0.76亿吨的标煤，可减少排放0.217亿～0.434亿吨的CO_2及57万～114万吨的SO_2，这又是一个惊人的数字。

永磁交流电动机节能10%～20%，对一台永磁交流电动机而言，节能不是很大，但对于拥有14亿之众的国家而言，累计节能效果将令人震惊。

从这些节能、节煤、减排的数字可以看到，发展永磁交流电动机的意义是多么重大。

随着永磁交流电动机的发展，必将会拉动磁综合性能更好的永磁体的发展。现在市售的永磁体的磁感应强度还不高，只有0.5T左右，当磁感应强度达到0.6T或0.7T或磁感应强度更高的磁综合性能更好的永磁体问世，永磁交流电动机的体积会更小、效率会更高、温升会更低、会更节能。到那时，永磁体电动机将取代电励磁电动机永磁交流电动机的前景广阔，前途光明。

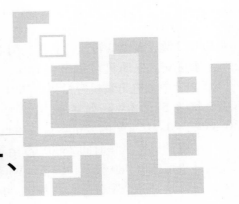

第九章

永磁电动机转子轴的设计、计算及转子的平衡

　　永磁电动机有永磁有刷靴式直流电动机、永磁无刷靴式直流电动机、永磁有刷有槽直流电动机、永磁无刷有槽直流电动机、永磁有刷盘式直流电动机、永磁无刷盘式直流电动机、永磁交流电动机等。它们中最小的外径只有 5mm，功率只有零点几瓦，大的定子外径超过1m，功率甚至达到 MW 级。它们的转速范围很宽，最高转速达到万转/每分钟以上。它们虽然功率千差万别，体积大小不一，转速高低相差甚远，但它们的共同点是转子轴输出转矩对外做功。转子轴和转子总成是永磁电动机中受力最大的最重要的部件，要求其具有足够的强度和刚度及较好的静、动平衡。

　　足够的强度就是保证永磁电动机在长期运行中不至于因转子轴强度不足而发生断裂或损坏而使转子轴失去正常输出转矩的能力；足够的刚度就是转子轴在输出转矩中的变形在允许变形的范围内，不至于因刚度不足使转子轴发生较大变形而影响电动机的正常运行；转子应有足够的静平衡和动平衡，否则永磁电动机在运行时会发生振动，一旦发生振动并引起共振，则永磁电动机将无法正常运行。因此，对转子轴要求：①有足够的强度；②有足够的刚度；③转子和转子轴要有足够的静平衡和动平衡。

　　由于转子轴、转子在永磁电动机中的重要性，本章着重给出永磁电动机的转子轴的设计、计算及转子总成的平衡及平衡要求。

第一节　永磁电动机转子轴最危险轴径的确定

　　永磁电动机在运行时，转子轴受到转子自重和单边磁拉力所形成的弯矩和对外输出转矩的作用，如图 9-1 所示。在永磁电动机的设计中，除电磁设计和计算、绕组设计和计算之外，还应对承担弯矩和输出转矩的转子轴进行计算，首先应根据永磁电动机的额定功率及输出转矩先确定转子轴的最危险轴径，而转子轴的其他轴径由结构确定。在计算转子轴最危险轴径时应考虑到外负载突然增大或突然停机等工况的出现，应选择适当的过载系数，也是转子轴能承担过载的能力。

1. 用扭转刚度初步确定转子轴最危险轴径

　　永磁电动机的最主要的功能是转子轴对外输出转矩做功，将电能转换成机械能，因此，可以用转子轴的扭转刚度初步确定转子轴的最危险轴径 $D(\mathrm{m})$。

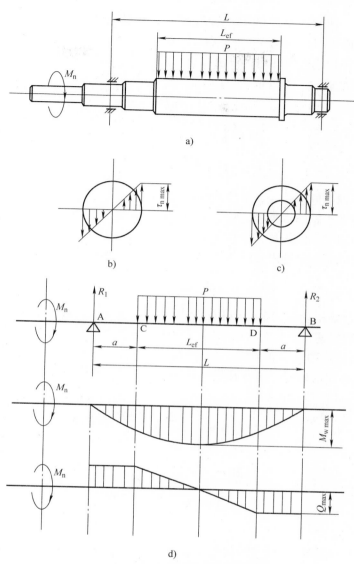

图 9-1　永磁电动机转子轴受力分析

a）转子轴受力分析　b）实心转子轴扭转应力　c）空心转子轴扭转应力　d）转子轴的弯矩、剪力及轴承的支座反力

1）转子轴的刚度表达式为

$$\frac{[\theta]}{m} \geqslant \frac{kM_n 180°}{GJ_p \pi} = [\theta_{max}] \tag{9-1}$$

式中　$\dfrac{[\theta]}{m}$——转子轴的许用转角，单位为°/m，通常许用转角$\dfrac{[\theta]}{m} = (0.25 \sim 0.75)°/m$，

大功率取大值，小功率取小值；

k——永磁电动机的过载系数，常取 $k = 2 \sim 3$；

M_n——永磁电动机输出转矩，单位为 N·m；

θ_{max}——计算得到的转子轴最大扭转角，单位为°/m；

G——转子轴所用材料的剪切弹性模量，单位为 N/m^2。当转子轴为 45CrMnMo、40CrMnMo、40CrMo 等材料时，$G = 78.4 \times 10^9 N/m^2$；

J_p——转子轴的极惯性矩，单位为 m^4。

当转子轴为实心轴时，J_p（m^4）为

$$J_p = \frac{\pi D^4}{32} \tag{9-2}$$

当转子轴为空心轴时，J_p（m^4）为

$$J_p = \frac{\pi D^4}{32}(1 - \alpha^4) \tag{9-3}$$

式中　D——转子轴最危险轴径，单位为 m；

α——空心转子轴的内外径之比，$\alpha = d/D$；

d——空心转子轴的内径，单位为 m。

2）永磁电动机的额定输出转矩 M_n（$N \cdot m$）由式（9-4）给出

$$M_n = 9550 \frac{P_N}{n_N} \tag{9-4}$$

式中　P_N——额定输出功率，单位为 kW；

n_N——额定转速，单位为 r/min。

3）转子轴最危险轴径 D 的确定。

① 当转子轴为实心轴时，转子轴最危险轴径 D(m) 由式（9-5）给出。式（9-5）是将式（9-2）代入式（9-1）得到的。

$$D \geqslant \sqrt[4]{\frac{32kM_n \times 180°}{\frac{[\theta]}{m}G\pi^2}} \tag{9-5}$$

将式（9-4）代入式（9-5），得

$$D \geqslant 13.625 \sqrt[4]{\frac{kP_N \times 180°}{\frac{[\theta]}{m}Gn_N}} \tag{9-6}$$

② 当转子为空心轴时，转子轴最危险轴径 D(m) 由式（9-7）给出。式（9-7）是将式（9-3）代入式（9-1）得到的。

$$D \geqslant \sqrt[4]{\frac{32kM_n \times 180°}{\frac{[\theta]}{m}G\pi^2(1 - \alpha^4)}} \tag{9-7}$$

将式（9-4）代入式（9-7），得

$$D \geqslant 13.625 \sqrt[4]{\frac{kP_N \times 180°}{\frac{[\theta]}{m}Gn_N(1 - \alpha^4)}} \tag{9-8}$$

2. 用扭转强度初步确定转子轴的最危险轴径

1）输出转矩 M_n 为

$$M_n = 9550 \frac{P_N}{n_N}$$

2）转子轴的扭转应力 τ_n（N/m^2）为

$$\tau_{nmax} = \frac{kM_n}{W_n} \leqslant [\tau_n] \tag{9-9}$$

式中　k——超载系数，通常 $k = 2 \sim 3$；

　　$[\tau_n]$——许用扭转应力，单位为 N/m^2；

　　W_n——转子轴的抗扭截面模量，单位为 m^3。

① 当转子轴为实心轴时，转子轴的抗扭截面模量 W_n（m^3）为

$$W_n = \frac{\pi D^3}{16} \tag{9-10}$$

② 当转子轴为空心轴时，转子轴的抗扭截面模量 W_n（m^3）为

$$W_n = \frac{\pi D^3}{16}(1 - \alpha^4) \tag{9-11}$$

式中　D——转子轴最危险轴径 D，单位为 m；

　　α——空心转子轴内外径之比，$\alpha = d/D$；

　　d——空心转子轴的内径，单位为 m。

3）转子轴最危险轴径的确定。

① 当转子轴为实心轴时，转子轴最危险轴径 D 由式（9-12）给出。式（9-12）是将式（9-10）代入式（9-9）得到的。

$$[\tau_n] \geqslant \frac{16kM_n}{\pi D^3} \tag{9-12}$$

将式（9-4）代入式（9-12），得

$$D \geqslant 53.46 \sqrt[3]{\frac{kP_N}{[\tau_n]n_N\pi}} \tag{9-13}$$

② 当转子轴为空心轴时，转子轴最危险轴径 D 由式（9-14）给出。式（9-14）是将式（9-11）代入式（9-9）得到的。

$$[\tau_n] \geqslant \frac{16kM_n}{\pi D^3(1 - \alpha^4)} \tag{9-14}$$

将式（9-4）代入式（9-14），得

$$D \geqslant 53.46 \sqrt{\frac{kP_N}{[\tau_n]n_N\pi(1 - \alpha^4)}} \tag{9-15}$$

用两种方法求得的转子轴危险轴径 D，在后面的强度校核中，如果强度不足，则应取两种方法的大值 D，如果强度计算得到满足，则应取两种方法计算的小值 D。

第二节　转子轴的强度校核

永磁电动机在运行时，转子轴对外输出转矩而受到扭转应力的作用。同时，在永磁有刷电动机中，转子铁心、转子绕组、换向器等重力及由于气隙不均匀而形成单边磁拉力对转子轴形成的弯曲应力和剪应力；在永磁无刷电动机中，转子轴受到转子铁心、永磁体的重力及由于气隙不均匀而形成的单边磁拉力对转子轴形成弯曲应力和剪应力的作用，如图 9-1

所示。

1. 转子轴受到的弯矩、弯曲应力和剪力、剪应力及扭转应力

（1）转子轴的弯矩方程和最大弯矩

1）转子轴的弯矩方程 M_x 由式（9-16）给出，即

$$M_x = \frac{q}{2}\left[L_{ef}x - (x-a)^2\right] \tag{9-16}$$

式中　q——转子轴受到的均布载荷集度，单位为 N/m。

$$a = \frac{1}{2}(L - L_{ef}) \tag{9-17}$$

转子轴的载荷集度 q 为

$$q = \frac{P}{L_{ef}} \tag{9-18}$$

式中　P——转子轴重 P_1、转子铁心重 P_2、有刷的转子绕组重 P_3、换向器重 P_4 和单边磁拉
　　　　力 F_m；无刷的是转子轴重 P_1、转子铁心重 P_2、永磁体重和单边磁拉力 F_m 的
　　　　总和；

　　　L_{ef}——P 力均布作用的长度，单位为 m。

2）转子轴在 $x = a + L_{ef}/2 = L/2$ 处的最大弯矩 M_{wmax}（N·m）为

$$M_{wmax} = \frac{qL_{ef}L}{8}\left(2 - \frac{L_{ef}}{L}\right) = \frac{PL}{8}\left(2 - \frac{L_{ef}}{L}\right) \tag{9-19}$$

（2）转子轴受到的最大弯曲应力

转子轴受到的最大弯曲应力 σ_{wmax}（N/m^2）由式（9-20）给出，即

$$\sigma_{wmax} = \frac{M_{wmax}}{W_w} \tag{9-20}$$

式中　W_w——转子轴的最大弯矩处的抗弯截面模量，单位为 m^3。

1）当转子轴为实心轴时，转子轴最大弯矩处的抗弯截面模量为

$$W_w = \frac{\pi D^3}{32} \tag{9-21}$$

2）当转子轴为空心轴时，转子轴最大弯矩处的抗弯截面模量为

$$W_w = \frac{\pi D^3}{32}(1 - \alpha^4) \tag{9-22}$$

（3）转子轴的剪力方程和最大剪力及轴承的支反力

1）转子轴的剪力方程如图 9-1 所示，AC 段和 DB 段的剪力方程为

$$Q_x = \frac{qL_{ef}}{2} = \frac{P}{2} \tag{9-23}$$

CD 段的剪力方程为

$$Q_x = \frac{q}{2}\left[L_{ef} - 2(x-a)\right] \tag{9-24}$$

2）转子轴在 AC 段和 CB 段的剪力最大，最大剪力为

$$Q_{max} = \frac{qL_{ef}}{2} = \frac{P}{2} \tag{9-25}$$

3）轴承的支反力是选择轴承的条件之一。按图9-1计算得

$$R_1 = R_2 = \frac{qL_{ef}}{2} = \frac{P}{2} \qquad (9-26)$$

（4）转子轴的最大剪应力

转子轴的最大剪应力分别在 AC 段和 DB 段，最大剪应力 τ_{max}（N/m²）为

$$\tau_{max} = \frac{Q_{max}}{S} \frac{4}{3} \leqslant [\tau] \qquad (9-27)$$

式中 S——转子轴最大剪应力处的轴截面积，单位为 m²；

$[\tau]$——许用剪应力，单位为 N/m²，$[\tau] = \frac{\sigma_{0.2}}{\sqrt{3}} = 0.577\sigma_{0.2}$。

1）当转子轴为实心轴时，S 为

$$S = \frac{\pi D_\tau^2}{4} \qquad (9-28)$$

2）当转子轴为空心轴时，S 为

$$S = \frac{\pi}{4}(D_{\tau 1}^2 - D_{\tau 2}^2) \qquad (9-29)$$

式中 D_τ——剪应力最大处的转子轴的轴径，单位为 m；

$D_{\tau 1}$——剪应力最大处的转子轴外径，单位为 m；

$D_{\tau 2}$——剪应力最大处的转子轴内径，单位为 m。

（5）永磁电动机转子轴的转矩和抗扭截面模量

1）转子轴的输出转矩 M_n（N·m）为

$$M_n = 9550\frac{P_N}{n_N}$$

2）转子轴的抗扭截面模量 W_n。

① 当转子轴为实心轴时，其抗扭截面模量 W_n（m³）为

$$W_n = \frac{\pi D^3}{16}$$

② 当转子轴为空心轴时，其抗扭截面模量 W_n（m³）为

$$W_n = \frac{\pi D^3}{16}(1 - \alpha^4)$$

（6）转子轴的扭转应力

转子轴对外输出转矩，其受到的扭转应力 τ_{nmax} 为

$$\tau_{nmax} = \frac{kM_n}{W_n} \qquad (9-30)$$

式中 k——超载系数，$k = 2 \sim 3$。

1）当转子轴为实心轴时，最大扭转应力 τ_{nmax}（N/m²）为

$$\tau_{nmax} = \frac{kM_n}{W_n} = \frac{152800kP_N}{\pi D^3 n_N} = 152800\frac{kP_N}{\pi D^3 n_N} \qquad (9-31)$$

2）当转子轴为空心轴时，其最大扭转应力 τ_{nmax}（N/m²）为

$$\tau_{nmax} = \frac{kM_n}{W_n} = 152800 \frac{kP_N}{\pi D^3 n_N (1 - \alpha^4)} \qquad (9\text{-}32)$$

式中　P_N——永磁电动机额定输出功率，单位为 kW；

　　　n_N——永磁电动机的额定转速，单位为 r/min；

　　　D——转子轴最危险轴径，单位为 m。代入不同轴径的 D 值，可求得转子轴不同轴
径处的扭转应力 τ_n。

(7) 转子的单边磁拉力 F_m

当转子外径与定子内径的气隙不均匀时会产生单边磁拉力 F_m，它也是形成转子轴弯矩
的力之一。单边磁拉力 F_m(N) 由式 (9-33) 给出，即

$$F_m = \frac{B_\delta^2}{2\mu_0} S_m = \frac{B_\delta^2}{2\mu_0} \frac{\pi D_2 \beta a_p'}{\delta} e_0 \qquad (9\text{-}33)$$

式中　a_p'——永磁体磁极的极弧系数，通常 $a_p' = 0.637 \sim 0.72$；

　　　D_2——转子外径，单位为 m；

　　　β——经验系数，通常取 $0.3 \sim 0.5$；

　　　δ——永磁电动机的气隙长度，单位为 m；

　　　B_δ——永磁电动机的气隙磁感应强度，单位为 T 或 Gs；

　　　μ_0——永磁体的真空绝对磁导率，$\mu_0 = 4\pi \times 10^{-7}$ H/m；

　　　S_m——不均匀磁极形成的单边磁拉力的磁极面积，单位为 m^2。

单边磁拉力也可由如下求得：

$$F_m = \frac{\beta n b_p L_{ef}}{\delta} \frac{B_\delta^2}{2\mu_0} e_0$$

式中　n——永磁体磁极数；

　　　L_{ef}——永磁体磁极的长度，单位为 m；

　　　e_0——转子偏心距，单位为 m，通常 $e_0 = 0.1\delta$。

2. 转子轴的强度及强度条件

转子轴在弯曲应力、剪应力和扭转应力三向应力状态下运行，它的强度条件为

$$\sigma = \sqrt{\frac{1}{2}\left[(\sigma_{wmax} - \sigma_{nmax})^2 + (\sigma_{wmax} - \tau_{nmax})^2 + (\sigma_{nmax} - \tau_{max})^2\right]} \leqslant [\sigma] \qquad (9\text{-}34)$$

式中　σ_{wmax}——转子轴的最大弯曲应力，单位为 N/m^2，它的位置在 $L_{ef}/2$ 处，即 L_{ef} 的中心
位置，如图 9-1 所示；

　　　τ_{max}——转子轴的最大剪应力，单位为 N/m^2，它的位置在图 9-1 中的 AC 段和
DB 段；

　　　τ_{nmax}——转子轴的扭转应力，单位为 N/m^2，它的位置在整个转子轴内；

　　　$[\sigma]$——转子轴的许用应力，单位为 N/m^2。

转子轴的许用应力 $[\sigma]$ 由式 (9-35) 给出，即

$$[\sigma] = \frac{\sigma_{0.2}}{K_j K_b K} \qquad (9\text{-}35)$$

式中　$\sigma_{0.2}$——对于转子轴常取 45CrMnMo、40CrMnMo、40CrMo 等优质材料经锻造、正火、
粗加工、热处理、精加工等工序之后，属于屈服现象不明显的金属材料，通
常取其产生永久变形量等于试样长度 0.2% 时的应力称作它的屈服强度或条

件屈服强度；

K_j——转子轴应力集中系数，常取 1.1；

K_b——转子轴材料不均匀系数，常取 1.1；

K——安全系数，常取 1.3～1.5。

用式（9-34）求转子轴的强度时，应对轴的不同位置分别求出其强度 σ。如转子轴的 L_{ef} 段，这段受最大弯曲应力 σ_{wmax} 和最大扭转应力 τ_{nmax}，而剪应力 $\tau_{max}=0$ 代入式（9-34），得到 L_{ef} 段中点的强度 σ；当计算 AC 段 C 点和 DB 段 D 点的强度时，这两段受扭转应力 τ_{nmax} 和剪应力 τ_{max} 而弯曲应力 σ_{wmax}，都应代入式（9-34）中，求得强度 σ，如图9-1所示。

第三节　转子轴的挠度和永磁电动机的临界转速

转子轴在两端轴承之间有一定距离，在这段长度内的转子轴自重、转子铁心重，还有转子绕组重、永磁体重、单边磁拉力等力的作用使转子轴产生挠度。转子的挠度应在允许挠度的范围内，当转子轴的挠度超过许用挠度时，会使永磁电动机发生振动，严重的会使永磁电动机不能正常运行。

永磁电动机的转速有的高达每分钟万转以上，在永磁电动机的设计中，要校核其临界转速，以使电动机在安全转速内可靠地运行。

图9-2 所示为转子轴的输出端只有输出转矩的转子轴挠度示意图。

1. 转子轴的挠度

（1）由转子重量形成的挠度

把转子轴、转子铁心等均布重力载荷视作集中载荷 P 作用在转子轴受力的中心处在 A－A 截面上的假想挠度为

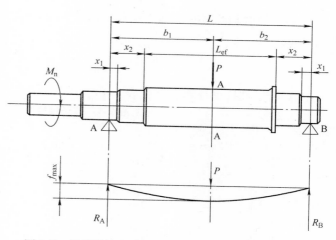

图9-2　转子轴输出端只有输出转矩 M_n 的转子轴挠度

$$f_1 = \frac{Pb_2}{3EL^2}A_1 \tag{9-36}$$

$$f_2 = \frac{Pb_1}{3EL^2}A_2 \tag{9-37}$$

式中　f_1——转子轴在 b_1 段的挠度，单位为 cm 或 mm；

f_2——转子轴在 b_2 段的挠度，单位为 cm 或 mm；

P——将作用在图9-2中 L_{ef} 段的转子轴重、铁心重等均匀载荷视作集中载荷；

E——转子轴的弹性模量，单位为 kg/cm²，通常取 $E=2.1\times10^6$ kg/cm²；

L——转子轴两轴承支点间的距离，单位为 cm。

由 b_1 端开始的 A_1 由式（9-38）求得，即

$$A_1 = \frac{x_1^3}{J_1} + \frac{x_2^3 - x_1^3}{J_2} + \cdots + \frac{x_i^3 - x_{i-1}^3}{J_i} \tag{9-38}$$

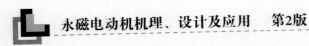

由 b_2 端开始的 A_2 由式（9-39）求得

$$A_2 = \frac{x_{21}^3}{J_{21}} + \frac{x_{22}^3 - x_{21}^3}{J_{22}} + \cdots + \frac{x_{2i}^3 - x_{2i-1}^3}{J_{2i}} \qquad (9-39)$$

式中　J_i——由 b_1 端开始的第 i 处轴截面的惯性矩，单位为 cm^4。

1）当转子轴为实心轴时，J_i 为

$$J_i = \frac{\pi D_i^4}{64} \qquad (9-40)$$

2）当转子轴为空心轴时，J_i 为

$$J_i = \frac{\pi D^4}{64}(1 - \alpha^4) \qquad (9-41)$$

式中　D_i——由 b_1 开始的第 i 处转子轴截面的直径，单位为 cm。

同理，从 b_2 开始的 A_2 可按（9-40）和式（9-41）计算出 J_{2i}，不再赘述。

在 A－A 截面处由转子重量形成的挠度 f_p(cm) 由式（9-42）给出，即

$$f_p = \frac{P}{3EL^2}(A_1 b_2^2 + A_2 b_1^2) \qquad (9-42)$$

当转子轴两轴承之间的轴长左右对称时，$b_1 = b_2$，$A_1 = A_2$，则转子轴在 A－A 截面的挠度 f_p(cm) 为

$$f_p = f_1 = f_2 = \frac{AP}{6E} \qquad (9-43)$$

（2）转子轴挠度计算表（见表9-1）。

表 9-1　转子轴挠度计算表

转子轴分段号		轴径 d_i/cm	惯性矩 J_i/cm⁴	长度 x_i/cm	x_i^3/cm³	$x_i^3 - x_{i-1}^3$/cm³	$\dfrac{x_i^3 - x_{i-1}^3}{J_i}$
转子轴 左半段	1						
	2						
	3						
	4						
	总和 $A_1 = \sum \dfrac{x_i^3 - x_{i-1}^3}{J_i}$						
转子轴 右半段	1						
	2						
	3						
	4						
	总和 $A_2 = \sum \dfrac{x_{2i}^3 - x_{2i-1}^3}{J_{2i}}$						

（3）单边磁拉力在转子铁心中心产生的挠度

1）单边磁拉力

由于气隙不均匀而形成的单边磁拉力 F_m（N）的经验公式由式（9-44）给出，即

$$F_m = 2.94 D L_{ef} \qquad (9-44)$$

式中　D——转子铁心中心直径，单位为 cm；

　　　L_{ef}——转子铁心的工作长度，也是转子永磁体磁极的长度，单位为 cm。

2）与单边磁拉力成比例的转子轴挠度 f_0（cm）由式（9-45）给出，即

$$f_0 = f_p = \frac{F_m}{P} \tag{9-45}$$

3）单边磁拉力产生的最后挠度 f_m（cm）为

$$f_m = \frac{f_0}{1-m} \tag{9-46}$$

式中　$m = f_0/e$；

　　　e——转子的偏心距，单位为 cm，一般取 $e = 0.1\delta$；

　　　δ——永磁电动机的气隙长度，单位为 cm。

（4）转子轴的总挠度

转子轴铁心中心处的总挠度 f（cm）由式（9-47）给出，即

$$f = f_p + f_m \leqslant [f] \tag{9-47}$$

式中　$[f]$——许用挠度。通常许用挠度取（8% ~ 10%）δ。

2. 永磁电动机的临界转速

永磁电动机的临界转速 n_p（r/min）由式（9-48）给出，即

$$n_p = 300\sqrt{\frac{1-m}{f_p + f_m}} \geqslant n_N \times 130\% \tag{9-48}$$

式中　$m = f_0/e$。

通常临界转速 n_p 至少高于额定转速 n_N 的 130% 以上。

计算举例

图 9-3 所示为 80kW 永磁交流电动机转子受力及转子结构尺寸图。

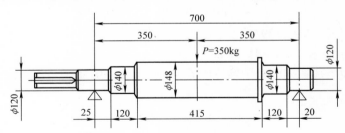

图 9-3　永磁交流电动机转子受力及转子结构尺寸图

（1）求转子重力 P 对转子轴的挠度

1）转子受重力 P 的转子轴的中心直径 $D = 148\text{mm} = 14.8\text{cm}$；

2）转子铁心长 $L_{ef} = 415\text{mm} = 41.5\text{cm}$；

3）$P = 350\text{kg}$；

4）转子轴的弹性模量 $E = 2.1 \times 10^6 \text{kg/cm}^2$；

5）转子初定偏心 $e = 0.1\delta$；

6）气隙长度 $\delta = 1.2\text{mm}$；

7）求重力 P 对转子轴形成的挠度 f_p（cm）见下表。

转子轴分段号		轴径 d_i/cm	惯性矩 J_i/m⁴	长度 x_i/cm	x_i^3/cm³	$x_i^3 - x_{i-1}^3$/cm³	$\dfrac{x_i^3 - x_{i-1}^3}{J_i}$
转子轴 左段 b_1 段	1	12.0	1017.876	2.0	8.0	8.0	0.0079
	2	14.0	1885.741	14.5	3048.625	3040.625	1.6124
	3	14.8	2355.14	35.0	42875.0	39826.375	21.12
	$A_1 = \sum \dfrac{x_i^3 - x_{i-1}^3}{J_i} = 22.7403$						
转子轴 右段 b_2 段	1	12.0	1017.876	2.0	8.0	8.0	0.0079
	2	14.0	1885.741	14.0	2774.0	2766.0	1.4668
	3	14.8	2355.14	35.0	42875.0	40101	17.027
	$A_2 = \sum \dfrac{x_i^3 - x_{i-1}^3}{J_i} = 18.5017$						

8）转子轴由于转子重力 P 所形成的挠度 P_f（cm）为

$$P_f = \frac{P}{3EL^2}(A_1 b_2^2 + A_2 b_1^2)$$

$$= \frac{350}{3 \times 2.1 \times 10^6 \times 70^2} \times (22.4703 \times 35^2 + 18.5017 \times 35^2) \text{cm}$$

$$= 0.000569 \text{cm} = 0.00569 \text{mm}$$

（2）求单边磁拉力对转子轴的挠度 f_m

1）单边磁拉力 F_m（N）为

$$F_m = 2.94 D_2 L_{ef} \tag{9-49}$$

$$= 2.49 \times 39 \times 41.5 \text{N} = 4030 \text{N}$$

式中 D_2——转子外径，$D_2 = 39$cm；

L_{ef}——转子铁心长，$L_{ef} = 41.5$cm。

2）与单边磁拉力成比例的转子轴挠度 f_0（cm）由式（9-50）给出，即

$$f_0 = f_p \frac{F_m}{P} \tag{9-50}$$

$$= 0.000569 \times \frac{4030}{350 \times 9.8} \text{cm} = 0.000669 \text{cm} = 0.00669 \text{mm}$$

3）单边磁拉力产生的最后挠度 f_m（cm）为

$$f_m = \frac{f_0}{1 - m}$$

$$= \frac{0.000669}{1 - \dfrac{0.000669}{0.1 \times 0.12}} \text{cm} \approx 0.0007 \text{cm} = 0.007 \text{mm}$$

4）转子轴铁心中心的总挠度 f（cm）为

$$f = f_p + f_m$$
$$= (0.000569 + 0.0007)\,\text{cm} = 0.001269\,\text{cm} = 0.01269\,\text{mm}$$

许用挠度 $[f]$ 为

$$[f] = (8\% \sim 10\%)\delta$$
$$= (8\% \sim 10\%) \times 1.2\,\text{mm} = 0.12\,\text{mm}$$
$$f = 0.01269\,\text{mm} < [f] = 0.12\,\text{mm}$$

第四节　永磁电动机转子的平衡

永磁电动机有两种形式，其一是永磁有刷电动机，它的转子是由转子轴、转子铁心、转子绕组及换向器等组成的；其二是永磁无刷电动机，它的转子是由转子轴、转子铁心、永磁体磁极等组成的。不论哪种形式的永磁电动机的转子都会因加工误差使转子外径与转子轴的同轴度存在一定偏差，同时，结构的不完全对称及材料的不均匀性都会使转子的质量分布不均匀，这会造成转子转动的不平衡。转子转动不平衡会引起转子的振动，转子振动频率一旦与永磁电动机的固有频率的倍数相等，永磁电动机就会发生共振。一旦发生共振，会破坏永磁电动机的正常运行。

在转子最后加工完成后，应保证转子达到静平衡，对质量多的部分用去重法钻掉或铣掉，使转子达到平衡。转子即使达到静平衡，也还有可能没有达到动平衡，尤其对于转速高的及质量大的；转子外径大的永磁电动机，不仅要保证静平衡，还必须要保证动平衡，以使永磁电动机平稳、安全地运行。

1. 转子不平衡的离心力

在永磁电动机运行中，转子质量不平衡部分会产生离心力，离心力会使转子振动，破坏永磁电动机的正常运行。

转子由质量不平衡所形成的离心力 F_c（N）由式（9-51）给出，即

$$F_c = me\omega^2 = me\left(\frac{\pi n_N}{30}\right)^2 \tag{9-51}$$

式中　m——转子的质量，单位为 kg；

　　　e——转子质心对旋转轴线的偏移，即转子质心对于旋转轴线的偏心距；

　　　ω——转子旋转的角速度，单位为 rad/s；

　　　n_N——永磁电动机的额定转速，单位为 r/min。

2. 转子不平衡的种类

（1）静不平衡

转子的静不平衡指的是转子的主惯性轴与其旋转轴线不相重合，但相互平行，即转子的质心不在其旋转轴线上，如图 9-4a 所示。当转子转动时，会产生不平衡的离心力，这个离心力会使转子在转动中发生振动，破坏永磁电动机的正常运行。

（2）动不平衡

转子的动不平衡指的是转子的主惯性轴与其旋转转线相交错，且相交于转子的质心上，如图 9-4b 所示。此种情况下，虽然转子处于静平衡状态，但当转子转动时，会产生一个不平衡转矩，亦称偶不平衡。

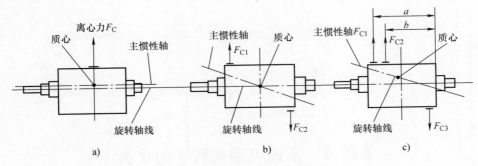

图 9-4 永磁电动机转子不平衡种类

（3）静动不平衡

在多数情况下，转子既存在静不平衡，也同时存在动不平衡，这种情况称作静动不平衡。在静动不平衡中，转子的主惯性轴线与转子旋转轴线不重合，也不平行，而是相交于转子旋转轴线中非质心的任何一点，如图 9-4c 所示。这种静动不平衡，当转子旋转时会产生不平衡的离心力和转矩。

3. 转子平衡品质的确定

转子平衡品质是衡量转子平衡程度的参数，平衡品质用 G 表示，共分 11 个等级。（GB/T 9239.1—2006）

$$G = \frac{e_{\mathrm{per}}\omega}{1000} \tag{9-52}$$

式中　e_{per}——转子许用不平衡度，单位为 μm；

　　　ω——转子最高工作转动角速度，单位为 rad/s。

根据 JB/ZQ 4165—2006 的规定，推荐中、大型永磁电动机选择 $G_{6.3}$ 作为其平衡品质等级；重型机械推荐选用 G_{16} 平衡品质标准；中、大型永磁电动机在转速不高时也可以采用 G_{16} 平衡品质标准。

永磁电动机的平衡品质标准选择应适当，不能选得太高，也不能选得太低。选得太高会增加加工难度，提高制造成本；选择太低可能会发生振动，影响永磁电动机的使用寿命。

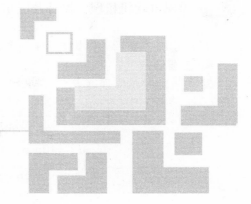

第十章

设 计 举 例

设计举例 1 设计计算机驱动冷却风扇的永磁无刷两极四靴直流电动机

两极四靴直流电动机结构如图 10-1 所示，电路图如图 10-2 所示。

1. 额定数据

1）额定电压：U_f 为 DC 12V

2）额定电流：$I_f = 0.14A$

3）额定转速：$n_N = 3000r/min$

2. 电动机形式及转子磁极

4）电动机为外转子式永磁无刷靴式直流电动机

5）转子永磁体极数：$2p = 2$

6）风扇驱动方式：外转子与风扇一体式

7）定子形式：四靴无刷

8）传感器：霍尔位置传感器

9）电流换向方式：电子换向器

10）转子永磁体磁极：铁氧体环形磁极，铁氧体 Y35，剩磁 $B_r = 0.4 \sim 0.44T$

3. 永磁无刷靴式直流电动机的主要尺寸的确定

11）气隙长度：$\delta = 0.6mm$

12）初选定子外径：$D_{i1} = 20mm$

13）定子极距：$\tau = \dfrac{\pi D_{i1}}{4} = \dfrac{20\pi}{4}mm \approx 15.7mm$

14）极弧系数：$a'_p = 0.637$

15）定子极靴极弧长度：$b_p = \tau a'_p = 15.7 \times 0.637mm \approx 10mm$

16）定子长度：$L_{ef} = 10mm$

17）初选定子极身宽度：$b = 2.5mm$

18）外转子永磁体内径：$D_2 = D_{i1} + 2\delta = (20 + 2 \times 0.6)\ mm = 21.6mm$

19）永磁体磁极为环形，径向充磁，取极弧系数 $a'_p = 0.8$

20）外转子永磁体磁极极弧长：$b_p = a'_p \dfrac{\pi D_2}{2p} = 0.8 \times \dfrac{21.6\pi}{2}mm \approx 27mm$

21）初步选永磁体磁极厚：$h_m = 2.7mm$

22）永磁体磁极外径：$D = D_2 + 2h_m = (21.6 + 2 \times 2.7)\ mm = 27mm$

23）永磁体磁极工作长度：$a_{\mathrm{m}} = L_{\mathrm{ef}} = 10\mathrm{mm}$

4. 主要参数

24）气隙磁感应强度 B_{δ}

$$B_{\delta} = K_{\mathrm{m}} \frac{B_{\mathrm{r}}}{\pi\sigma} \arctan \frac{a_{\mathrm{m}} b_{\mathrm{m}}}{2\delta \sqrt{4\delta^2 + a_{\mathrm{m}}^2 + b_{\mathrm{m}}^2}}$$

$a_{\mathrm{m}} = 10\mathrm{mm}$；$h_{\mathrm{m}} = 2.7\mathrm{mm}$；$b_{\mathrm{m}} = b_{\mathrm{p}} = 27\mathrm{mm}$

$\dfrac{h_{\mathrm{m}}}{a_{\mathrm{m}}} = \dfrac{2.7}{10} = 0.27$，查表2-1，得 $K_{\mathrm{m}} = 0.635$

$$B_{\delta} = 0.635 \times \frac{0.44}{180° \times 1.01} \arctan \frac{10 \times 27}{2 \times 0.6 \sqrt{4\delta^2 + 10^2 + 27^2}} \mathrm{T} = 0.129\mathrm{T}$$

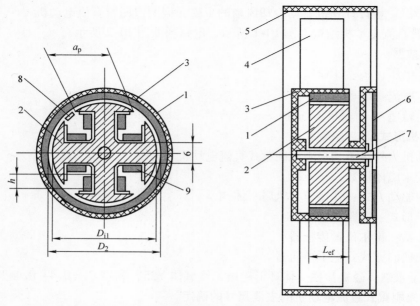

图 10-1　两极四靴永磁无刷直流电动机（驱动风扇为微电源冷却）

1—环形永磁体磁极　2—定子铁心　3—塑料机壳　4—风扇
5—风扇罩　6—电路板　7—轴　8—位置传感器　9—定子绕组

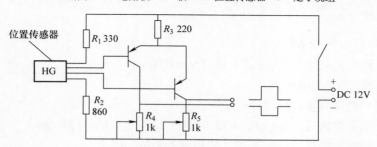

图 10-2　位置传感器和电子换向电路

25）定子极身磁感应强度 B_{m}

$$\Phi_{\mathrm{N}} = B_{\delta} b_{\mathrm{p}} L_{\mathrm{ef}} = 0.129 \times 10 \times 10 = 12.9$$

$$\Phi_m = B_m b L_{ef} = B_m \times 2.5 \times 10 = 25 B_m$$

$$\Phi_N = \Phi_m;$$

$$25 B_m = 12.9;$$

$$B_m = \frac{12.9}{25} = 0.516T$$

26）初选线负荷 A

$$A = 30A/cm$$

$$A = \frac{I_f N_f}{2a\pi D_{i1}} = 30$$

27）总导体数 N_f

$$N_f = \frac{2a\pi D_{i1} A}{I_f} = \frac{2\pi \times 2.0 \times 30}{0.14} \approx 2693$$

取 $N_f = 2694$

28）每极导体数 N_S

$$N_S = \frac{N_f}{4} = \frac{2694}{4} = 673.5$$

取 $N_S = 674$

29）定子总导体数 N_f

$$N_f = N_S \times 4 = 674 \times 4 = 2696$$

30）每支路电流 I

$$I = \frac{1}{2}I_f = 0.14 \times \frac{1}{2}A = 0.07A$$

31）电流密度 J_a 的确定

选择 $J_a = 3A/mm^2$

5. 定子绕组

32）确定绕组导电面积 S

$$S = \frac{I}{J_a} = \frac{0.07}{3} = 0.023mm^2$$

33）确定导线直径 d

$$S = \frac{\pi d^2}{4} = 0.023mm^2$$

$$d = \sqrt{\frac{4S}{\pi}} = \sqrt{\frac{4 \times 0.023}{\pi}}mm \approx 0.17mm$$

查表 4-1，得

圆漆包导线直径为 $d' = 0.19mm$ 或 $d' = 0.21mm$。

34）极身每层圈数 n_m

$$n_m = \frac{h}{d'} = \frac{5}{0.21} = 23.8$$

取每层 23 圈；

35）用中间层每圈导线长度计算每个极身的绕组圆漆包导线的长度 L_1

每极身共674圈绕的层数 n 为

$$n = \frac{674}{23} = 29.3，取 n 为 30 层$$

其一半层为15层，当15层时的一圈导线长

$$L_1 = 2(b + 15 \times 0.21 + L_{ef} + 15 \times 0.21)$$

$$= 2(2.5 + 15 \times 0.21 + 10 + 15 \times 0.21)mm = 37.6mm，取 L_1 为 38mm$$

36）每极身674圈的圆漆包导线长 L

$$L = 674 \times L_1$$

$$= 674 \times 38mm = 25612mm = 25.612m$$

37）定子极身总导线长

$$L' = 4L$$

$$= 4 \times 25.612m = 102.448m，取 L' 为 103m$$

38）定子绕组总导线重 kg（0.213kg/km）

$$G = \frac{103}{1000} \times 0.213kg$$

$$\approx 0.022kg$$

6. 输出转矩 M

39）输出转矩 M 为

$$M = 4 \times \sqrt{2} \frac{B_\delta^2}{2\mu_0} b_p L_{ef} \frac{D_2}{2} \sin 20°$$

$$= 4 \times \sqrt{2} \times \frac{0.129^2}{2 \times 4\pi \times 10^{-7}} \times 0.01 \times 0.01 \times \frac{0.02}{2} \times \sin 20° N \cdot m$$

$$\approx 0.0064N \cdot m$$

7. 输出功率 P_N

40）输出功率 P_N 为

$$P_N = \frac{2\pi}{60} M n_N$$

$$= \frac{2\pi}{60} \times 0.0064 \times 3000W \approx 2W$$

8. 输入功率 P_1

41）输入功率 P_1 为

$$P_1 = I_f U_f$$

$$= 0.14 \times 12W = 1.68W$$

9. 效率

42）电动机效率 η_N 为

$$\eta_N = \frac{P_N}{P_1} \times 100\% = \frac{2}{1.68} \times 100\% = 119\%$$

43）关于电动机效率的解释

永磁体对外做功不损失其自身的磁能，永磁体磁极的这一特性被用来制造永磁发电机和永磁电动机的定子磁极或转子磁极，使永磁电机节能 $10\% \sim 20\%$。本设计就是一个明显的例证。当永磁无刷靴式直流电动的外转子磁极为永磁体磁极时，转子永磁体磁极参与了对外输出转矩 M 而做功，但永磁体磁极做功并不包括电动机的输入功率内，所以其效率 η_N 为 119%。在不计其他损耗的情况下，此电动机节能为 19%。

$$\eta_N - 100\% = 119\% - 100\% = 19\%$$

本设计充分证明了永磁体磁极对外做功不损失其自身磁能，也充分证明了在某种意义上说永磁体不遵守能量守恒。

设计举例 2 三相 18 极 11kW 永磁交流电动机设计

1. 额定数据

1）额定功率：$P_N = 11kW$

2）额定电压：$U_N = 380V$

3）额定转速：$n_N = 333r/min$

4）频率：$f = 50Hz$

5）功率因数：$\cos\varphi = 0.9$

6）相数：$m = 3$

2. 永磁电动机的主要尺寸

7）极数 $2p$

$$2p = \frac{120f}{n_N} = \frac{120 \times 50}{333} = 18$$

8）选择每极每相槽数：$q = 1\frac{1}{18}$

9）确定定子槽数 Z

$$Z = 2pmq = 18 \times 3 \times 1\frac{1}{18} = 57$$

10）确定定子内径 D_{i1}

选择 Y 系列 Y200L-8 的定子冲片，定子内径 $D_{i1} = 230mm$，定子外径 $D_{i2} = 327mm$。

11）确定定子铁心长度 L_{ef}：$L_{ef} = 150mm$

12）定子齿锯 t

$$t = \frac{\pi D_{i1}}{z} = \frac{230\pi}{57}mm \approx 12.68mm$$

13）选择定子齿及齿宽：选择梨形槽，等齿宽，齿宽 $t_1 = 5mm$

14）选择气隙长度 δ：$\delta = 0.8mm$

3. 转子主要尺寸的确定

15）转子外径 D_2

$$D_2 = D_{i1} - 2\delta = (230 - 2 \times 0.8)mm = 228.4mm$$

16）转子永磁体磁极极距 τ

$$\tau = \frac{\pi D_2}{2p} = \frac{228.4\pi}{18}\text{mm} = 39.86\text{mm}$$

17）选择转子永磁体

选择 N44H 钕铁硼永磁体，它的剩磁 $B_{rmax} = 1.37\text{T}$，$B_{rmin} = 1.3\text{T}$。

18）极弧系数：$a'_p = 0.637$

19）转子永磁体磁极极弧长度 $b_p(\text{mm})$

$$b_p = a'_p\tau = 0.637 \times 39.86 = 25.39\text{mm}，取 b_p 为 25\text{mm}$$

20）永磁体两极面之间的距离 h_m

取 $h_m = 13\text{mm}$

21）永磁体布置形式

永磁体磁极径向布置，用胶粘贴。

22）永磁体磁极布置与转子轴轴线成 2° 斜角

23）永磁体工作长度 L_{ef}

采取每块 b_m 长 50mm 的 N44H 永磁体轴向拼接成 150mm 长，$L_{ef} = 150\text{mm}$。

24）永磁体尺寸

$$a_m b_m h_m = 25 \times 50 \times 13\text{mm}$$

25）永磁体端面系数 K_m

$$\frac{h_m}{a_m} = \frac{13}{25} = 0.52$$

查表 2-1，得 $K_m = 0.77$

4. 气隙磁感应强度 $B_\delta(\text{T})$

26）气隙磁感应强度 B_δ（T）为

$$B_\delta = K_m \frac{B_r}{\pi\sigma}\arctan\frac{a_m b_m}{2\delta\sqrt{4\delta^2 + a_m^2 + b_m^2}}$$

$$= 0.77\frac{1.3}{180 \times 1.02}\arctan\frac{25 \times 150}{2 \times 0.8\sqrt{4 \times 0.8^2 + 25^2 + 150^2}}\text{T} = 0.47\text{T}$$

取漏磁系数 $\sigma = 1.02$

永磁体磁极布置及尺寸如图 10-3 所示。

5. 额定电流 I_N

27）I_N 为

$$I_N = \frac{P_N}{\sqrt{3}U_N\cos\varphi}$$

$$= \frac{11 \times 10^3}{\sqrt{3} \times 380 \times 0.9}\text{A} = 18.57\text{A}$$

6. 线负荷 A

28）取线负荷 $A = 400\text{A/cm}$

29）求每相串联导体数 N

$$A = \frac{mNI_N}{\pi D_{i1}}$$

$$N = \frac{\pi D_{i1}A}{mI_N}$$

$$= \frac{23\pi \times 400}{3 \times 18.57} = 518.8，取 N 为 518$$

7. 定子槽尺寸及槽满率

定子槽设计图及尺寸如图 10-4 所示。

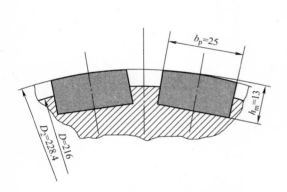

图 10-3　转子和永磁体磁极尺寸

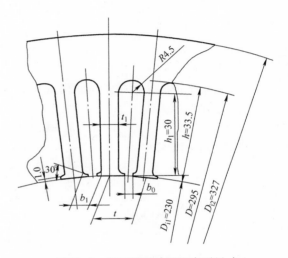

图 10-4　定子槽设计图和定子尺寸

30）电流密度 J_a

J_a 取 $J_a = 4A/mm^2$

31）每个导体的导电面积 S_1（mm^2）为

$$S_1 = \frac{I_N}{J_a}$$

$$= \frac{18.57}{4} mm^2 = 4.4625 mm^2$$

32）选择圆漆包铜线

选择裸线直径 $d = 1.2mm$ 的圆漆包铜线，导电面积 $S_1' = 1.131mm^2$，查表 4-1，漆包导线最大外径 $d' = 1.31mm$。

33）每个导体由 n_1 个 $d = 1.2mm$ 的圆漆包铜线组成

$$n_1 = \frac{S_1}{S_1'}$$

$$= \frac{4.6425}{1.131} = 4.1（根），取 n_1 为 4（根）$$

34）求每槽导体数 N_S

$$N_S = \frac{Nma}{z}$$

$$= \frac{518 \times 3 \times 1}{54} \approx 28.78, \text{取} N_S \text{为} 28(\text{匝})$$

35）每匝绕组占面积 $S_d(\text{mm}^2)$

每根圆漆包铜线外径为 $d_2 = 1.31\text{mm}$

$$S_d = d_2^2 n_1 n_S$$

$$= 1.31^2 \times 4 \times 28\text{mm}^2 \approx 192.2\text{mm}^2$$

36）定子齿距 $t(\text{mm})$

$$t = \frac{\pi D_{i1}}{Z}$$

$$= \frac{230\pi}{57}\text{mm} = 12.68\text{mm}$$

37）定子槽选梨形槽，齿宽初选 $t_1 = 5\text{mm}$

38）取 $b_1 = 0.6t$

$$b_1 = 0.6 \times 12.68\text{mm} = 7.6\text{mm}$$

39）确定槽深 h

$$h = (3.5 \sim 5.5)b_1$$

$$= 4.54 \times 7.6\text{mm} \approx 34.5\text{mm}$$

40）定子轭高 h_j

$$h_j = \frac{D_{i2} - D_{i1}}{2} - h$$

$$= \left(\frac{327 - 230}{2} - 34.5\right)\text{mm} = 14\text{mm}$$

41）槽口 b_0

$$b_0 = \frac{b_1}{2}$$

$$= \frac{7.6}{2}\text{mm} = 3.8\text{mm}, \text{取} b_0 = 3.6\text{mm}$$

42）定子槽有效面积 S

$$S = \frac{1}{2}(2R - \Delta + b_1 - \Delta)h_1 + \frac{1}{2}[\pi(R - \Delta)^2] - 1.6 \times 0.92 - 7.2 \times 1 - \frac{1}{2}(5 + 6) \times 2$$

式中　Δ——绝缘层厚，$\Delta = 0.3\text{mm}$。

$$S = \left\{\frac{1}{2}(2 \times 4.5 - 0.3 + 7.6 - 0.3) \times 30 + [\pi(4.5 - 0.3)^2] \times \frac{1}{2} - 1.472 - 7.2 - 11\right\}\text{mm}^2$$

$$= (240 + 27.7 - 19.672)\text{mm}^2 \approx 248\text{mm}^2$$

43）槽满率 S_f

$$S_f = \frac{S_d}{S} \times 100\%$$

$$= \frac{192.2}{248} \times 100\% = 77.5\%$$

8. 定子绕组参数

44）绕组形式

绕组采用同相双层链式绕组，如图 10-5（见书后彩色插页）所示。

45）绕组节距

绕组节距 $y = 3$

46）绕组分布系数 K_d

$$K_d = \frac{\sin\frac{\alpha}{2}q}{q\sin\frac{\alpha}{2}}$$

$$= \frac{\sin\left(\frac{2p\pi}{z} \times \frac{z}{2pm}\right)}{\frac{z}{2pm}\sin\left(\frac{2p\pi}{z}\right)} = \frac{\sin\left(\frac{18\pi}{57} \cdot \frac{19}{18}\right)}{\frac{19}{18}\sin\left(\frac{18\pi}{57}\right)} = \frac{0.5}{0.5044} = 0.9951$$

式中　α——用电角度表示的槽距角，α 为

$$\alpha = \frac{2p\pi}{z}$$

47）绕组短距系数 K_p

$$K_p = \sin\frac{\beta\pi}{2}$$

$$= \sin\left(\frac{18}{19}\frac{\pi}{2}\right) \approx 0.9966$$

式中，$\beta = \frac{y}{mq} = \frac{3}{3 \times \frac{19}{18}} = \frac{18}{19}$。

48）基波绕组系数 K_{dp}

$$K_{dp} = K_d K_p = 0.9951 \times 0.9966 = 0.9917$$

9. 磁路计算

49）定子极距 τ_1

$$\tau_1 = \frac{\pi D_{i1}}{2p}$$

$$= \frac{\pi \times 0.23}{18}\text{m} \approx 0.04\text{m}$$

50）定子绕组主磁通 Φ_m

$$\Phi_m = \frac{K_E U_N}{4.44 f N K_{dp}}$$

$$= \frac{0.85 \times 380}{4.44 \times 50 \times 504 \times 0.9918}\text{Wb} = 0.00291\text{Wb}$$

51）定子绕组在气隙中的磁感应强度 B_m

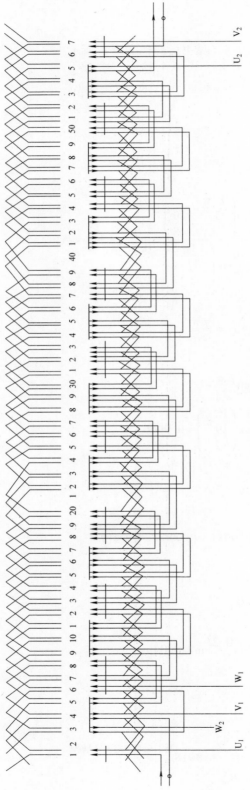

图 10-5　永磁交流电动机绕组展开图

额定功率: $P_N = 11\text{kW}$　　出线接法: 星形联结, Y

极数: $2p = 18$　　定子槽数: $z = 57$

相数: $m = 3$　　每极每相槽数: $q = 1\frac{1}{18}$

额定电压: $U_N = \text{AC } 380\text{V}$　　并联支路数: $a = 1$

频率: $f = 50\text{Hz}$　　绕组形式: 同相双层链式

额定转速: $n_N = 333\text{r/min}$　　线规: $4-\phi 1.2\text{mm}$

功率因数: $\cos\varphi = 0.9$　　绕组内接法: 头一头, 尾一尾

$$B_m = \frac{\Phi_m}{S_m}$$

$$= \frac{\Phi_m}{\tau_1 L_{ef}} = \frac{0.00291}{0.04 \times 0.15}T = 0.485T$$

转子永磁体磁极的气隙磁感应强度 $B_\delta = 0.47T$，由于计算误差等因素，使 B_δ 与 B_m 没有完全相等，它们之间的误差为

$$\frac{B_m - B_\delta}{B_\delta} \times 100\% = \frac{0.485 - 0.47}{0.47} \times 100\% = 3.19\%$$

52）永磁交流电动机的转速与输出转矩特性

当永磁交流电动机额定运行时，$B_m = B_\delta$。当外负载增大时，电动机转速下降电流增加，$B_m > B_\delta$，达到比额定转速低的转速下同步运行；当外负载减小时，电动机转速升高，电流减小，$B_m < B_\delta$，在一个比额定转速高的工况下同步运行。

53）定子齿磁感应强度 $B_t(T)$

$$B_t(b+1)t_1 = B_\delta b_p$$

$$B_t = \frac{B_\delta b_p}{(b+1)t_1}$$

$$= \frac{25 \times 0.47}{(1+1)5}T = 1.175T$$

54）定子轭磁感应强度 $B_j(T)$

$$B_j h_j = B_t(b+1)t_1 = B_\delta b_p$$

$$B_j = \frac{B_t(b+1)t_1}{h_j}$$

$$B_j = \frac{1.175 \times 10}{14}T = 0.84T$$

10. 绕组导线长度、电阻、重量

55）槽内一匝导线长度（1根导线长）

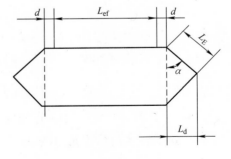

$L_{ef} = L_t = 150mm$

选择 $d = 20mm$

$$\tau_{av} = \frac{\pi(D_{i1} + h)}{2p}\beta$$

$$= \frac{\pi(230 + 34.5)}{18} \times \frac{18}{19}mm = 43.73mm$$

$$\sin\alpha = \frac{b_1 + 2R}{b_1 + 2R + t} = \frac{7.6 + 2 \times 4.5}{7.6 + 2 \times 4.5 + 12.68} \approx 0.567$$

$$\cos\alpha = \sqrt{1 - \sin^2\alpha} = \sqrt{1 - 0.567} = 0.658$$

$$L_E = \frac{T_{av}}{2\cos\alpha} = \frac{43.73}{2 \times 0.658}mm = 33.23mm$$

每根导线一匝长 L'

$$L' = 2(2d + L_{ef} + 2L_E)$$

$$= 2(2 \times 20 + 150 + 2 \times 33.23)\text{mm} = 512.92\text{mm}$$

式中　$\beta = \dfrac{y}{mq} = \dfrac{3}{3 \times \dfrac{19}{18}} = \dfrac{18}{19}$

56）每相一根导线长 L_1（m）

$$L_1 = L' \times N = 0.51292 \times 504\text{m} = 258.51\text{m}$$

57）绕组导线总长

$$L = mL_1 \times 4 = 3 \times 258.51 \times 4\text{km} = 3.10212\text{km}$$

58）绕组导组重 G_{Cu}（kg）

$$G_{Cu} = 10.4\text{kg/km} \times 3.10212\text{km} = 32.262\text{kg}$$

59）每相在 20℃时电阻（每根导线电阻）

$$R'_{20} = \rho L' = 15.5\,\Omega/\text{km} \times 0.25851\text{km} = 4\,\Omega$$

60）每相绕组在 20℃时电阻 R_{20}（Ω）

$$R_{20} = \frac{R'_{20}}{4} = \frac{4}{4}\,\Omega = 1\,\Omega$$

61）每相每根导线电阻 R'_{75}（Ω）

$$R'_{75} = PL_1 = 19.17\,\Omega/\text{km} \times 0.25851\text{km} = 4.96\,\Omega$$

62）每相绕组 75℃时电阻 R_{75}

$$R_{75} = \frac{R'_{75}}{4} = \frac{4.96}{4}\,\Omega = 1.24\,\Omega$$

11. 电动机的损耗、输入功率和效率

63）电动机的铜损耗 P_{Cu}（W）

$$P_{Cu} = mI^2 R_{75}$$

$$= 3 \times 18.57^2 \times 1.24\text{W} = 1282.8\text{W}$$

64）定子硅钢片选 DW360 – 50

65）定子齿铁损系数 p_{het}（W/kg）

$$p_{het} = P_{Fe/50} B_t^2 \left(\frac{f}{50}\right)^{1.3}$$

$$= 1.78 \times 1.175^2 \times 1\text{W/kg} \approx 2.46\text{W/kg}$$

66）定子轭铁损系数 p_{hej}（W/kg）

$$p_{hej} = P_{Fe/50} B_j^2 \left(\frac{f}{50}\right)^{1.3}$$

$$= 0.955 \times 0.84^2 \times 1\text{W/kg} \approx 0.674\text{W/kg}$$

式中　$P_{Fe/50}$——硅钢片 DW360 – 50 相对于 B_t 和 B_j 所对应的铁损值，见附录。

67）定子齿重 G_t（kg）

$$G_t = 7.8\left[\left(\frac{\pi D^2}{4} - \frac{\pi D_{i1}^2}{4}\right)L_{ef} - (0.02726 \times 57 \times L_{ef})\right]$$

$$= 7.8(0.00402 - 0.00233)\text{kg} = 13.1\text{kg}$$

68) 定子轭重 G_j(kg)

$$G_j = 7.8\left[\left(\frac{\pi D_{i2}^2}{4} - \frac{\pi D^2}{4}\right)L_{ef}\right]$$

$$= 7.8\left[\left(\frac{0.327^2\pi}{4} - \frac{0.295^2\pi}{4}\right) \times 0.15\right]kg \approx 18.3kg$$

69) 定子齿铁损耗 P_{Fet}(W)

取 $K_d' = 1.7$

$$P_{Fet} = K_d' p_{het} G_t$$

$$= 1.7 \times 2.46 \times 13.1W = 54.78W$$

70) 定子轭铁损耗 P_{Fej}(W)

取 $K_d = 1.3$

$$P_{Fej} = K_d p_{hej} G_j$$

$$= 1.3 \times 0.674 \times 18.3W = 16.03W$$

71) 定子铁损耗 P_{Fe}(W)

$$P_{Fe} = P_{Fet} + P_{Fej}$$

$$= (54.78 + 16.03)W = 70.81W$$

72) 机械损耗 P_w(W)

73) 轴承 6214，$d = 70mm$，$D = 125mm$，动载 45kN，静载 60.8kN，球中心直径 $d_W = 16.669mm$

74) 轴承滚珠中心对于转子转动中心直径 d'(mm) 为

$$d' = 0.086669 \quad (m)$$

75) 轴承滚珠中心对于转子转动中心的线速度 v(m/s) 为

$$v = nd' n_N \times \frac{1}{60}$$

$$= 3 \times 0.086669 \times 333 \times \frac{1}{60}m/s = 1.51m/s$$

76) 轴承机械损耗 P_w(W) 为

$$P_w = 0.15\frac{F}{d}v \times 10^{-5}$$

$$= 0.15 \times \frac{45000}{0.086669} \times 1.51 \times 10^{-5}W = 1.18W$$

77) 外置冷却风机功率 P_f(W) 为

$$P_f = 40 \text{(W)}$$

78) 电动机的总损耗 ΣP(W)

$$\Sigma P = P_{Cu} + P_{Fe} + P_w + P_f$$

$$= (1282.8 + 70.81 + 1.18 + 40)W = 1394.79W$$

79) 电动机效率 η_N(%)

$$\eta_N = \left(1 - \frac{\Sigma P}{P_1}\right)$$

$$= \left(1 - \frac{1394.79}{11000 + 1394.79}\right) = 88.75\%$$

12. 电动机起动转矩

80）转子永磁体磁极完全对准其应对准的定子齿的磁极数 me 为

$$me = m \times 1 = 3 \times 1 = 3$$

81）3 个转子永磁体的面积为

$$S_m = meb_p L_{ef}$$

$$= 3 \times 0.025 \times 0.15 \text{m}^2 = 0.01125 \text{m}^2$$

82）转子磁极的径向引力 $F_m(\text{N})$ 为

$$F_m = \frac{B_\delta^2}{2\mu_0} S_m \cos 2°$$

$$= \frac{0.47^2}{2 \times 4\pi \times 10^{-7}} \times 0.01125 \text{N} \approx 988.2 \text{N}$$

83）电动机的起动转矩 $M_T(\text{N} \cdot \text{m})$

$$M_T = F_m \frac{D_2}{2} \sin\theta$$

式中 $\theta = \dfrac{360°}{2p} a'_p = \dfrac{360°}{18} \times 0.637 = 12.74°$。

$$M_T = 988.2 \times \frac{0.2284}{2} \times \sin 12.74° \approx 24.89 \text{N} \cdot \text{m}$$

84）电动机的输出转矩 $M_n(\text{N} \cdot \text{m})$

$$M_n = 9550 \frac{P_N}{n_N}$$

$$= 9550 \times \frac{11}{333} \text{N} \cdot \text{m} \approx 315.47 \text{N} \cdot \text{m}$$

85）起动转矩占输出转矩的百分比

$$\eta = \frac{M_T}{M_n} \times 100\%$$

$$\eta = \frac{24.89}{315.47} \times 100\% \approx 7.89\%$$

86）当取 $N_S = 28$ 匝后，应修正 $N = 518$ 为 504 匝。即每极每相槽数 N 为

$$N = N_S \times z/m = 28 \times \frac{54}{3} = 504 \text{ 匝}$$

13. 电动机的发热系数

87）电动机的发热系数 $A_j(\text{A/cm} \cdot \text{A/mm}^2)$

$$A_j = A j_a$$

$$= 400 \times 4(\text{A/cm} \cdot \text{A/mm}^2) = 1600(\text{A/cm} \cdot \text{A/mm}^2)$$

A_j 在轴向通风冷却中 $A_j = 1500 \sim 2500$ （A/cm · A/mm²） 之间是可以的。

14. 永磁交流电动机尺寸比

88）永磁交流电动机的尺寸比 λ

$$\lambda = \frac{L_{ef}}{\tau_2}$$

$$= \frac{150}{25} = 6$$

按表 8-2 中 8~20 极时 $\lambda = 4~6$ 是可以的。

15. 转子轴最危险轴径的确定

89）转子轴尺寸及转子轴受力分析如图 10-6 所示。

90）转子轴额定输出转矩 M_n（N·m 或 N·mm）

$$M_n = \frac{P_N}{n_N} \times 9550$$

$$= 9550 \times \frac{11}{333} \text{N·m} \approx 315.5\text{N·m} = 315500\text{N·mm}$$

91）取过载系数 $k = 2$

92）取许用扭转刚度 $[\theta]/\text{m} = 0.5°/\text{m}$

93）取转子剪切弹性模量 $G = 78.4 \times 10^9 \text{N/m}$

94）计算转子极惯性矩 J_p（m^4）

$$J_p = \frac{\pi D^4}{32}$$

95）用扭转刚度确定转子轴最危险轴径

$$[\theta]/\text{m} \geq \frac{kM_n 180°}{GJ_p \pi} = \theta_{max}$$

$$D \geq \sqrt[4]{\frac{32kM_n 180°}{G\pi^2 [\theta]/\text{m}}}$$

$$D \geq \sqrt[4]{\frac{32 \times 2 \times 315.5 \times 180°}{78.4 \times 10^9 \pi^2 (0.5°)}} \approx 0.05536\text{m}$$

取转子最危险轴径 $D = 0.055\text{m} = 55\text{mm}$

96）转子轴其他尺寸由转子结构确定。转子硅钢片内径 $\phi75\text{H}8$，转子与其相配合的轴径选 $\phi75\text{P}8$（过盈配合）。

97）轴承的选择

轴承选择 6214，其内径 $\phi70\text{H}7$，与其相配合的轴径为 $\phi70\text{K}6$，过渡配合。

98）转子尺寸如图 10-6a 所示。

16. 校核转子轴强度

99）计算转子轴重 G_1（kg）

$$G_1 = 7.8 \times \left(2 \times \frac{0.07^2 \pi}{4} \times 0.025 + \frac{0.075^2 \pi}{4} \times 0.31\right)\text{t}$$

$$\approx 0.01218\text{t} = 12.18\text{kg}$$

100）永磁体重 G_Y（kg）

$$G_Y = 7.0 \times (nb_p L_{ef} h_m)$$

$$= 7.0 \times 18 \times 0.025 \times 0.15 \times 0.013\text{t} \approx 0.00614\text{t} = 6.14\text{kg}$$

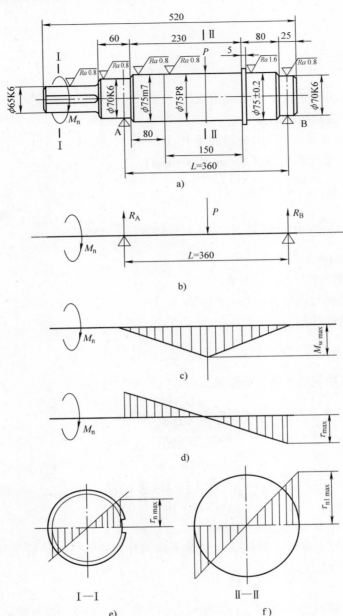

图 10-6　转子轴尺寸及转子轴受力分析图

a) 转子轴尺寸图　b) 转子轴受力分析　c) 转子轴受最大弯矩　d) 转子轴受最大剪力

e) 转子轴最危险轴径尺寸及扭转应力　f) Ⅱ-Ⅱ剖面的扭转应力

101) 转子铁心重 G_2

$$G_2 = 7.8 \times \left(\frac{\pi D_2^2}{4} - \frac{\pi D^2}{4} \right) L_{ef} \times 95\%$$

$$= 7.8 \times \left(\frac{\pi 0.216^2 - \pi 0.075^2}{4} \right) \times 0.15 \times 95t \approx 0.03582t = 35.82 kg$$

102) 转子轴在 $L = 360mm$ 内的重量 G 为

$$G = G_1 + G_Y + G_2$$

$$= (12.18 + 6.14 + 35.82) \text{kg} = 54.14 \text{kg}$$

103）转子单边磁拉力 $F_m(\text{N})$

$$F_m = (0.3 \sim 0.5) \frac{n b_p L_{ef}}{\delta} \frac{B_\delta^2}{2\mu_0} e_0$$

$$= (0.3 \sim 0.5) \times \frac{18 \times 0.025 \times 0.15}{0.0008} \times \frac{0.47^2}{2 \times 4\pi \times 10^{-7}} \times 0.1 \times 0.0008 \text{N}$$

$$= 296.6 \text{N}$$

式中　n——永磁体磁极数量，$n = 18$；

　　b_p——永磁体磁极的极弧长度，$b_p = 25 \text{mm}$；

　　L_{ef}——永磁体磁极轴向拼接的长度，即永磁体磁极的工作长度，$L_{ef} = 150 \text{mm}$；

　　δ——气隙长度，$\delta = 0.8 \text{mm}$；

　　B_δ——气隙磁感应强度，$B_\delta = 0.47 \text{T}$；

　　e_0——转子轴的偏心距，一般取 $e_0 = 0.1\delta$。

104）转子轴受最大弯矩，即 $\text{II} - \text{II}$ 截面的最大弯矩 $M_w(\text{N} \cdot \text{mm})$ 为

$$M_w = p \frac{L}{2}$$

$$= (Gg + F_m) \times \frac{L}{2}$$

$$= (54.14 \times 9.8 + 296.6) \times \frac{360}{2} \text{N} \cdot \text{mm} = 148890.96 \text{N} \cdot \text{mm}$$

105）$\text{II} - \text{II}$ 截面的弯曲应力 σ_{wmax}（N/mm^2）为

$$\sigma_{wmax} = \frac{M_w}{W_w}$$

$$= \frac{M_w}{\dfrac{\pi D_{\text{II}}^3}{32}} = \frac{148890.96}{\dfrac{\pi \times 75^3}{32}} \text{N/mm}^2 \approx 3.59 \text{N/mm}^2$$

106）$\text{II} - \text{II}$ 截面的扭转应力 $\tau_{n\text{II}max}$（N/mm^2）为

$$\tau_{n\text{II}max} = \frac{k M_n}{W_{n\text{II}}}$$

$$= \frac{2 \times 315.5 \times 10^3}{\dfrac{\pi \times 75^3}{16}} \text{N/mm}^2 \approx 7.6 \text{N/mm}^2$$

107）$\text{I} - \text{I}$ 截面的扭转应力 $\tau_{n\text{I}max}$（N/mm^2）为

$$\tau_{n\text{I}max} = \frac{k M_n}{W_{n\text{I}}}$$

$$= \frac{2 \times 315.5 \times 10^3}{\dfrac{\pi \times 55^2}{16}} \text{N/mm}^2 \approx 19.32 \text{N/mm}^2$$

108）转子的最大剪力在轴承处，最大剪力 $Q_{max}(\text{N})$ 为

$$Q_{max} = (G \times 9.8 + F_m) \times \frac{1}{2}$$

$$= (54.14 \times 9.8 + 296.6) \times \frac{1}{2} N = 413.59 N$$

109）轴承处的最大剪应力 τ_{max}（N/mm^2）　为

$$\tau_{max} = \frac{Q_{max}}{S} \cdot \frac{4}{3}$$

$$= \frac{413.59}{\frac{\pi 70^2}{4}} \cdot \frac{4}{3} N/mm^2 = 0.14 N/mm^2$$

110）在轴承处的扭转应力 τ'_{nmax}（N/mm^2）　为

$$\tau'_{nmax} = \frac{kM_n}{\frac{\pi D^3}{16}}$$

$$= \frac{2 \times 315.5 \times 10^3}{\frac{\pi 70^3}{16}} N/mm^2 \approx 9.37 N/mm^2$$

111）确定许用应力 $[\sigma]$（N/mm^2）

$$[\sigma] = \frac{\sigma_{0.2}}{kk_j k_b} = \frac{370}{1.5 \times 1.1 \times 1.1} N/mm^2 \approx 203.86 N/mm^2$$

112）Ⅱ-Ⅱ截面的强度 $\sigma_{\text{Ⅱ}max}$（N/mm^2）　为

$$\sigma_{\text{Ⅱ}max} = \sqrt{\frac{1}{2}[(\tau_{n\text{Ⅱ}max} - \tau_{max})^2 + (\tau_{max} - \sigma_{wmax})^2 + (\sigma_{wmax} - \tau_{n\text{Ⅱ}max})^2]}$$

$$= \sqrt{\frac{1}{2}[(7.6-0)^2 + (0-3.59)^2 + (3.59-7.6)^2]} N/mm^2 \approx 6.59 (N/mm^2) < [\sigma]$$

113）Ⅰ-Ⅰ截面的应力 $\sigma_{\text{Ⅰ}max}$（N/mm^2）

$$\sigma_{\text{Ⅰ}max} = \sqrt{\frac{1}{2}[(\tau_{n\text{Ⅰ}max} - \tau_{max})^2 + (\tau_{max} - \sigma_{wmax})^2 + (\sigma_{wmax} - \tau_{n\text{Ⅰ}max})^2]}$$

$$= \sqrt{\frac{1}{2}(19.32-0)^2 + (0-0)^2 + (0-19.32)^2} N/mm^2 = 19.32 (N/mm^2) < [\sigma]$$

114）轴承处的应力 σ（N/mm^2）

$$\sigma = \sqrt{\frac{1}{2}[(\tau'_{nmax} - \tau_{max})^2 + (\tau_{max} - \sigma_{wmax})^2 + (\sigma_{wmax} - \tau'_{nmax})^2]}$$

$$= \sqrt{\frac{1}{2}[(9.37-0.14)^2 + (0.14-0)^2 + (0-9.37)^2]} N/mm^2 = 9.3 (N/mm^2) < [\sigma]$$

115）各主要轴径的应力均小于许用应力 $[\sigma]$，安全

附　　录

附录 A　厚绝缘聚酯漆包扁铜线参数

表 A-1　QZ-2、QZL-2厚绝缘聚酯漆包扁铜线参数

S ＼ b ／ a	1.00	1.12	1.25	1.40	1.50	1.60	1.70	1.80	1.90	2.00	2.12	2.24	2.50	2.80	3.00	3.15	3.35	3.55	4.00	4.45	5.00	5.60
3.35	3.335	3.761	4.223	4.755	5.110	5.465	5.672	6.027	6.382	6.737	7.163	7.589	8.326									
4.00	3.785	4.265	4.785	5.385	5.785	6.185	6.437	6.837	7.237	7.637	8.117	8.597	9.451	10.65								
4.50	4.285	4.825	5.410	6.085	6.535	6.985	7.287	7.737	8.137	8.637	9.117	9.717	10.70	12.05	12.95	13.63						
4.75	4.535	5.105	5.723	6.435		7.385		8.187		9.137		10.28	11.33	12.75		14.41						
5.00	4.785	5.385	6.035	6.785	7.285	7.785	8.137	8.637	9.137	9.637	10.24	10.84	11.95	13.45	14.45	15.20	16.20	17.20				
5.30	5.085	5.721	6.410	7.215		8.265		9.177		10.24		11.51	12.70	14.29	16.15		18.27					
5.60	5.385	6.057	6.785	7.625	8.185	8.745	9.157	9.717	10.28	10.84	11.51	12.18	13.45	15.13	16.25	17.09	18.21	19.33	21.54			
6.00	5.785	6.525	7.285	8.185		9.385		10.44		11.64		13.08	14.45	16.25		18.35		20.75	23.14			
6.30	6.086	6.841	7.660	8.605	9.235	9.865	10.35	10.98	11.61	12.24	12.99	13.75	15.20	17.09	18.35	19.30	20.65	21.82	24.34	27.49		
6.70	6.485	7.285	8.160	9.165		10.51		11.70		13.04		14.64	16.20	18.21		20.65		23.24	25.94	29.29		
7.10	6.885	7.737	8.660	9.725	10.44	11.15	11.71	12.42	13.13	13.84	14.69	15.54	17.20	19.33	20.75	21.82	23.40	24.66	27.45	31.09	34.64	
7.50	7.285	8.185	9.160	10.29		11.75		13.14		14.64		16.44	18.20	20.45		23.08		26.08	29.14	32.89	36.64	
8.00	7.785	8.745	9.785	10.99	11.79	12.59	13.24	14.04	14.84	15.64	16.60	17.56	19.45	21.85	23.45	24.65	26.25	27.85	31.14	35.14	30.14	43.94
8.50		9.305	10.41	11.69		13.39		14.94		16.64		18.68	20.70	23.50		26.23		29.63	33.14	37.39	41.64	46.74
9.00		9.865	11.04	12.39	13.29	14.19	14.94	15.84	16.74	17.64	18.72	19.80	21.95	24.65	26.45	27.80	29.60	31.40	35.14	39.64	44.14	49.54
9.50			11.66	13.09		14.99		16.74		18.64		20.92	23.20	26.05		29.38		33.18	37.14	41.89	46.64	52.34
10.00			12.29	13.79	14.79	15.79	16.64	17.64	18.64	19.64	20.84	22.04	24.45	27.45	29.45	30.95	32.95	34.95	39.14	44.14	49.14	55.14
10.60				14.63		16.75		18.72		20.84		23.38	25.95	29.13		32.84		37.08	41.54	46.84	52.14	61.86
11.20				15.47	16.59	17.71	18.68	19.80	20.92	22.04	23.38	24.73	27.45	30.81	33.05	34.73	36.97	39.21	43.94	49.54	55.14	61.86
11.80						18.67		20.88		23.24		26.07	28.95	32.95		36.62		41.34	46.34	52.24	58.14	65.22

注：裸线面积 S，单位 mm^2；a 为长边，b 为短边，单位为 mm。

附录 B　磁导体硅钢片的主要性能（国产硅钢片）

表 B-1　电工用热轧硅钢薄板强磁场条件下磁感应强度及最大铁损（根据 GB/T 5212—1985）

牌号	厚度 /mm	最小磁感应强度/T			最大铁损/（W/kg）		理论密度/（g/cm³）	
		B_{25}	B_{50}	B_{100}	$P_{10/50}$	$P_{15/50}$	酸洗钢板	未酸洗钢板
DR510 – 50	0.50	1.54	1.64	1.76	2.10	5.10	7.75	7.70
DR490 – 50	0.50	1.56	1.66	1.77	2.00	4.90	7.75	7.70
DR450 – 50	0.50	1.54	1.64	1.76	1.85	4.50	7.75	7.70
DR420 – 50	0.50	1.54	1.64	1.76	1.80	4.20	7.75	7.70
DR400 – 50	0.50	1.54	1.64	1.76	1.65	4.00	7.75	7.70
DR440 – 50	0.50	1.46	1.57	1.71	2.00	4.40	7.65	—
DR405 – 50	0.50	1.50	1.61	1.74	1.80	4.05	7.65	
DR360 – 50	0.50	1.45	1.56	1.68	1.60	3.60	7.55	
DR315 – 50	0.50	1.45	1.56	1.68	1.35	3.15	7.55	
DR290 – 50	0.50	1.44	1.55	1.67	1.20	2.90	7.55	
DR265 – 50	0.50	1.44	1.55	1.67	1.10	2.65	7.55	
DR360 – 35	0.35	1.46	1.57	1.71	1.60	3.60	7.65	
DR325 – 35	0.35	1.50	1.61	1.74	1.40	3.25	7.65	
DR320 – 35	0.35	1.45	1.56	1.68	1.35	3.20	7.55	
DR280 – 35	0.35	1.45	1.56	1.68	1.15	2.80	7.55	
DR255 – 35	0.35	1.44	1.54	1.66	1.05	2.55	7.55	
DR225 – 35	0.35	1.44	1.54	1.66	0.90	2.25	7.55	

注：1. $P_{10/50}$、$P_{15/50}$表示用50Hz反复磁化和按正弦波变化的磁感应强度最大值为 1.0T 和 1.5T 时的总单位铁损（W/kg）。

2. B_{25}、B_{50}、B_{100}分别表示磁感应强度为 25A/cm、50A/cm 和 100A/cm 时的磁感应强度值。

3. 型号说明：

表 B-2　电工用热轧硅钢片的牌号及公称尺寸（根据 GB/T 5212—1985）

分类	检验条件	牌号	厚度/mm	钢片宽度/mm×钢片长度/mm	
低硅钢	强磁场	DR510 – 50	0.5	600×1200　　860×1720 670×1340　　900×1800 750×1500　　1000×2000 810×1620	
		DR490 – 50			
		DR450 – 50			
		DR420 – 50			
		DR400 – 50			

（续）

分类	检验条件	牌号	厚度/mm	钢片宽度/mm×钢片长度/mm
高硅钢	强磁场	DR440－50	0.50	600×1200　860×1720 670×1340　900×1800 750×1500　1000×2000 说明：含硅量≤2.8%的硅钢称作低硅钢；含硅量>2.8%的硅钢称为高硅钢
		DR405－50		
		DR360－50		
		DR315－50		
		DR290－50		
		DR265－50	0.35	
		DR365－35		
		DR325－35		
		DR320－35		
		DR280－35		
		DR255－35		
		DR225－35		
高硅钢	高频率	DR1750G－35	0.35	宽与长由用户和钢厂协商确定
		DR1250G－20	0.20	
		DR1100G－10	0.10	

注：在设计永磁电动机时，功率大，则定子外径大。大外径应根据硅钢板的长和宽进行扇形拼接。为便于设计，提供 DR 系列硅钢板的规格，供设计者参考利用。

表 B-3　电磁纯铁薄板电磁性能（根据 GB/T 6983—2008）

磁性等级	牌号	矫顽力 H_C /(A/m)≤	矫顽力时效增值≤ΔH_C/(A/m)	最大磁导率 μ_m≥(H/m)	磁感应强度/T						
					B_{200}	B_{300}	B_{500}	B_{1000}	B_{2500}	B_{5000}	B_{10000}
普通级	DT4	96.0	9.6	0.0075	≥1.20	≥1.30	≥1.40	≥1.50	≥1.62	≥1.71	≥1.80
高级	DT4A	72.0	7.2	0.0088							
特级	DT4E	48.0	4.8	0.0113							
超级	DT4C	32.0	4.0	0.0151							

注：B_{200}、B_{300}、B_{500}……B_{1000}分别表示磁场强度为200A/m、300A/m、500A/m……1000A/m时的磁感应强度。

表 B-4　普通级取向电工钢带（片）的磁特性和工艺特性（根据 GB/T 2521—2008）

牌号	公称厚度 /mm	最大比总损耗 /(W/kg) $P_{1.5}$		最大比总损耗 /(W/kg) $P_{1.7}$		最小磁极化强度 /H=800A/m	最小叠装系数
		50Hz	60Hz	50Hz	60Hz	50Hz	
23Q110	0.23	0.73	0.96	1.10	1.45	1.78	0.950
23Q120	0.23	0.77	1.01	1.20	1.57	1.78	0.950
23Q130	0.23	0.80	1.06	1.30	1.65	1.75	0.950
27Q110	0.27	0.73	0.97	1.10	1.45	1.78	0.950
27Q120	0.27	0.80	1.07	1.20	1.58	1.78	0.950
27Q130	0.27	0.85	1.12	1.30	1.68	1.78	0.950

（续）

牌号	公称厚度 /mm	最大比总损耗 /(W/kg) $P_{1.5}$		最大比总损耗 /(W/kg) $P_{1.7}$		最小磁极化强度 /$H=800A/m$	最小叠装系数
		50Hz	60Hz	50Hz	60Hz	50Hz	
27Q140	0.27	0.89	1.17	1.40	1.85	1.75	0.950
30Q120	0.30	0.79	1.06	1.20	1.58	1.78	0.960
30Q130	0.30	0.85	1.15	1.30	1.71	1.78	0.960
30Q140	0.30	0.92	1.21	1.83	1.78	0.960	
30Q150	0.30	0.97	1.28	1.50	1.98	1.75	0.960
35Q135	0.35	1.00	1.32	1.35	1.80	1.78	0.960
35Q145	0.35	1.03	1.36	1.45	1.91	1.78	0.960
35Q155	0.35	1.07	1.41	1.55	2.04	1.78	0.960

注：1. 多年来习惯上用磁感应强度，实际上爱泼斯坦方圆测量的是磁极化强度。定义为 $J=B-\mu_0 H$，式中 J 为磁极化强度；B 为磁感应强度；μ_0 为真空磁导率，$\mu_0=4\pi\times10^{-7}H\times m^{-1}$；$H$ 为磁场强度。

2. $P_{1.5}$ 表示磁感应强度为1.5T，频率为50Hz和66Hz时硅钢片的最大铁损值；$P_{1.7}$ 表示磁感应强度为1.7T，频率为50Hz和60Hz时的最大铁损值；$H=800A/m$ 表示磁场强度为800A/m，频率为50Hz时硅钢片的最小磁极化强度。

表 B-5 高磁导率级取向电工钢带（片）的磁特性和工艺特性（根据 GB/T 2521—2008）

牌号	公称厚度 /mm	最大比总损耗/(W/kg) $P_{1.7}$		最小磁极化强度/T $H=800A/m$	最小叠装系数
		50Hz	60Hz	50Hz	
23QG085[a]	0.23	0.85	1.12	1.85	0.95
23QG090[a]	0.23	0.90	1.19	1.85	
23QG095	0.23	0.95	1.25	1.85	
23QG100	0.23	1.00	1.32	1.85	
27QG090[a]	0.27	0.90	1.19	1.85	
27QG095[a]	0.27	0.95	1.25	1.85	
27QG100	0.27	1.00	1.32	1.88	
27QG105	0.27	1.05	1.36	1.88	
27QG110	0.27	1.10	1.45	1.88	
30QG105	0.30	1.05	1.38	1.88	0.96
30QG110	0.30	1.10	1.46	1.88	
30QG120	0.30	1.20	1.58	1.85	
35QG115	0.35	1.15	1.51	1.88	
35QG125	0.35	1.25	1.64	1.88	
35QG135	0.35	1.35	1.77	1.88	

注：1. 多年来习惯上采用磁感应强度，实际上爱泼斯坦方圆测量的是磁极化强度。定义为 $J=B-\mu_0 H$，式中 J 为磁极化强度；B 为磁感应强度；μ_0 为真空磁导率，$\mu_0=4\pi\times10^{-7}H\times m^{-1}$；$H$ 为磁场强度。

2. 在800A/m的磁场下，B 和 J 之间的差值达到0.001T。

3. $P_{1.7}$ 是磁极化强度1.7T时，频率为50Hz和60Hz时的最大比总损（W/kg）。

4. a 该级别的钢可以磁畴化状态交货。

表 B-6　无取向电工钢带（片）的磁特性和工艺特性（根据 GB/T 2521—2008）

牌号	公称厚度 /mm	理论密度 /(kg/dm³)	最大比总损耗 /(W/kg) $P_{1.5}$		最小磁极化强度/T 50Hz			最少弯曲次数	最小叠装系数
			50Hz	60Hz	$H=2500A/m$	$H=5000A/m$	$H=10000A/m$		
35W230	0.35	7.60	2.30	2.90	1.49	1.60	1.70	2	
35W250			2.50	3.14	1.49	1.60	1.70		
35W270			2.70	3.36	1.49	1.60	1.70	2	
35W300			3.00	3.74	1.49	1.60	1.70		
35W330	0.35	7.65	3.00	4.12	1.50	1.61	1.71	3	0.95
35W360			3.60	4.55	1.51	1.62	1.72	3	
35W400			4.00	5.10	1.53	1.64	1.74	5	
35W440		7.70	4.40	5.60	1.53	1.64	1.74		
50W230			2.30	3.00	1.49	1.60	1.70		
50W250		7.60	2.50	3.21	1.49	1.60	1.70	2	
50W270			2.70	3.47	1.49	1.60	1.70		
50W290			2.90	3.71	1.49	1.60	1.70		
50W310			3.10	3.95	1.49	1.60	1.70	3	
50W330		7.65	3.30	4.20	1.49	1.60	1.70		
50W350			3.50	4.45	1.50	1.60	1.70	5	
50W400	0.50		4.00	5.10	1.53	1.63	1.73		0.97
50W470		7.70	4.70	5.90	1.54	1.64	1.74		
50W530			5.30	6.60	1.56	1.65	1.75		
50W600		7.75	6.00	7.75	1.57	1.66	1.76		
50W700		7.80	7.00	8.80	1.60	1.69	1.77	10	
50W800			8.00	10.10	1.60	1.70	1.78		
50W1000		7.85	10.00	12.60	1.62	1.72	1.81		
50W1300			13.00	16.40	1.62	1.74	1.81		
50W1600		7.75	6.00	7.71	1.56	1.66	1.76		
65W700			7.00	8.98	1.57	1.67	1.76		
65W800	0.65	7.80	8.00	10.26	1.60	1.70	1.78	10	0.97
65W1000			10.00	12.77	1.61	1.71	1.80		
65W1300		7.85	13.0	16.60	1.61	1.71	1.80		
65W1600			16.0	20.00	1.61	1.71	1.80		

注：1. 多年来习惯上用磁感应强度，实际上爱泼斯坦方圆测量的是磁极化强度。定义为：$J = B - \mu_0 H$，式中 J 为磁极化强度；B 为磁感应强度；μ_0 是真空磁导率，$\mu_0 = 4\pi \times 10^{-7} \times m^{-1}$，$H$ 为磁场强度。

2. 比总损耗是指当磁极化强度随时间按正弦规律变化，其峰值为某一定值，变化频率为某一标准频率时，单位质量的铁心所消耗的功率，单位为瓦特/千克（W/kg）。

表 B-7 无取向电工钢带（片）的力学性能（根据 GB/T 2521—2008）

牌号	抗拉强度/R_m（N/mm²）≥	伸长率/A（%）≥	牌号	抗拉强度/R_m（N/mm²）≥	伸长率/A（%）≥
35W230	450	10	50W470	380	16
35W250	440		50W530	360	
35W270	430	11	50W600	340	21
35W300	420				
35W330	410	14	50W700	320	22
35W360	400		50W800	300	
35W400	390	16	50W1000	290	
35W440	380		50W1300	290	
50W230	450	10			
50W250	450		65W600	340	22
50W270	450		65W700	320	
50W290	440		65W800	300	
50W310	430	11	65W1000	290	
50W330	425		65W1300	290	
50W350	420		65W1600	290	
50W400	400	14			

附录 C 部分导磁材料的磁化曲线及铁损曲线表

表 C-1 DR510 – 50 硅钢片磁化曲线表 （单位：A/cm）

（1）	$B_{25}=1.54T$ 硅钢片密度 $g=7.70g/cm^3$								
B/T	0.00	0.01	0.02	0.03	0.04	0.05	0.06	0.07	0.08	0.09
0.4	1.38	1.40	1.42	1.44	1.46	1.48	1.50	1.52	1.54	1.56
0.5	1.58	1.60	1.62	1.64	1.66	1.69	1.71	1.74	1.76	1.78
0.6	1.81	1.84	1.86	1.89	1.91	1.94	1.97	2.00	2.03	2.06
0.7	2.10	2.13	2.16	2.20	2.24	2.28	2.32	2.36	2.40	2.45
0.8	2.50	2.55	2.60	2.65	2.70	2.76	2.81	2.87	2.93	2.99
0.9	3.06	3.13	3.19	3.26	3.33	3.41	3.49	3.57	3.65	3.74
1.0	3.83	3.92	4.01	4.11	4.22	4.33	4.44	4.56	4.67	4.80
1.1	4.93	5.07	5.21	5.36	5.52	5.68	5.84	6.00	6.16	6.33
1.2	6.52	6.72	6.94	7.16	7.38	7.62	7.86	8.10	8.36	8.62
1.3	8.90	9.20	9.50	9.80	10.10	10.50	10.90	11.30	11.70	12.10
1.4	12.60	13.10	13.60	14.20	14.80	15.50	16.30	17.10	18.10	19.10
1.5	20.10	21.20	22.40	23.70	25.00	26.70	28.50	30.40	32.60	35.10
1.6	37.80	40.70	43.70	46.80	50.00	53.40	56.30	60.40	64.00	67.30

（续）

（2）	$B_{25} = 1.57\text{T}$									
B/T	0.00	0.01	0.02	0.03	0.04	0.05	0.06	0.07	0.08	0.09
0.4	1.37	1.38	1.40	1.42	1.44	1.45	1.48	1.50	1.52	1.54
0.5	1.56	1.58	1.60	1.62	1.64	1.66	1.68	1.70	1.72	1.75
0.6	1.77	1.79	1.81	1.84	1.87	1.89	1.92	1.94	1.97	2.00
0.7	2.03	2.06	2.09	2.12	2.16	2.20	2.23	2.27	2.31	2.35
0.8	2.39	2.43	2.48	2.52	2.57	2.62	2.67	2.73	2.79	2.85
0.9	2.91	2.97	3.03	3.10	3.17	3.24	3.31	3.39	3.49	3.55
1.0	3.63	3.71	3.79	3.88	3.97	4.06	4.16	4.26	4.37	4.48
1.1	4.60	4.72	4.86	5.00	5.14	5.29	5.44	5.60	5.76	5.92
1.2	6.10	6.28	6.46	6.65	6.68	7.05	7.25	7.46	7.68	7.90
1.3	8.14	8.40	8.68	8.96	9.26	9.58	9.86	10.20	10.60	11.00
1.4	11.40	11.80	12.30	12.80	13.30	13.80	14.40	15.00	15.70	16.40
1.5	17.20	18.00	18.90	19.90	20.90	22.10	23.50	25.00	26.80	28.60
1.6	30.70	33.00	35.60	38.20	41.10	44.00	47.00	50.00	53.50	57.50
1.7	61.50	66.00	70.50	75.00	79.70	84.50	89.50	94.70	100.00	105.00
1.8	110.00	116.00	122.00	128.00	134.00	141.00	148.00	155.00	162.00	170.00

注：B_{25}表示当磁场强度为25A/cm时产生的磁感应强度值。

表 C-2　DR510-50 硅钢片铁损曲线表　　（单位：$\times 10^{-1}\text{W}/\text{cm}^3$）

（1）	$P_{10/50} = 2.5\text{W}/\text{kg}$									
B/T	0.00	0.01	0.02	0.03	0.04	0.05	0.06	0.07	0.08	0.09
0.5	6.28	6.50	6.74	7.00	7.22	7.47	7.70	7.94	8.18	8.42
0.6	8.66	8.90	9.14	9.40	9.64	9.90	10.10	10.40	10.60	10.90
0.7	11.10	11.40	11.60	11.90	12.10	12.40	12.70	12.90	13.20	13.40
0.8	13.60	14.00	14.20	14.40	14.70	15.00	15.20	15.50	15.80	16.00
0.9	16.30	16.60	16.90	17.20	17.50	17.80	18.10	18.50	18.80	19.10
1.0	19.50	19.90	20.20	20.60	21.00	21.40	21.80	22.30	22.70	23.20
1.1	23.70	24.20	24.70	25.20	25.70	26.30	26.80	27.30	27.90	28.50
1.2	29.00	29.60	30.10	30.70	31.30	31.90	32.50	33.10	33.70	34.30
1.3	34.90	35.50	36.00	36.70	37.30	37.90	38.50	39.10	39.70	40.30
1.4	40.90	41.5	42.1	42.7	43.3	44.0	44.6	45.2	45.8	46.40
1.5	47.10	47.70	48.30	48.90	49.60	50.20	50.8	51.40	51.90	52.60
1.6	53.10	53.70	54.30	54.90	55.50	56.10	56.70	57.30	57.90	58.50
1.7	59.10	59.70	60.30	60.90	61.60	62.30	62.90	63.60	64.40	65.00
1.8	65.80	66.60	67.40	68.20	69.00	69.90	70.80	71.70	72.60	73.50

（续）

(2)	$P_{10/50} = 2.1\text{W/kg}$								
B/T	0.00	0.01	0.02	0.03	0.04	0.05	0.06	0.07	0.08	0.09
0.5	5.15	5.35	5.55	5.75	5.98	6.17	6.38	6.57	6.78	7.00
0.6	7.22	7.42	7.62	7.84	8.05	8.26	8.48	8.70	8.90	9.12
0.7	9.35	9.55	9.76	9.98	10.20	10.40	10.60	10.80	11.00	11.30
0.8	11.50	11.70	12.00	12.20	12.40	12.60	12.80	13.10	13.30	13.50
0.9	13.80	14.00	14.30	14.50	14.80	15.10	15.30	15.60	15.90	16.20
1.0	16.50	16.80	17.10	17.40	17.80	18.10	18.40	18.80	19.20	19.60
1.1	20.00	20.40	20.80	21.20	21.70	22.20	22.60	23.00	23.50	24.00
1.2	24.50	25.00	25.40	26.00	26.40	27.00	27.50	28.00	28.50	29.00
1.3	29.50	30.00	30.50	31.00	31.60	32.10	32.60	33.10	33.60	34.20
1.4	34.70	35.20	35.70	36.20	36.70	37.20	37.80	38.30	38.80	39.40
1.5	39.80	40.40	40.90	41.40	41.90	42.40	42.90	43.50	44.00	44.50
1.6	45.00	45.60	46.10	46.60	47.10	47.70	48.20	48.70	49.20	49.70
1.7	50.20	50.70	51.30	51.80	52.30	52.90	53.50	54.10	54.70	55.40
1.8	56.10	56.80	57.40	58.10	58.90	59.60	60.30	61.00	61.80	62.60

注：$P_{10/50}$ 表示频率为50Hz时，磁感应强度为1T时的铁损耗，单位为 W/kg。

表 C-3　DW540 - 50硅钢片直流磁化曲线表　　（单位：$\times 10^{-1}\text{A/cm}$）

B/T	0.00	0.01	0.02	0.03	0.04	0.05	0.06	0.07	0.08	0.09
0.1	3.503	3.615	3.774	3.901	4.061	4.220	4.299	4.427	4.538	4.618
0.2	4.697	4.777	4.936	5.016	5.096	5.255	5.295	5.414	5.494	5.573
0.3	5.732	5.818	5.892	5.971	6.051	6.210	6.290	6.369	6.449	6.529
0.4	6.608	6.688	6.768	6.847	6.927	7.006	7.086	7.166	7.245	7.325
0.5	7.414	7.484	7.564	7.613	7.723	7.803	7.882	7.962	8.041	8.121
0.6	8.201	8.280	8.493	8.599	8.678	8.758	8.838	8.917	8.997	9.076
0.7	9.156	9.237	9.315	9.395	9.564	9.713	9.873	10.03	10.19	10.27
0.8	10.35	10.43	10.59	10.83	10.99	11.07	11.15	11.31	11.62	11.70
0.9	11.78	11.86	12.10	12.26	12.42	12.58	12.66	12.90	13.22	13.54
1.0	13.62	13.69	13.93	14.17	14.49	14.81	15.13	15.29	15.61	15.92
1.1	16.08	16.24	16.72	17.12	17.36	17.91	18.55	18.79	19.11	19.90
1.2	20.30	20.70	21.50	22.30	23.09	23.89	24.84	25.80	26.75	27.71
1.3	28.66	29.50	30.26	31.85	33.44	35.03	36.62	39.81	41.40	43.00
1.4	46.18	47.77	51.75	54.94	58.92	63.69	70.06	74.84	79.62	87.58
1.5	95.54	103.5	111.5	119.4	143.3	151.3	167.2	191.1	207.0	230.9

表 C-4 DW540-50硅钢片铁损曲线表 （单位：W/kg）

B/T	0.00	0.01	0.02	0.03	0.04	0.05	0.06	0.07	0.08	0.09
0.5	0.560	0.580	0.600	0.620	0.640	0.660	0.690	0.715	0.740	0.755
0.6	0.770	0.800	0.825	0.850	0.875	0.900	0.918	0.933	0.950	0.980
0.7	1.000	1.030	1.060	1.100	1.130	1.170	1.200	1.220	1.250	1.280
0.8	1.300	1.330	1.350	1.370	1.385	1.400	1.430	1.450	1.480	1.510
0.9	1.550	1.580	1.610	1.630	1.660	1.700	1.730	1.760	1.800	1.850
1.0	1.900	1.930	1.950	1.980	2.010	2.050	2.100	2.150	2.180	2.250
1.1	2.300	2.330	2.360	2.400	2.450	2.500	2.530	2.570	2.600	2.630
1.2	2.650	2.720	2.790	2.850	2.870	2.900	2.960	3.020	3.080	3.110
1.3	3.150	3.200	3.250	3.300	3.350	3.400	3.460	3.530	3.600	3.680
1.4	3.750	3.800	3.850	3.900	3.950	4.000	4.070	4.140	4.200	4.280
1.5	4.350	4.430	4.500	4.600	4.650	4.700	4.800	4.900	5.000	5.050
1.6	5.100	5.160	5.230	5.300	5.370	5.440	5.510	5.580	5.650	5.720

注：表为50Hz时的铁损值。

表 C-5 DW465-50硅钢片直流磁化曲线表 （单位：×10⁻¹A/cm）

B/T	0.00	0.01	0.02	0.03	0.04	0.05	0.06	0.07	0.08	0.09
0.1	3.185	3.344	3.503	3.662	3.806	3.901	3.981	4.140	4.220	4.379
0.2	4.538	4.618	4.697	4.777	4.857	5.016	5.096	5.225	5.414	5.494
0.3	5.573	5.653	5.732	5.812	5.892	5.971	6.051	6.210	6.290	6.369
0.4	6.449	6.529	6.608	6.688	6.768	6.847	6.927	7.006	7.086	7.166
0.5	7.245	7.325	7.365	7.404	7.444	7.484	7.524	7.564	7.604	7.643
0.6	7.683	7.723	7.763	7.803	7.842	7.882	7.898	7.914	7.930	7.946
0.7	7.962	8.041	8.121	8.201	8.280	8.360	8.439	8.519	8.599	8.678
0.8	8.758	8.917	9.076	9.236	9.395	9.634	9.793	9.952	10.111	10.271
0.9	10.430	10.589	10.748	10.908	11.067	11.226	11.385	11.545	11.704	11.863
1.0	12.102	12.341	12.580	12.978	13.137	13.376	13.535	13.694	14.013	14.172
1.1	14.331	14.650	14.968	15.287	16.083	16.720	17.197	17.675	18.153	18.471
1.2	18.949	19.586	20.223	20.860	21.338	22.293	23.089	23.885	24.682	25.478
1.3	26.274	27.229	28.662	30.255	31.051	31.847	33.439	36.226	38.217	39.809
1.4	42.994	44.586	47.771	52.548	58.121	66.879	74.045	78.433	83.599	91.561
1.5	99.522	111.465	127.389	135.350	151.274	169.230	183.121	199.045	214.968	230.892
1.6	254.777	286.424	302.548	318.471	350.318	374.204	390.127	421.975	445.860	477.707

表 C-6　DW465-50 硅钢片在 50Hz 时的铁损曲线表　　　（单位：W/kg）

B/T	0.00	0.01	0.02	0.03	0.04	0.05	0.06	0.07	0.08	0.09
硅钢片密度 $g=7.70\mathrm{g/cm^3}$										
0.5	0.560	0.580	0.600	0.620	0.640	0.660	0.680	0.710	0.740	0.760
0.6	0.780	0.800	0.825	0.850	0.875	0.900	0.925	0.950	0.975	1.000
0.7	1.030	1.050	1.070	1.100	1.130	1.150	1.180	1.200	1.220	1.260
0.8	1.300	1.320	1.340	1.360	1.380	1.400	1.430	1.460	1.490	1.520
0.9	1.540	1.560	1.580	1.600	1.630	1.650	1.700	1.750	1.800	1.820
1.0	1.840	1.850	1.860	1.880	1.920	1.970	2.000	2.050	2.100	2.140
1.1	2.180	2.200	2.220	2.250	2.280	2.320	2.360	2.420	2.475	2.530
1.2	2.550	2.580	2.615	2.650	2.700	2.750	2.800	2.850	2.900	2.950
1.3	3.000	3.050	3.100	3.150	3.200	3.250	3.300	3.350	3.400	3.450
1.4	3.500	3.550	3.600	3.650	3.700	3.750	3.800	3.850	3.900	3.950
1.5	4.000	4.050	4.100	4.150	4.175	4.200	4.235	4.270	4.335	4.400
1.6	4.500	4.570	4.640	4.700	4.750	4.800	4.850	4.900	4.950	4.980
1.7	5.000	5.050	5.100	5.200	5.250	5.300	5.400	5.500	5.600	5.700

表 C-7　DW360-50 硅钢片直流磁化曲线表　　　（单位：$\times10^{-1}\mathrm{A/cm}$）

B/T	0.00	0.01	0.02	0.03	0.04	0.05	0.06	0.07	0.08	0.09
硅钢片密度 $g=7.65\mathrm{g/cm^3}$										
0.1	2.866	3.185	3.344	3.503	3.662	3.822	3.901	3.981	4.140	4.299
0.2	4.459	4.618	4.697	4.777	4.817	4.857	4.936	5.096	5.255	5.414
0.3	5.494	5.573	5.653	5.717	5.812	5.892	5.971	6.051	6.290	6.369
0.4	6.449	6.489	6.529	6.568	6.608	6.648	6.689	6.728	6.768	6.847
0.5	6.927	6.967	7.006	7.046	7.086	7.166	7.205	7.245	7.325	7.365
0.6	7.404	7.484	7.564	7.643	7.723	7.803	7.862	7.882	7.922	7.964
0.7	8.201	8.280	8.360	8.439	8.519	8.599	8.758	9.156	9.236	9.395
0.8	9.554	9.873	10.032	10.191	10.271	10.350	10.510	10.669	10.828	10.987
0.9	11.146	11.306	11.465	11.624	11.763	11.943	12.102	12.261	12.420	12.580
1.0	12.739	13.057	13.376	13.684	14.013	14.331	14.649	14.968	15.287	15.605
1.1	15.925	16.561	17.179	17.843	18.471	19.108	19.745	20.382	21.219	21.651
1.2	21.895	22.134	22.373	22.452	23.532	25.478	26.274	27.866	28.662	30.255
1.3	31.449	32.634	34.236	36.624	38.217	40.605	43.790	45.382	49.363	52.548
1.4	55.732	60.510	63.600	71.656	79.618	85.399	91.561	99.522	111.465	119.427
1.5	135.350	151.274	167.169	191.083	207.006	230.892	254.778	286.624	302.548	334.395
1.6	364.242	390.127	414.013	445.857	477.707	525.478	565.278	613.057	636.943	684.713

表 C-8　DW360－50 硅钢片在 50Hz 时的铁损曲线表　　（单位：W/kg）

B/T	0.00	0.01	0.02	0.03	0.04	0.05	0.06	0.07	0.08	0.09
0.5	0.420	0.433	0.448	0.460	0.470	0.480	0.495	0.505	0.520	0.540
0.6	0.560	0.570	0.580	0.590	0.610	0.630	0.645	0.660	0.680	0.690
0.7	0.700	0.715	0.735	0.750	0.78	0.800	0.815	0.830	0.840	0.860
0.8	0.880	0.900	0.920	0.940	0.955	0.970	0.990	1.020	1.040	1.060
0.9	1.090	1.120	1.150	1.170	1.200	1.240	1.260	1.280	1.300	1.320
1.0	1.340	1.360	1.380	1.400	1.425	1.450	1.470	1.500	1.540	1.560
1.1	1.580	1.600	1.620	1.640	1.680	1.700	1.730	1.750	1.780	1.820
1.2	1.850	1.880	1.910	1.930	1.950	1.980	2.000	2.050	2.135	2.180
1.3	2.200	2.230	2.250	2.270	2.310	2.350	2.400	2.450	2.500	2.550
1.4	2.600	2.630	2.650	2.680	2.740	2.800	2.830	2.860	2.900	2.950
1.5	3.000	3.020	3.045	3.070	3.100	3.200	3.260	3.320	3.400	3.450
1.6	3.500	3.550	3.600	3.650	3.700	3.750	3.820	3.880	3.950	3.980

表 C-9　DW315－50 硅钢片直流磁化曲线　　（单位：$\times 10^{-1}$A/cm）

B/T	0.00	0.01	0.02	0.03	0.04	0.05	0.06	0.07	0.08	0.09
0.1	2.389	2.468	2.612	2.707	2.787	2.866	3.010	3.169	3.185	3.248
0.2	3.344	3.408	3.503	3.583	3.662	3.821	3.862	3.947	3.981	4.180
0.3	4.220	4.283	4.299	4.459	4.558	4.602	4.642	4.729	4.761	4.777
0.4	4.920	4.936	4.976	5.016	5.096	5.175	5.255	5.279	5.311	5.334
0.5	5.533	5.557	5.573	5.613	5.637	5.733	5.772	5.812	5.852	5.892
0.6	6.051	6.131	6.210	6.290	6.354	6.449	6.529	6.608	6.688	6.768
0.7	6.847	6.927	7.006	7.086	7.166	7.325	7.405	7.484	7.564	7.803
0.8	7.882	7.962	8.121	8.280	8.360	8.440	8.599	8.758	9.076	9.237
0.9	9.475	9.554	9.873	9.952	10.032	10.271	10.350	10.669	10.828	11.147
1.0	11.473	11.481	11.505	11.943	12.102	12.420	12.739	13.137	13.455	13.933
1.1	14.172	14.490	14.968	15.048	15.526	16.322	16.561	17.198	17.914	18.556
1.2	19.268	19.905	20.701	21.497	22.293	23.487	24.363	25.682	27.070	28.503
1.3	29.875	31.051	32.643	34.236	36.624	38.013	39.809	42.914	46.019	48.567
1.4	51.752	55.733	59.713	63.694	74.045	79.618	85.987	95.541	103.503	111.465
1.5	123.380	135.450	147.293	159.140	179.140	199.045	214.968	238.854	262.739	286.624
1.6	302.548	318.471	350.319	382.166	406.051	429.936	461.783	493.635	541.401	562.587

表 C-10　DW315-50 硅钢片在 50Hz 时的铁损曲线表　　（单位：W/kg）

B/T	0.00	0.01	0.02	0.03	0.04	0.05	0.06	0.07	0.08	0.09
0.5	0.410	0.420	0.430	0.440	0.450	0.460	0.470	0.480	0.490	0.500
0.6	0.515	0.530	0.545	0.560	0.570	0.580	0.590	0.610	0.620	0.635
0.7	0.650	0.665	0.680	0.700	0.715	0.730	0.748	0.761	0.780	0.795
0.8	0.820	0.840	0.860	0.880	0.900	0.920	0.940	0.960	0.980	0.990
0.9	1.000	1.030	1.060	1.080	1.100	1.120	1.130	1.150	1.180	1.200
1.0	1.220	1.250	1.285	1.300	1.330	1.350	1.375	1.395	1.420	1.440
1.1	1.450	1.470	1.500	1.520	1.550	1.580	1.600	1.630	1.650	1.680
1.2	1.700	1.750	1.800	1.830	1.850	1.870	1.900	1.920	1.950	1.970
1.3	1.980	2.000	2.040	2.080	2.120	2.150	2.170	2.190	2.200	2.720
1.4	2.300	2.350	2.400	2.440	2.470	2.500	2.550	2.600	2.650	2.720
1.5	2.800	2.830	2.860	2.880	2.910	2.950	2.980	3.040	3.100	3.150
1.6	3.200	3.250	3.300	3.350	3.400	3.450	3.500	3.550	3.600	3.700

硅钢片密度 $g = 7.60 \mathrm{g/cm^3}$

参 考 文 献

[1] 宋后定，陈培林. 永磁材料及其应用 [M]. 北京：机械工业出版社，1984.

[2] 苏绍禹. 风力发电机设计及运行维护 [M]. 北京：中国电力出版社，2003.

[3] 苏绍禹. 永磁发电机机理、设计及应用 [M]. 北京：机械工业出版社，2012.

[4] 赵明生，等. 电气工程师手册 [M]. 北京：机械工业出版社，2000.

[5] 陈世坤. 电机设计 [M]. 北京：机械工业出版社，1990.

[6] 大连理工大学电工学教研组. 电工学 [M]. 北京：人民教育出版社，1980.

[7] 赵凯华，陈熙谋. 电磁学 [M]. 北京：人民教育出版社，1978.

[8] 虞莲莲，曾正明. 实用钢铁材料手册 [M]. 北京：机械工业出版社，2007.

[9] 成大光. 机械设计手册 [M]. 北京：化学工业出版社，2002.

[10] 赵清. 电动机 [M]. 北京：人民邮电出版社，1992.